7 생각하는 수학

제3판

Mathematica를 활용한

아름다운 수학

김향숙 · 박진석 · 정성곤 지음
인제대학교 창의력교육센터

KM 경문사

머리말

21세기 지식정보사회의 패러다임에 내재되어 있는 핵심 가치 중의 하나는 '단순히 지식을 전수받아 보급하는 차원을 넘어서 누가 핵심 지식을 어떻게 창출해 낼 것인가'라는 것이다. 이러한 시대적 요청에 따라, 지식정보시대를 앞당기는 근본토대 중의 하나는 교육에 있다고 믿는 사람이 많다.

지식이 폭주하는 현 시대에서 더욱 중요하며 우리의 교육에서 더 강조해야 할 부분은 학습자와 교수자가 실제로 문제를 발견할 수 있도록 하고, 복잡하고 역동적인 문제구조와 문제해결활동에 관해 창조적으로 생각하도록 하고, 문제해결에 적합한 정보를 조직화하고, 그리고 일련의 의사결정 활동이 실제문제해결로 도달되도록 해야 한다는 것이다. 즉, 이제는 지식전달을 지양하고 지식창출이라는 새로운 화두에 부응할 수 있도록 교수학습활동상의 무엇이 어떻게 혁신되어야 할 것인가에 대하여 고민해야만 한다.

현재를 포함한 미래는 CQ(창의력 지수)의 시대가 될 것으로 예견하고 있는 가운데 변화와 혁신의 사회 속에서 무엇보다도 지식창출의 기반이 되는 창의력이 21세기의 경제프론티어의 자질에 으뜸임을 부인할 수 없음은 지식 및 생산물을 산출하고 그것을 가치화할 수 있는 힘이 바로 창의력에서 비롯되기 때문이다.

인제대학교 창의력교육센터가 개발한 '생각하는 수학'시리즈 18권은 Mathematica, Excel, GSP, Flash 등의 Technology 활용을 포함하여 종이접기, 문제일반화, 통계, 발문, PBL, 퍼즐, 기하 다시보기 등의 다양한 주제를 다루면서 탈 교과서 위주의 수학을 위한 교수학습 자료제공에 목적을 두고 있으며, 특히 이 시리즈는 수학교실에서 학생과 교사가 하나 되어 체험을 통해 좀 더 적극적으로 수학을 하고, 또 수학을 보고, 느끼고, 만지게 함으로써 교실 수업을 살아 있게 하는데 뜻을 두고 개발되었으며, 이 책은 그 18권 중의 하나이다.

이 책은

제1장에서는 본문의 내용을 이해하는데 필요한 Mathematica의 기본사용을
제2장에서는 Mathematica를 이용하여 일차함수에 관한 교수·학습자료 개발에 대하여
제3장에서는 Mathematica를 이용하여 이차함수에 관한 교수·학습자료 개발에 대하여
제4장에서는 교과과정 속의 연계로 대칭이동에 관한 교수·학습자료 개발에 대하여
제5장에서는 Module문을 만들고 활용하는 방법에 대하여
제6장에서는 벡터의 연산, 내적, 외적, 직선과 평면, 정규직교화에 대하여
제7장에서는 WolframAlpha 소개와 예제 실습, Mathematica로 각 예제에 대한 사용법 설명을

다루었다.

제3판은 현행 중·고등학교 교과서를 토대로 하여, Mathematica의 다양한 기능을 충분히 활용하여 제작할 수 있는 교수·학습 자료 소개 및 개발에 중점을 둔 제2판의 내용에 Mathematica 버전이 업그레이드되어 현재 9.0이 사용되고 있는 현실에 맞추어 명령어 사용에 주의할 것들에 대해 설명을 보완·추가하였다. 또한 Mathematica 프로그램없이 언제 어디서나 인터넷 접속을 통해 Mathematica를 맛볼 수 있는 검색엔진 WolframAlpha 사용법과 이를 활용한 예제들 소개와 시각화 기능을 활용하여 벡터의 연산, 내적과 외적, 직선과 평면 및 정규직교화를 쉽게 이해할 수 있도록 하는 두 개의 장(chapter)을 추가하였다.

독자들이 이 책에서 소개하는 내용들을 제시된 명령어에 따라 차례대로 실행해봄으로써 Mathematica의 매력을 알게 됨은 물론이고, 나아가 기존에 소개된 자료들보다 더 교육적 가치가 있는 좋은 교수·학습 자료를 개발할 수 있기를 기대한다.

이 책의 실행파일들의 대부분은 인제대학교 창의력교육센터 홈페이지(http://ecc.inje.ac.kr)에 로그인한 후 **[자료실→생각하는 수학시리즈→Mathematica(7권)]**에서 각자가 다운받아 사용할 수 있다. 이 때 다운받는 컴퓨터에 Mathematica가 Install되어 있다면 파일은 실행가능할 것

이므로, 많은 명령어 입력의 시간을 절약해서 이 책 내용의 실행파일을 얻을 수 있을 것이다.

부족하고 다듬어지지 않은 내용은 계속 수정하면서 보완할 생각이므로 독자들의 많은 조언을 부탁드리며, 그 동안 본 책에 대해 각별한 사랑으로 격려해 주시고 다양한 고견을 주신 분들께 다시 한 번 감사를 드린다.

끝으로 이 책이 독자에게 많은 도움이 되길 바라며, 출판과 편집을 맡아 주신 경문사 임직원 여러분께 감사드린다.

2014년 10월
저자 일동

차 례

Chapter 1

Mathematica 익히기

수학용 소프트웨어 Mathematica를 익히기 위해 이 장에서는 가장 쉬운 예제를 다루어 보면서 기본적인 명령어들을 실습해보기로 하자.

Mathematica는 1988년 6월 미국의 이론물리학자겸 수학자인 Stephen Wolfram에 의하여 version 1.0이 개발된 후, 다양한 운영체제에 적용될 수 있도록 계속 발전되어, 2014년 10월 현재 최신 version 9.0이 개발되어 있다. Mathematica는 학문 전 분야에 활용이 가능하며, 이 책은 Mathematica version 5.2를 사용하여 집필하였다. 그러나 version 6.0 이상에서는 명령어 사용이 달라진 것이 많으므로, 사용 version에 따라 이 책에서 사용한 메뉴는 다를 수 있으며, 특히 이 책의 (예제)가 실행이 안 될 때는 명령어 사용법에 대한 차이로 인한 것이므로 (예제) 아래에 차이점을 설명한 참고 내용 및 Help에서 사용 명령어 관련 사용법을 확인해 보길 바란다.

메뉴설명을 먼저 하지 않고 예제를 통해 Mathematica의 기본사용법과 많이 쓰이는 명령어를 먼저 다루어 보는 것이 Mathematica에 대한 호기심을 더욱 자극할 것이라 생각하였고, 따라서 이 장에서는 기본 명령어 실습을 통해 Mathematica의 메뉴를 자연스럽게 익혀가도록 내용을 구성하였다.

1장에서 다룬 내용들은 보다 심도 있는 응용문제 및 프로그래밍 문제들을 다루기 위해 뒤에서 다시 반복적으로 사용되므로 잘 익혀 두면 많은 도움이 될 것이다.

1.1 기본 명령어

먼저 이 절에서 사용하는 Mathematica명령어를 요약하면 다음과 같다.

Mathematica 표기법	의 미	비 고
$a+b$	$a+b$	덧셈
$a-b$	$a-b$	뺄셈
$a*b$ 또는 $a\ b$(a와 b사이를 띄운다)	$a\times b$	곱셈
a/b 또는 $\frac{a}{b}$	$a\div b$	나눗셈
$a=2$	2를 a에 대입(할당)	a를 변수라 함
Clear[a]	a에 할당된 값이 제거됨	
$a==b$	a와 b가 같은지를 판단함	==는 등호
Pi 또는 π	π	π는 원주율
E 또는 e	e	e는 2.71818···
Infinity 또는 ∞	∞	∞는 무한대
I 또는 i	허수 i	$i=\sqrt{-1}$
5!	$5!=5\times4\times3\times2\times1$	!는 차례곱 (factorial)
$a\wedge b$ 또는 a^b	a^b	a의 b거듭제곱
수식//N 또는 N[수식]	주어진 수식의 근사값을 기계정밀도(대부분 16자리수 사용)로 계산하되 결과는 화면에 6자리수로 나타남	수치화
N[수식, k]	주어진 수식을 k자리 근사값으로 계산	
Table[expr, {i, imin, imax}]	expr을 i를 imin부터 imax까지 1씩 증가시키면서 반복 계산하여 목록을 만듦	목록만들기
a != b (! 앞에 한 칸 띄운다)	$a\neq b$	$\neq$는 같지 않다
x >= 1	$x\geq 1$	부등호
?명령어	주어진 명령어의 설명 및 추가정보 제공	명령어 사용법

참고

Mathematica를 활용하면서 명령어의 양이나 사용방법을 어려워 하지 말고 기본 문법에 따르면서 Help 기능을 최대한 이용하여 사용법을 익혀 나가기 바란다.

명령어는 반드시 첫글자가 **대문자**이며, 항상

동사[목적어, 부사(전치사)]

의 형태를 취한다. 예를 들면,

「방정식 $2x^2+1=0$을 x에 관하여 풀어라」

는 명령어는

```
Solve[ 2x^2+1==0, x ]
```

이다.

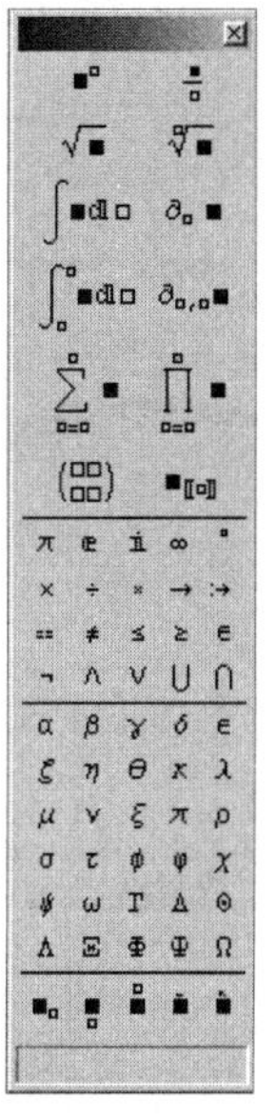

여기에서 x^2을 입력하는 방법을 설명한다. ① 화면에 $x \wedge 2$을 직접 입력하거나 또는 ② Palettes의 $\square^{\square}$을 붓으로 물감을 찍듯이 마우스(mouse)로 click하면 $\square^{\square}$항이 작업화면으로 옮겨지고 두 개의 네모 안에 2^x을 넣으면 된다. 이 때, 두 네모에 글자를 입력할 때 다른 네모로의 이동을 원한다면 자판의 Tab키를 누르거나 마우스(mouse)를 사용하면 된다.

예제 1.1.1 1+1을 입력한 뒤 <Shift + Enter>(두 키를 동시에 누르면 입력내용이 실행됨)을 하면 In과 *Out* 번호가 자동적으로 정해진다.

```
In[1]:=1+1
```

Out[1]= 2

예제 1.1.2 수학에서 사용하는 원주율 $\pi = 3.14159\cdots$ 및 예약상수들을 사용할 수 있다. 단 모든 명령어 또는 예약상수들의 표기는 대문자로 시작한다 (Mathematica에서 π, $\mathbb{e}$, $\mathbb{i}$, ⋯ 등을 **예약상수**라 한다.)

```
Pi
```

3.14159

명령어설명 자판으로 입력한 Pi는 원주율 π를 나타낸다.

참고

자판으로 Pi를 입력하는 대신에 Palettes에서 π를 클릭하여 입력할 수 있다. 또한 6.0 이상의 버전에서는 단축키 'Esc+p+Esc'로 π를 입력할 수 있다.

예제 1.1.3 다루는 숫자 중에 실수가 있으면 결과도 실수처리가 된다(예를 들면, 정수 + 실수는 실수로 출력된다). 정수 뒤에 점을 찍으면 실수로 인식한다.

$$\frac{\pi}{4.}+\frac{\pi}{4}$$

1.5708

예제 1.1.4 π의 값까지 실수로 바꾸려면 N명령어를 사용한다. 즉 계산결과를 수치로 나타나려면 N(Numerical) 명령어를 사용하면 된다.

$$N[\frac{\pi}{4}+\frac{\pi}{4}]$$

1.5708

예제 1.1.5 N[ ] 대신에 수식의 입력 끝에 //N을 사용하여도 된다.

$$\frac{\pi}{4}+\frac{\pi}{4}//N$$

1.5708

예제 1.1.6 다음은 명령어 N의 사용법에 대해서 물어본다. 이 때 입력한 내용의 결과에 대해 *Out* 번호는 정해지지 않는다. N[𝕖, 10]은 𝕖(exponential)의 값을 유효숫자 10자리까지 구해준다.

```
?N
```

N[expr] gives the numerical value of expr. N[expr, n] attempts to give a result with n-digit precision.

명령어설명 (1) ?N은 명령어 N의 사용법을 묻는다.
(2) N[expr]은 expr의 수치값을 준다.
(3) N[expr, n]은 n자리 유효숫자로 expr의 값을 얻게 한다.

참고

(1) 지수함수 E는 Palettes에서 𝕖를 클릭하여 사용할 수 있다. 이 때 𝕖는 자판의 소문자 e가 아님에 유의하여라.
(2) 명령어 N[expr, n]은 수식 expr의 수치값을 유효숫자 n자리로 구해준다. N[π, 100]를 Palettes를 사용하여 구해보자.

예제 1.1.7 Plo로 시작하는 사용 가능한 모든 명령어들을 알 수 있다.

```
?Plo*
```

Plot	Plot3Matrix	PlotJoined	PlotPoints	PlotRegion
Plot3D	PlotDivision	PlotLabel	PlotRange	PlotStyle

실습문제 ?Para*를 실행하여 Para로 시작하는 명령어들을 확인하여라.

참고

업그레이드된 버전에서는 P를 타이핑한 후 단축키 'Ctrl+k'를 누르면 P로 시작하는 모든 명령어를 화면에 나타낸다.

예제 1.1.8 수학 기호들을 사용할 수 있다. 자판을 이용하여 지수를 표현하기 위해서는 ^ 를 사용한다.

```
(1/1+2*1-0)^4
```

81

참고

Palette 기능을 이용하면,

위 예제 1.1.8은 $\left(\frac{1}{1}+2*1-0\right)^4$ 으로 입력할 수 있다.

예제 1.1.9 허수 $i(i^2=-1)$를 사용할 수 있다. 허수 i를 자판에서 입력하는 Mathematica 명령어로는 대문자 I로 표시한다.

```
I^2
```

-1

참고

Palettes의 기능을 이용하면 I^2은 i^2 으로 입력할 수 있다.

예제 1.1.10 $n=1$ 부터 $n=10$ 까지의 n 차례곱 $n!=n$ factorial$=n\times(n-1)\cdots\times 2\times 1$ 을 구하여라.

풀이

```
Table[ n!, {n, 1, 10} ]
```

{1, 2, 6, 24, 120, 720, 5040, 40320, 362880, 3628800}

참고

(1) 명령어 Table[n!, {n, 1, 10}]은 $n=1$ 부터 $n=10$까지 차례곱 $n!$ 를 구하여 순서대로 목록(list)으로 나열한다.

(2) Palettes 안의 Table[■, {□, □, □}]를 이용하여 입력할 수 있다.

(3) Table[①, {②, ③, ④}]는 ②가 ③에서 ④까지 변할 때, ①을 구하여 목록으로 나열한다.

(4) Table[①, {②, ③, ④, ⑤}]는 ②가 ③에서 ④까지 ⑤간격으로 변할 때, ①을 구하여 목록으로 나열한다.

예제 1.1.11 규칙이 주어진 여러 가지 수를 생성하여 목록(list)을 만들어 보아라.

풀이 ① 1부터 100까지 자연수를 만들자.

```
Table[ k, {k, 1, 100} ]
```

② 1부터 100까지 홀수를 만들자.

```
Table[ k, {k, 1, 100, 2} ]
```

위의 ②에서 만든 수들은 첫째항이 1이고 공차가 2인 등차수열과 같으므로 k라는 식에 일반항이 $2k-1$인 등차수열을 넣어 생성할 수도 있다.

③ ②의 또 다른 방법

```
Table[ 2k-1, {k, 1, 50} ]
```

④ −100부터 100까지 5씩 증가하는 수를 만들자.

```
Table[ k, {k, -100, 100, 5} ]
```

등차수열에서 공차의 값이 음이 될 수 있듯이 수를 생성할 때에도 증가하는 수의 값을 음으로 만들 수 있다. 다음 ⑤를 보아라.

⑤ ④와 반대로 100부터 −100까지 −5씩 증가하는 수를 만들자.

```
Table[ k, {k, 100, -100, -5} ]
```

등차수열에서 공차의 값이 유리수가 될 수 있듯이 증가하는 값을 유리수로 나타낼 수 있다.

⑥ 1에서 10까지 0.5씩 증가하는 수를 만들자.

```
Table[ k, {k, 1, 10, 0.5} ]
```

예제 1.1.12 보통 과학계산기로 차례곱 50! 정도는 구하나 100! 은 구하기 힘들다. 100! 를 구하여라.

풀이

```
100!
```

9332621544394415268169923885626670049071596826438162146859296389521759999322991560894146397615651828625369792082722375825118521091686400000000000000000000000000

933262154439441526816992388562667004907159682643816214685929 \
638952175999932299156089414639761565182862536979208272237582 \
51185210916864000000000000000000000000

실습문제

(1) 1000!, 10000! 을 계산하여라.

(2) 10!, 100!, 1000!, ⋯ 등을 구해보고, 차례곱의 숫자가 얼마나 빨리 커지는지 확인하면서, 수열 중에 $n!$ 항을 포함하는 수열의 극한을 살펴보아라.

예제 1.1.13 그 외 기본명령어들을 실습해 보자. Mathematica에서 = 은 = 의 우변을 좌변에 **대입**하라는 것이며, == 은 **등호**(같다)의 의미임에 주의하여라.

```
100!//N
```

9.33262×10^{157}

```
3^250
```

1906837481167966155897665113712775077012604263491483374370436549108862450339731631563810276462408909764220377785307262 49

```
3^250//N            (*3^250을 유효숫자 6개를 가진 근사값으로 표현*)
```

1.90684×10^{119}

```
x=10;                                (*변수 x는 10이 되어 있다*)
x==15        (*10==15의 의미, 즉 10은 15와 같은가? 라고 묻는다*)
```

False

참고

(1) Mathematica 프로그램에서 실행에 영향을 받지 않는 주석문은

(*주석문 내용*)

로 나타낼 수 있다. Mathematica 명령어로 구성된 실행문을 설명하는 문장을 **주석문**이라 한다.

(2) 메뉴 'Window'안의 'Show Toolbar'를 활성화한 후 'Input'이 쓰여진 박스를 클릭하여 'Text'를 설정하고 주석문을 작성할 수도 있다.

실습문제 Directory[ ]는 작업하고 있는 현재의 디렉토리를 확인할 수 있다. 확인해 보아라.

실습문제 자연수에서 1부터 100까지 3씩 증가하는 수를 만들어보아라.

나의 노트

1.2 함수

함수와 관련된 자주 사용하는 Mathematica표기법을 다음 도표로 소개한다.

Mathematica 표기법	의 미	비 고
$f[x\_]:=x^2+1$	$f(x)=x^2+1$	일변수함수 f를 선언함
$f[x\_,\ y\_]:=x^2+y^2$	$f(x,\ y)=x^2+y^2$	이변수함수 f를 선언함
$Abs[x]$	$\lvert x \rvert$	절대값함수
$Sqrt[x]$ 또는 $\sqrt{x}$	$\sqrt{x}$	제곱근함수
$Sin[x],\ Cos[x],\ Tan[x]$	$\sin x,\ \cos x,\ \tan x$	삼각함수
$Csc[x],\ Sec[x],\ Cot[x]$	$\csc x,\ \sec x,\ \cot x$	
$Log[x]$	$\ln x$	자연대수
$Log[a,\ x]$	$\log_a x$	밑이 a 인 로그함수
$E \wedge x$ 또는 $\mathrm{Exp}[x]$ 또는 $\mathbb{e}^x$	e^x	지수함수
$Floor[x]$	$[\ x\ ]$	가우스함수
$?f$	선언한 f 의 정의를 알려줌	
$Clear[f]$	f 의 입력된 정의 또는 값을 지움	
? 명령어	주어진 명령어에 관한 정보 제공	
?? 명령어	주어진 명령어에 관한 상세한 정보	
$[x\_]$	x 는 변수임을 나타냄	
{ }	목록(list)	
( )	우선 순위 지정 연산	
명령문;	명령실행 후 결과를 출력하지 않음	
$Degree$	$\dfrac{\pi}{180}$	°

예제 1.2.1 다음은 함수 $f(x) = ax$ 를 선언하는 방법이다. 독립변수가 x 인 함수 $f(x) = ax$ 를 선언할 때는 x 가 변수임을 인식시키기 위해 $f[x\_]: = a*x$ 로 입력한다.

```
f[x_]:=a*x            (*서로 다른 두 문자 a와 x는 붙여 쓰면 안된다*)
```

```
f[4]          (*함수 f를 선언한 뒤에는 함수 값 f(4)를 구할 수 있다*)
```

$4a$

참고

(1) $a*x$를 $a\ x$(a와 x 사이에 한 칸 띄움)로 써도 된다. Mathematica에서 ax 는 새로운 한 문자 ax 라는 뜻이고, $a*x$는 a 와 x 의 곱이므로 ax 와 $a\ x$ 가 서로 다름에 주의하여라.

(2) Mathematica에서 함수의 변수는 [ ] 안에 둔다. 예를 들면, $c(1+x)$는 c 와 $(1+x)$ 의 곱이고, $c[1+x]$는 이전에 선언된 한 함수 $c[x\_]$ 의 변수에 x 대신 $1+x$ 가 대입되었다는 뜻이다.

(3) $f[x\_] := a*x$ 대신에 $f[x] = a*x$를 입력하고 $f[4]$ 를 계산해 보아라. 그러면 $f[4]$ 가 그대로 나온다. 즉, x 가 변수로 인식되지 않았음을 알 수 있다. $f[x] = a*x$는 $a*x$를 $f[x]$ 라는 문자로 대치한다는 뜻에 불과하다.

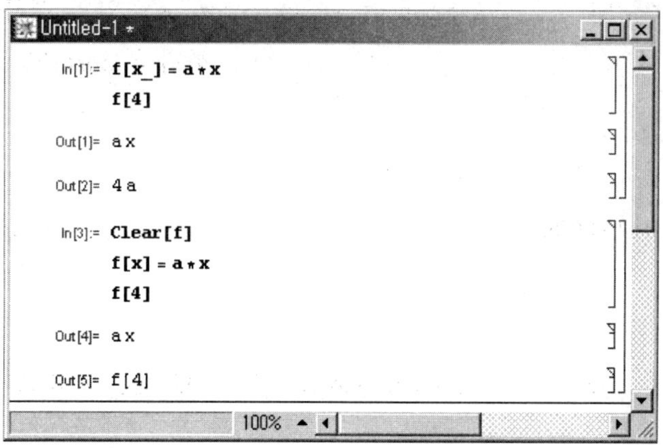

예제 1.2.2 같은 이름 f 로 다른 함수를 선언할 때는 먼저 정의한 f 를 청소해야 한다. 연속해서 여러 단계의 명령어를 한꺼번에 나열할 때는 명령어와 명령어 사이에 ';'를 사용(즉, 명령어1 ; 명령어2)한다. 그러면, 연속된 명령어들의 실행결과로는 마지막 명령어의 실행결과가 출력된다.

```
Clear[f]
f[x_]:=x^2; f[4]
```

16

명령어설명 예제 1.2.1에서 f 를 청소하였기 때문에 예제 1.2.2에서 $f(4)$ 는 $f(4) = 4a$ (앞의 예제 1.2.1에서 정의한 함수)가 아니고 $f(4) = 4^2 = 16$ 이다. 그리고 명령어를 연속해서 ;로 연결하였으므로 실행결과는 마지막 명령어인 $f[4]$ 의 실행결과가 출력된다.

예제 1.2.3 그 외 함수에 관한 명령어들을 실습해 보자. 삼각함수의 독립변수 값은 라디안으로 설정되어 있으며, 만약 삼각함수에서 라디안이 아닌 각도로 독립변수값을 주고 싶으면 Degree 명령어를 사용해야 한다.

```
Sqrt[25]        (*Sqrt는 square root, 즉, 양의 제곱근을 나타낸다.
                  따라서 Sqrt[25]는 √25 이다*)
```

5

```
Sqrt[25]//N                (* √25 의 근사값*)
```

5.

```
√25 //N    (*Palletes에서 √ 입력 또는 단축키 'Ctrl+2' 사용*)
```

5.

```
Exp[10]//N                                   (*e^10 의 근사값*)
```

22026.5

```
Log[10, 3]                                   (*log_10 3 을 구한다*)
```

$\frac{Log[3]}{Log[10]}$

```
Sin[Pi/2]                                    (*sin π/2 를 계산한다*)
```

1

```
Tan[45degree]                                (*tan 45° 를 계산한다*)
```

1

```
Tan[45°]                     (Palletes에서 ° 를 이용하여 입력한다*)
```

1

```
Tan[45degree]//N                             (*tan 45° 의 근사값을 구한다*)
```

1.

참고

Palettes를 이용하여 위에서 다루지 않은 어떤 다른 Trigonometric(삼각함수), Exponential and Logarithmic(지수함수와 로그함수)을 입력할 수 있는지를 확인해 보아라.

예제 1.2.4 Mathematica 파일(이름.nb 파일)을 text 파일(이름.txt 파일)로 바꾸는 방법에 대해 알아보자.

① `<<name`

Mathematica 형태로 입력된 파일 name을 읽는다.

② `!!name`

일반 text파일로 입력된 파일 name을 읽는다.

③ `expr>>name`

name이라는 이름의 파일을 생성한다.

예를 들면 Expand[(x+y)^3]>>kim은 현재 *Directory* 에 *kim.nb* 파일을 생성한다.

그리고 Expand[(x+y)^3]>>kim.txt는 현재 *Directory* 에 일반 text파일 *kim.txt* 파일을 생성한다.

실습문제 다음 각의 크기를 호도법(라디안)으로 나타내어라.

① 180°　② 120°　③ −210°　④ 750°

실습문제 다음 각의 크기를 육십분법(도)으로 나타내어라.

① $\frac{1}{3}$　② $\frac{5}{6}\pi$　③ $-\frac{7}{12}\pi$　④ 2

실습문제 반지름의 길이가 4cm이고 호의 길이가 πcm인 부채꼴의 중심각의 크기와 넓이를 구하여라.

실습문제 θ가 다음과 같을 때, $\sin\theta$, $\cos\theta$, $\tan\theta$의 값을 구하여라.

① $\frac{\pi}{4}$　② $\frac{\pi}{3}$

1.3 극한

수열 및 함수의 극한에 관한 Mathematica 명령어를 소개한다.

Mathematica 표기법	의 미	비 고
$Limit[f[x],\ x \to x_0]$	$\lim_{x \to x_0} f(x)$	극한
$Limit[f[x],\ x \to x_0,\ Direction \to 1]$	$\lim_{x \to x_0^-} f(x)$	좌극한
$Limit[f[x],\ x \to x_0,\ Direction \to -1]$	$\lim_{x \to x_0^+} f(x)$	우극한
$N[Limit[f[x],\ x \to x_0]]$	$\lim_{x \to x_0} f(x)$ 의 극한값의 수치화	근사값

예제 1.3.1 x가 무한대로 갈 때, 함수 $\frac{1}{x}$의 극한을 구하여라. 무한대는 Infinity 또는 ∞ (Palettes를 이용하여 입력)로 표기한다.

```
Limit[ 1/x, x→0 ]
```

0

참고

(1) Limit[$\frac{1}{x}$, x→∞]

또는

Limit[$\frac{1}{x}$, x→Infinity]

는 $\lim_{x \to \infty} \frac{1}{x}$ 의 Mathematica표현이다.

(2) $x \to \infty$에서 '→'의 표현을 자판에서 입력할 때는 −와 >를 사용하며, 또 Palettes를 이용할 때는 기호 화살표(→)를 사용하여 나타낼 수 있다.

예제 1.3.2 좌극한은 Direction→1(또는 Direction→양수)을 이용하여 구하고, 우극한은 Direction→-1(또는 Direction→음수)을 이용하여 구한다. "Direction→1"의 뜻은 "양수를 향해서 갈 때, 즉 좌측에서 우측방향으로 갈 때"라는 의미이다.

```
Limit[ 1/x, x→0, Direction→1 ]
```

$-\infty$

```
Limit[ 1/x, x→0, Direction→-1 ]
```

∞

```
Plot[ 1/x, {x, -10, 10} ]
```

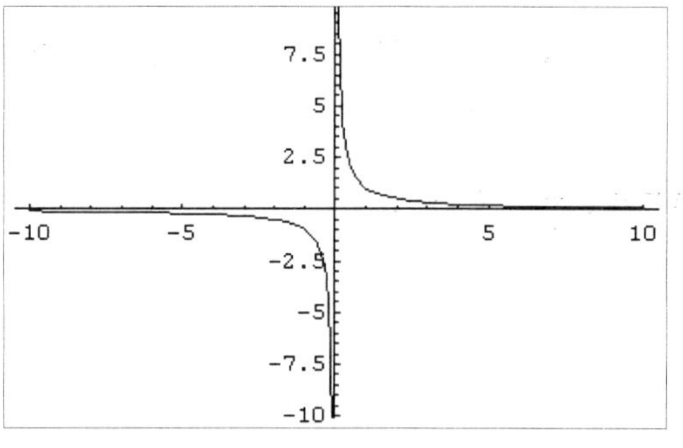

참고

(1) 좌극한, 우극한이 다른 경우에 Limit[$\frac{1}{x}$, x→0]는 우극한을 구한다. 즉,

```
Limit[ 1/x, x→0 ]
```

의 실행결과는 ∞ 이다. 따라서 주어진 함수의 극한을 구할 때, 좌극한과 우극한을 동시에 구하여 극한을 확인해 보아야 한다.

(2) Palettes를 이용하여

Plot[□, {□,□,□}]

클릭하면 명령어 Plot의 기본 구조를 외우지 않아도 된다.

실습문제 (1) $\lim_{x\to 0}\frac{\sin x}{x}$를 구하고, $\frac{\sin x}{x}$의 그래프를 그려봄으로써 $x\to 0$일 때의 $\frac{\sin x}{x}$의 극한값을 그래프를 통해 확인하여라.

(2) $\lim_{x\to 2}\frac{(x-2)^2}{x-2}$을 $\frac{(x-2)^2}{x-2}$의 그래프를 그려봄으로써 이 극한값을 그래프를 통해 확인하여라.

나의 노트

1.4 미분과 적분

미분과 적분에서 많이 사용되는 Mathematica 명령어는 다음 도표와 같다.

Mathematica 표기법	의 미	비 고
$D[f[x],\ x]$ 또는 $f'[x]$	$f(x)$의 x에 대한 미분, $\frac{df}{dx}$	1계 도함수
$D[f[x],\ \{x,\ n\}]$	$\frac{d^n f}{dx^n}$	n계 도함수
$D[f[x_1,\ x_2,\ \cdots],\ x_1,\ x_2,\ \cdots]$	$\frac{\partial}{\partial x_1}\frac{\partial}{\partial x_2}\cdots f$	$x_1,\ x_2,\ \cdots$ 순서로 편미분
$Integrate[f[x],\ x]$	$\int f(x)dx$	부정적분
$Integrate[f[x],\ \{x,\ xmin,\ xmax\}]$	$\int_{x\min}^{x\max} f(x)dx$	정적분
$N[Integrate[f[x],\ \{x,\ xmin,\ xmax\}]]$	$\int_{x\min}^{x\max} f(x)dx$ 의 수치 근사화	정적분 값의 수치 근사화

참고

D[□, □]는 Palettes에서 $\partial_{\square}\square$를 이용할 수 있다.

예제 1.4.1 $f(x)=x^2$ 의 도함수를 구하여라.

풀이

```
Clear[f]
f[x_]: =x^2
D[ f[x], x ](*D: Differentiate (미분하다), Derivative(도함수)*)
```

$2x$

참고

(1) 함수 f를 선언한 후 미분을 구한 이유는 한번 선언한 함수를 여러 번 사용하는 경우에(예를 들면, f의 그래프 그리기, f의 미분 및 f의 적분 등에 사용) 편리함을 주기 위함이며, 위의 예제는 $f(x) = x^2$의 미분만을 할 때는

```
D[ x^2, x ]
```

로 하는 것이 편리하다.

(2) 위의 명령어는

```
Clear[f]; f[x_]: =x^2; D[ f[x], x ]
```

로 나열할 수 있다.

(3) Palettes에서 $\partial_{\square}\square$를 사용할 수도 있다.

예제 1.4.2 함수 ax를 x에 관해 부정적분을 구하여라. 실행결과에 적분상수는 나타나지 않음에 유의하여라.

풀이

```
Integrate[ a*x, x ]
```

$$\frac{ax^2}{2}$$

참고

(1) 피적분함수 ax에서 미지수가 a와 x 두 개이므로 어느 것이 변수인지 밝혀야 하고, 변수가 x인 함수 $f(x)$의 부정적분은

```
Integrate[ f[x], x ]
```

이다.

(2) 피적분함수를 $a * x$ 대신에

```
Integrate[ ax, x ]
```

를 실행한 적분 결과는 ax 를 x 에 상관없는 상수로 취급하여 $ax\ x$ 가 된다.

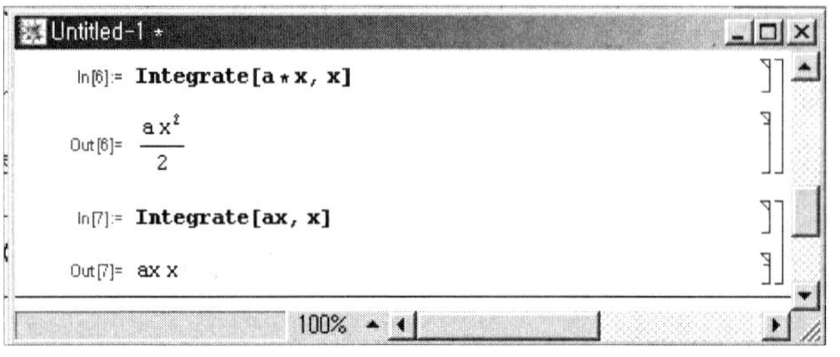

(3) Palettes를 이용하여 $\int \square d\square$ 를 클릭하여 $\int a*x\, dx$ 로 계산할 수 있다.

예제 1.4.3 구간 $[-1, 1]$ 에서 $f(x) = x^2$ 의 정적분을 구하여라.

풀이

```
Clear[f]
f[x_]: =x^2
Integrate[ f[x], {x, -1, 1} ]
```

$$\frac{2}{3}$$

참고

(1) 위의 세 명령어는

```
Clear[f]; Integrate[ x^2, {x, -1, 1} ]
```

로 입력하는 것과 같다.

(2) Palettes를 이용하여 위 예제는 $\int_{-1}^{1} x^2 dx$ 로 계산할 수 있다.

예제 1.4.4 그 외 미분 및 적분 명령어들을 실습해 보자.

풀이

```
D[ x Cos[x], x ]
```

$Cos[x] - x\ Sin[x]$

```
Factor[ Integrate[(Sin[x])^5, x ] ]
```

$\frac{1}{240}(-150\ Cos[x] + 25\ Cos[3x] - 3\ Cos[5x])$

```
Integrate[ 1/x, {x, 0, 1} ]
```

(*$x=0$에서 불연속인 함수 $\frac{1}{x}$의 $[0, 1]$에서의 정적분*)

$Integrate::idiv: \int$ of $1-x$ does converge .
on $\{0, 1\}$

$\int_0^1 \frac{1}{x} dx$

```
Plot[ 1/x, {x, 0, 2}, PlotRange→{0, 15} ]
```

(*$PlotRange$는 영역을 지정해서 그림을 화면에 나타낸다*)

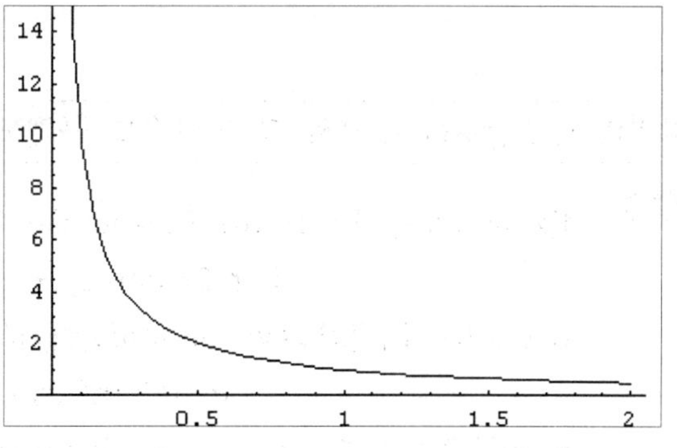


```
Integrate[ 1/x, {x, 0.1, 1} ]
```

2.30259

예제 1.4.5 함수 $f(x)=x^3$의 도함수를 구하여라.

풀이 ① 먼저 함수를 정의한다.

```
f[x_]:=x^3
```

② 함수의 증분을 구한다.

```
△y=Factor[ f[x+△x]-f[x] ];
```

③ 평균변화율을 구한다.

```
dis=△y/△x
```

$3x^2+3x\triangle x+\triangle x^2$

④ 도함수를 구하고 그 결과를 문장을 넣어 출력한다.

```
Print[ "도함수는 ", Limit[dis, △x->0] ]
```

도함수는 $3x^2$

참고

Print["출력되는 문장 : ", expr]의 실행결과는

```
출력되는 문장 : expr
```

을 화면에 출력한다.

예제 1.4.6 임의의 다항함수를 주고서 그 도함수를 구해보자.

풀이

```
f[x_]=Input[ "Enter the Polynomial Function,
                For Example, x^3-3x" ];
g[x_]=f[x+h]-f[x]; ave=Simplify[g[x]/h];
                lim=Limit[ ave, h->0 ];
Print[ "주어진 함수는 ", TraditionalForm[f[x]] ]
Print[ "함수의 증분는 ", TraditionalForm[g[x]] ]
Print[ "평균변화율은 ", TraditionalForm[ave] ]
Print[ "도함수는 ", TraditionalForm[lim] ]
```

주어진 함수는 x^3-3x

함수의 증분은 $3x-x^3-3(h+x)+(h+x)^3$

평균변화율은 $-3+h^2+3hx+3x^2$

도함수는 $3(-1+x^2)$

참고

Input[ ]문은 Mathematica와 사용자 간의 상호대화가 가능한 입력창을 만든다. 예제 1.4.6의 함수 $f(x)$는 'Input문'을 이용하여 사용자가 입력한 임의의 함수로 정의된다.

실습문제 TraditionalForm[expr]의 사용법에 대해 조사해보고, 그 명령어를 사용한 프로그램을 2개 만들어 보아라. 또 위 예제 1.4.6에서 어느 하나의 명령문에서 TraditionalForm를 빼고 예제를 실행해서 그 결과를 비교하여 보아라.

예제 1.4.7 함수 $f(x)=x^n$(n은 자연수)의 도함수를 구하여라.

풀이 ① $n=2$일 때,

```
f[x_]:=x^2
g[x_]=f[x+h]-f[x];
ave=Factor[ g[x]]/h; lim=Limit[ ave, h->0 ];
Print[ "주어진 함수는", TraditionalForm[f[x]] ]
Print[ "함수의 증분은"<>ToString[TraditionalForm[g[x]]]<>"=",
          TraditionalForm[Factor[g[x]]] ]
Print[ "평균변화율 "<>ToString[TraditionalForm[g[x]/h]]<>"=",
                TraditionalForm[ave] ]
Print[ "도함수는 ", TraditionalForm[lim] ]
```

주어진 함수는 x^2

함수의 증분은 $(x+h)^2-x^2=h(h+2x)$

평균변화율 $\dfrac{(x+h)^2-x^2}{h}=h+2x$

도함수는 $2x$

주의 Factor[expr]은 식 expr을 인수분해한 식을 나타낸다.

② $n=3$일 때,

```
f[x_]:=x^3
g[x_]=f[x+h]-f[x];
ave=Factor[g[x]]/h; lim=Limit[ ave, h->0 ];
Print[ "주어진 함수는 ", TraditionalForm[f[x]] ]
Print[ "함수의 증분은"<>ToString[TraditionalForm[g[x]]]<>"=",
            TraditionalForm[Factor[g[x]]] ]
Print[ "평균변화율 "<>ToString[TraditionalForm[g[x]/h]]<>"=",
                TraditionalForm[ave] ]
Print[ "도함수는 ", TraditionalForm[lim] ]
```

주어진 함수는 x^3

함수의 증분은 $(x+h)^3-x^3=h(h^2+3xh+3x^2)$

평균변화율 $\dfrac{(x+h)^3-x^3}{h}=h^2+3xh+3x^2$

도함수는 $3x^2$

③ 같은 방법으로 $n=4, 5, \cdots$일 때, 도함수를 확인하면 $4x^3$, $5x^4$, …등으로 나타내어진다.

실습문제 ToString[expr] 사용법에 대해 조사해보고, 그 명령어를 사용하여 프로그램을 만들어라.

위의 예로부터 우리는 다음과 같은 결론을 추정할 수가 있다.

$f(x)=x^n$(n은 자연수)이면 $f'(x)=nx^{n-1}$

이것을 다음과 같이 증명할 수가 있다.

증명 $$f'(x)=\lim_{h\to 0}\frac{f(x+h)-f(x)}{h}$$
$$=\lim_{h\to 0}\frac{(x+h)^n-x^n}{h}$$

$$= \lim_{h \to 0} \frac{1}{h} \{(x+h) - x\}\{(x+h)^{n-1} + (x+h)^{n-2}x + \cdots + x^{n-1}\}$$

$$= \lim_{h \to 0} \{(x+h)^{n-1} + (x+h)^{n-2}x + \cdots + x^{n-1}\}$$

$$= x^{n-1} + x^{n-1} + \cdots + x^{n-1} = nx^{n-1}$$

특히, 상수함수 $f(x) = c$(c는 상수)의 도함수는 다음과 같다.

$$f'(x) = \lim_{h \to 0} \frac{f(x+h) - f(x)}{h} = \lim_{h \to 0} \frac{c-c}{h} = 0$$

이상을 정리하면 다음과 같다.

$y = x^n$의 도함수

i) $y = c$(c는 상수)이면 $y' = 0$

ii) $y = x^n$(n은 자연수)이면 $y' = nx^{n-1}$

실습문제 임의의 실수 n에 대해 $y = x^n$이 성립함을 확인하여라.

예제 1.4.8 다음 함수들의 도함수를 구하여라.

ⓐ $y = -5$ ⓑ $y = x^6$

풀이

```
f[x_]:=-5; f'[x]
g[x_]:=x^6; g'[x]
```

예제 1.4.9 함수 $y = x^3 - 2x^2 + 3$을 미분하여 보자.

풀이

```
f[x_]:=x^3 -2x^2 +3; Print[ "도함수는 ", f'[x] ]
```

예제 1.4.10 다음 함수를 미분하여라.

① $y = (3x-2)(x^2 - x + 1)$ ② $y = (x^2+1)(2x-1)^2$

풀이

```
f[x_]:=(3x-2)(x^2-x+1)
f'[x]
Print[ "f'(x)=", Expand[ f'[x] ] ]
```

$(2x-1)(3x-2)+3(x^2-x+1)$

$f'(x)=9x^2-10x+5$

```
g[x_]:=(x^2+1)(2x-1)^2
g'[x]
Print[ "g'(x)=", Expand[ g'[x] ] ]
```

$2x(2x-1)^2+4(x^2+1)(2x-1)$

$g'(x)=16x^3-12x^2+10x-4$

참고

(1) 주어진 적분구간 $[0,\ 1]$에서 함수 $\frac{1}{x}$은 $x=0$에서 연속이 아니며 $\lim_{x\to 0}\frac{1}{x}=\infty$ 이므로 $\int_0^1 \frac{1}{x}dx$ 의 값은 존재하지 않는다.
이와 같이 적분구간 내에서 함숫값이 유계가 아닌 함수의 정적분을 이상적분(Improper Integral)이라고 하며 이상적분의 적분값은 정적분의 정의와 다름에 유의하라. 이상적분에 대해 알아보아라.

(2) Palettes에서 $\int_\square^\square \square d\square$를 click하여 $\int_0^1 \frac{1}{x}dx$를 계산할 수 있다. 그 결과를 확인해 보아라.

실습문제

```
g[x_]=√x
g[4]
g[x]/.x→2
```

를 실습하여라

(단, expr/.①→② 는 아래 '참고'를 보아라).

참고

식을 계산한 후에 검산을 하기 위해 다음을 활용하면 편리하다.

식/.① → ②

위 표현의 의미는 '식 중의 ①을 ②로 대치하여 계산하라'는 것이다.

1.5 대수

Mathematica를 사용할 때 종종 앞의 결과를 그대로 이용하여 계산하는 경우가 많이 생긴다. 이럴 때 사용되는 명령어가 '%'이다. 이 기호의 사용법과 대수식의 계산에 사용되는 Mathematica 명령어를 다음 도표에 소개한다.

Mathematica 표기법	의 미	비 고
%	현재 입력단계에서 바로 앞의 결과 표시	출력결과 이용
%%… % (k 번)	현재 입력단계에서 마지막 k 번째 앞의 결과 표시	출력결과 이용
%n 또는 *Out*[n]	n 번째 결과 표시	출력결과 이용
Expand[수식]	주어진 수식을 전개	전개
Factor[수식]	주어진 수식을 인수분해	인수분해
Together[유리식]	주어진 유리식을 통분	통분
Simplify[수식]	주어진 수식을 단순화시켜 최소개수의 항으로 만듦	간단화
Collect[수식, 변수명]	주어진 수식을 주어진 변수명에 대해 정리	동류항 분류
Sum[$f(i)$, {i, a, b}]	$\sum_{i=a}^{b} f(i)$	합
NSum[$f(i)$, {i, a, b}]	$\sum_{i=a}^{b} f(i)$의 근사 수치 합	합의 근사치
Solve[좌변==우변, x]	주어진 방정식의 x에 관한 해를 구함	방정식 풀이
NSolve[좌변==우변, x]	x에 관한 방정식 (좌변 = 우변)의 해의 값을 소수로 나타냄	해의 수치화
수식//*Short* 또는 *Short*[수식]	수식의 1행 출력, 결과물이 긴 경우 중간 항들이 생략되고 한 행에 출력	생략

예제 1.5.1 다항식의 전개에 대해 실습해 보아라.

```
Expand[(a+b)^3]
```

$a^3+3a^2b+3ab^2+b^3$

```
Factor[%]
```
(*$Factor[a^3+3a^2b+3ab^2+b^3]$ 의 의미이다*)

$(a+b)^3$

주의 *Factor*: 인수분해하다. % 는 바로 전 Out를 나타낸다.

참고

Palette를 이용하여 위의 예제 1.5.1의 명령어들을 다음과 같이 실행할 수 있다.

즉, Expand[■]를 클릭하여 ■ 에 $(a+b)^3$을 입력하고 <Shift + Enter>하면 된다.

예제 1.5.2 합 $1+2+3+\cdots+100$ 을 구하여라.

풀이

```
Sum[ i, {i, 1, 100} ]
```
(*$i=1$ 부터 $i=100$ 까지의 합 $\sum_{i=1}^{100} i$ 를 구한다*)

5050

위의 명령어 중 Sum을 NSum으로 바꿔 실행해 보자.

```
NSum[ 1/n^2 , {n, 1, Infinity} ]
```
(*Palettes를 이용하여 $N[\sum_{n=1}^{\infty}\frac{1}{n^2}]$ 로 입력할 수 있다*)

1.64493

참고

Sum[ ]명령어 대신에 Palattes 안에 $\sum$를 사용할 수 있다. 예를 들면,

$$\sum_{k=1}^{100} k^2$$

을 실행해 보아라.

예제 1.5.3 Solve는 방정식의 해를 구한다. 4차방정식의 일반해를 구하는 공식도 알려져 있다. 다음은 2차방정식의 근의 공식을 알려 준다. 방정식을 표현할 때는 등호 2개(==)를 사용하여야 한다.

```
Solve[ a*x^2+b*x+c==0, x ]
```

$$\left\{\left\{x\to\frac{-b-\sqrt{b^2-4ac}}{2a}\right\},\left\{x\to\frac{-b+\sqrt{b^2-4ac}}{2a}\right\}\right\}$$

참고

(1) Solve[x^2+1==0, x]는 방정식 $x^2+1=0$의 변수가 x 하나이므로 x를 생략하여

```
Solve[ x^2+1==0 ]
```

으로 쓸 수 있으나, 변수가 2개 이상인 방정식에서는 반드시 풀고자 하는 방정식의 변수를 명시하여야 한다.

(2) Palettes를 이용하여 Solve 명령어를 클릭하여 위 명령어를 입력할 수 있다.

실습문제 3차방정식과 4차방정식의 일반해를 구하여라. 또 5차방정식의 일반해가 존재하는지 존재하지 않는지에 대해 알아보아라.

예제 1.5.4 //Short는 *Output*을 간략히 보여 준다. <<97>>은 사이에 97개의 항이 있음을 의미한다.

풀이

```
Solve[ x^100-1==0, x ]//Short
```

$//Short =$

$\{\{x \to -1\}, \{x \to -I\}, << 97 >> , \{x \to 1(-1)^{49/50}\}\}$

참고

① 스크린의 여백에 따라 <<97>>이 달라지므로 출력형태가 달라질 수 있다.

② $x^{100} = 1$ 의 해 100개를 구해준다. 이 때, 97개의 해는 화면에 생략되었다는 뜻이다.

예제 1.5.5 연립방정식의 해를 구하여라.

풀이 ① 연립방정식 $x+y+1=0$, $x-y+2=0$의 해를 구해보자.

```
Solve[ {x + y + 1 == 0, x - y + 2 == 0}, {x, y} ]
```

$\{\{x \to -\frac{3}{2}, y \to \frac{1}{2}\}\}$

주의 연립방정식을 만족하는 해를 구하기 위해서도 Solve명령문을 사용하며, 그 형식은 다음과 같다.

```
Solve[ {방정식1, 방정식2, …}, {미지수1, 미지수2, …} ]
```

② 연립방정식 $x^2+y^2=4$, $x-y+2=0$의 해를 구해보자.

```
Solve[ {x^2 + y^2 == 4, x - y + 2 == 0}, {x, y} ]
```

$\{\{x \to -2, y \to 0\}, \{x \to 0, y \to 2\}\}$

③ 연립방정식 $x^2+y^2=4$, $y^2=4x$의 해를 구해보자.

```
Solve[ {x^2 + y^2 == 4, y^2 == 4x}, {x, y} ]
```

예제 1.5.6 다음 연립방정식의 해를 구하여라.

$$x^2+y^2=5,\ (x-1)(x+y-2)=0$$

풀이

```
Solve[ {x^2+y^2==5, (x-1)(x+y-2==0}, {x, y} ]
```

예제 1.5.7 유리식에 관한 명령어들을 실습하여라.

풀이

expr= $\frac{(1-x)^2}{(1+x)(1+x^2)^2}$ (*$expr$변수를 선언한다*)

$$\frac{(1-x)^2}{(1+x)(1+x^2)^2}$$

```
Expand[expr]                (*expr의 분자를 전개한다*)
```

$$\frac{1}{(1+x)(1+x^2)^2}-\frac{2x}{(1+x)(1+x^2)^2}+\frac{x^2}{(1+x)(1+x^2)^2}$$

```
ExpandAll[expr]             (*expr의 분자, 분모를 모두 전개한다*)
```

$$\frac{1}{1+x+2x^2+2x^3+x^4+x^5}-\frac{2x}{1+x+2x^2+2x^3+x^4+x^5}$$
$$+\frac{x^2}{1+x+2x^2+2x^3+x^4+x^5}$$

```
Together[%]                 (*바로 앞의 결과를 통분한다*)
```

$$\frac{1-2x+x^2}{1+x+2x^2+2x^3+x^4+x^5}$$

```
Apart[%]                    (*바로 앞의 결과를 부분분수로 분해한다*)
```

$$\frac{1}{1+x}+\frac{-1-x}{(1+x^2)^2}+\frac{1-x}{1+x^2}$$

```
Simplify[%]                 (*바로 앞의 결과의 수식을 간단히 한다*)
```

$$\frac{(-1+x)^2}{(1+x)(1+x^2)^2}$$

실습문제 다음 로그방정식을 풀어라.

① $\log_4 x = 2$

```
Solve[ Log[4,x]==2, x ]
```

$\{\{x \to 16\}\}$

② $3\log_2 x = 2$

```
Solve[ 3 Log[2,x]==2, x ]
```

$\{\{x \to 2^{\frac{2}{3}}\}\}$

실습문제 다음 로그방정식을 풀어라.

① $\log_3 4x = 2$

```
Solve[ Log[3, 4x]==2, x ]
```

$\{\{x \to \frac{9}{4}\}\}$

② $\log_5(x+1) = 2\log_5 7$

```
Solve[ Log[5, x+1]==2 Log[5, 7], x ]
```

$\{\{x \to 48\}\}$

실습문제 다음 로그방정식을 풀어라.

① $\log_x 2 = -1$

```
Solve[ Log[x, 2]==-1, x ]
```

$\{\{x \to \frac{1}{2}\}\}$

② $\log_{x-1} 9 = 2$

```
Solve[ Log[x-1, 9]==2, x ]
```

$\{\{x \to 4\}\}$

③ $\log_{10} x + \log_{10}(x-3) = 1$

```
Solve[ Log[10, x]+Log[10, x-3]==1, x ]
```

$\{\{x \to 5\}\}$

참고

Palettes를 열어서 위의 실습문제들의 명령어를 실습하여라. 독자에 따라 직접 입력과 Palettes 사용 중 편리한 방법을 선택하여 사용할 수 있을 것이다.

실습문제 다음 방정식을 풀어라.

(1) $2^x = 5$ (2) $\log_3(x+1) = \log_3(x-3)+1$

(3) $\log_2(x-4) = 3$ (4) $2^{x+2} = 6^x$

나의 노트

1.6 벡터와 행렬

벡터와 행렬은 목록(list)을 표시하는 것과 같이 중괄호 { }를 이용하여 표현하며, 행렬의 각 행은 다시 { }를 사용하여 나타낸다. 기본적인 명령어를 소개하면 다음 표와 같다. 벡터에 관해서는 6장에서 다시 자세히 다루므로 더 알고 싶다면 6장을 참고바란다.

Mathematica 표기법	의 미	비 고
$v=\{a, b, c\}$	벡터 $v=(a, b, c)$	벡터
$A=\{\{a, b\}, \{c, d\}\}$	행렬 $A=\begin{pmatrix} a & b \\ c & d \end{pmatrix}$	2×2 행렬
$Det[A]$	주어진 정방행렬 A의 행렬식	$\|A\|$
$Inverse[A]$	주어진 정방행렬 A의 역행렬	A^{-1}
$Transpose[A]$	주어진 행렬 A의 전치행렬	A^T
행렬//$MatrixForm$ 또는 $MatrixForm$[행렬]	목록을 행렬형태로 출력함	출력 명령어

예제 1.6.1 벡터 $v_1=(0, 1, 2)$, $v_2=(2, 1, 0)$, $v_3=(1, 1, 1)$에 대하여 $v_1+v_2+v_3$, v_1+v_2, v_1-v_2, $-v_1$을 구하여라.

풀이

```
v1={0, 1, 2};
    (*벡터 (0, 1, 2)의 Mathematica 표현은 {0, 1, 2} 이다*)
v2={2, 1, 0};
v3={1, 1, 1};
```

```
v1+v2+v3
```

{3, 3, 3}

```
v1+v2
```

{2, 2, 2}

```
v1-v2
```

$\{-2, 0, 2\}$

```
-1*v1
```

$\{0, -1, -2\}$

예제 1.6.2 행렬 $M=\begin{pmatrix} 0 & 1 & 2 \\ 2 & 1 & 0 \\ 1 & 1 & 1 \end{pmatrix}$을 표현하여라.

풀이 위 예제 1.6.1에서 선언한 v_1, v_2, v_3를 이용하자.

```
M={v1, v2, v3}
```

$\{\{0, 1, 2\}, \{2, 1, 0\}, \{1, 1, 1\}\}$

M에 MatrixForm 명령어를 사용해 보자. MatrixForm은 계산 결과를 행렬형태로 보여 준다.

```
%//MatrixForm
```

$$\begin{pmatrix} 0 & 1 & 2 \\ 2 & 1 & 0 \\ 1 & 1 & 1 \end{pmatrix}$$

참고

(1) Palattes - Basic Commands - (: :)를 활용하여 행렬의 크기를 정한다. 행을 추가하기 위해서 열려진 파레트 안의 Add Row, 열을 추가하기 위해서 Add Column을 사용하여라.

(2) 2×2 행렬

```
A={{1, 2}, {3, 4}}
```

를 입력하고, <Shift + Enter>하면 실행결과가

{{1, 2}, {3, 4}}

```
%//MatrixForm
```

을 입력하고 <Shift + Enter>하면 실행결과가

$$\begin{pmatrix} 1 & 2 \\ 3 & 4 \end{pmatrix}$$

가 된다.

예제 1.6.3 $A = \begin{pmatrix} 2 & 1 & 2 \\ 3 & 2 & 2 \\ 1 & 2 & 3 \end{pmatrix}$의 역행렬을 구하여라.

풀이

```
Clear[A]
A={{2, 1, 2}, {3, 2, 2}, {1, 2, 3}};
A//MatrixForm
```

$$\begin{pmatrix} 2 & 1 & 2 \\ 3 & 2 & 2 \\ 1 & 2 & 3 \end{pmatrix}$$

```
MatrixForm[ Inverse[A] ]
```

$$\begin{pmatrix} \frac{2}{5} & \frac{1}{5} & -\frac{2}{5} \\ -\frac{7}{5} & \frac{4}{5} & \frac{2}{5} \\ \frac{4}{5} & \frac{3}{5} & \frac{1}{5} \end{pmatrix}$$

참고

만약 위 예제에서 프로그램의 셋째 줄 명령어를

```
B = A//MatrixForm
```

로 하고

```
Inverse[B]
```

로 A의 역행렬을 구하려하면 실행되지 않음에 유의하여라. 즉 MatrixForm 명령어는 출력된 결과의 모양을 바꾸는데만 사용함에 유의바란다.

예제 1.6.4 다음 행렬식의 값을 구하여라.

$$\begin{vmatrix} a_{11} & 0 & 0 & 0 \\ 0 & 0 & a_{23} & 0 \\ 0 & 0 & 0 & a_{34} \\ 0 & a_{42} & 0 & 0 \end{vmatrix}$$

풀이 a_{11} 의 표현을 Mathematica에서는 $a11$ 으로 하자.

```
Clear[A]
A={ {a11, 0, 0, 0}, {0, 0, a23, 0}, {0, 0, 0, a34},
      {0, a42, 0, 0} }
% // MatrixForm
```

$$\begin{pmatrix} a_{11} & 0 & 0 & 0 \\ 0 & 0 & a_{23} & 0 \\ 0 & 0 & 0 & a_{34} \\ 0 & a_{42} & 0 & 0 \end{pmatrix}$$

```
Det[A]
```

$a11\ a23\ a34\ a42$

참고

```
A={ {a11, 0, 0, 0}, {0, 0, a23, 0},
    {0, 0, 0, a34}, {0, a42, 0, 0} }
```

를 입력하는 대신에 Palettes를 이용하여 4×4 행렬을 만들어

$$A = \begin{pmatrix} a11 & 0 & 0 & 0 \\ 0 & 0 & a23 & 0 \\ 0 & 0 & 0 & a34 \\ 0 & a42 & 0 & 0 \end{pmatrix}$$

를 입력할 수 있다.

예제 1.6.5 두 리스트의 사칙연산을 리스트로 표현해보자.

풀이 ① 두 개의 리스트를 만들자.

```
a = {1, 2, 3, 4, 5};
b = {3, 2, 4, 5, 1};
```

주의 "a={1, 2, 3, 4, 5};"와 같이 명령문의 맨 끝에 세미콜론(;)이 있으면 Mathematica가 계산을 하되 그 결과를 화면에 나타내지 않는다. 하지만 변수 a에는 주어진 리스트 {1, 2, 3, 4, 5}가 들어가 있다.

② 두 개의 리스트를 더하고 빼자.

```
a + b
a - b
```

$\{4, 4, 7, 9, 6\}$

$\{-2, 0, -1, -1, 4\}$

③ 두 개의 리스트를 곱하고 나누자.

```
a*b
a/b
```

$\{3, 4, 12, 20, 5\}$

$\{\frac{1}{3}, 1, \frac{3}{4}, \frac{4}{5}, 5\}$

④ 원소의 개수가 다른 두 리스트를 사칙연산이 가능할까?

```
c = {1, 2, 3, 4}; d = {3, 4, 5};
c + d
```

Thread::tdlen : Objects of unequal length in {1, 2, 3, 4} + {3, 4, 5} cannot be combined.

$\{3, 4, 5\} + \{1, 2, 3, 4\}$

주의 위와 같이 연산을 할 수 없다는 메시지가 나타난다. 항상 리스트들을 사칙연산하기 위해서는 리스트의 원소의 개수가 같아야만 가능하다.

예제 1.6.6 두 리스트의 결합 및 집합적인 성질을 알아보아라.

풀이 ① 세 개의 리스트를 주자.

```
a = {1, 2, 3}; b = {3, 4, 5, k}; c = {k, l, m};
```

② 리스트를 묶어주자.

```
Join[a, b]
Join[b, c]
```

$\{1, 2, 3, 3, 4, 5, k\}$

$\{3, 4, 5, k, k, l, m\}$

③ 합집합을 구하자.

```
Union[a, b]
Union[a, b, c]
```

$\{1, 2, 3, 4, 5, k\}$

$\{1, 2, 3, 4, 5, k, l, m\}$

④ 교집합을 구하자.

```
Intersection[a, b]
Intersection[b, c]
```

$\{3\}$

$\{k\}$

⑤ 차집합을 구하자.

```
Complement [a, b]
Complement [b, c]
```

$\{1, 2\}$

$\{3, 4, 5\}$

예제 1.6.7 명령어 Table을 이용하여 행렬을 만들어 보아라.

풀이 ① 2차 정사각행렬을 만들자.

```
vea = Table[ Table[ k*l, {k, 1, 2} ], {l, 1, 2} ];
veb = Table[ Table[ k + l, {k, 1, 2} ], {l, 1, 2} ];
vea // MatrixForm
veb // MatrixForm
```

$$\begin{pmatrix} 1 & 2 \\ 2 & 4 \end{pmatrix}$$

$$\begin{pmatrix} 2 & 3 \\ 3 & 4 \end{pmatrix}$$

② 행렬의 합과 차를 구하자.

```
vea + veb // MatrixForm
vea - veb // MatrixForm
```

$$\begin{pmatrix} 3 & 5 \\ 5 & 8 \end{pmatrix}$$

$$\begin{pmatrix} -1 & -1 \\ -1 & 0 \end{pmatrix}$$

③ 행렬의 곱을 구하자.

```
vea. veb // MatrixForm
```

$$\begin{pmatrix} 8 & 11 \\ 16 & 22 \end{pmatrix}$$

참고

(1) 벡터의 연산, 내적과 외적, 일차독립과 일차종속, 직선과 평면, 정규직교화에 대해서는 6장에서 다룰 것이다.

(2) 행렬의 연산, 행렬식, 고유치, 고유벡터 등 선형대수학에서 배운 내용들을 Palattes → List 및 Help를 활용하여 Mathematica의 계산능력을 활용하여 확인해 보아라. 행렬의 크기가 클 때 더 놀라울 것이다.

실습문제 주어진 연립방정식을 아래 소개한 네 가지 방법으로 풀어 보아라.

$$\begin{cases} 3x - y = 4 \\ x + y = 2 \end{cases}$$

(1) Solve[{3x−y==4, x+y==2}, {x, y}]

(2) sys={3x−y==4, x+y==2};
Solve[sys, {x, y}]

(3) mat={{3, −1}, {1, 1}}; vx={x, y}; vb={4, 2};
Solve[mat.vx==vb, vx]

(4) {{3, -1}, {1, 1}}.{x,y}=={4,2};
Solve[%, {x,y}]

나의 노트

1.7 그림

Mathematica의 기능 중 가장 시각적이며, 사용자를 감탄하게 만드는 부분이 Graphics(그림) 기능과 Animation 기능이다. 따라서 이 부분의 명령어는 굉장히 많으며, 또 Options(선택사항)에 관한 사항도 엄청난 양이다. 그러나 이것들을 외워야 한다고 생각하면 Mathematica가 싫어질 것이므로 자주 Mathematica를 사용하면서 자연스럽게 친숙해지길 바란다. 이 절에서는 Graphics(그림)에 대한 명령어와 그 옵션들에 대해 실습해 보자.

먼저, Graphics에 관한 명령어를 요약하면 다음과 같다.

Mathematica 표기법	의 미	비 고
$Plot[f[x], \{x, xmin, xmax\}]$	범위 $[xmin, xmax]$에서 $f(x)$의 그래프를 그림	평면곡선의 그래프
$Plot[\{f1[x], f2[x], \cdots\}, \{x, xmin, xmax\},$ 선택사항]	범위 $[xmin, xmax]$에서 $f1(x)$, $f2(x)$, $\cdots$의 그래프를 선택사항을 첨가하여 같은 축을 사용하여 모두 함께 나타냄	여러 평면곡선의 그래프
$ListPlot[\{y1, y2, \cdots\},$ 선택사항]	좌표 $(1, y1)$, $(2, y2)$, $\cdots$에 대응하는 점을 선택사항을 첨가하여 찍음	평면좌표 그래프
$ListPlot[\{\{x1, y1\}, \{x2, y2\}, \cdots\},$ 선택사항]	좌표 $(x1, y1)$, $(x2, y2)$, $\cdots$ 에 대응하는 점을 선택사항을 넣어 찍음	평면좌표 그래프
$Plot3D[f[x, y], \{x, xmin, xmax\}, \{y, ymin, ymax\},$ 선택사항]	x의 범위가 $[xmin, xmax]$, y의 범위가 $[ymin, ymax]$일 때, 함수 $f(x, y)$의 그래프를 선택사항을 부가하여 그림	곡면의 그래프 (3차원 그림)
$ParametricPlot[\{f(t), g(t)\}, \{t, t1, t2\}]$	t의 범위 $[t1, t2]$에서 매개변수방정식 $x = f(t)$, $y = g(t)$의 그래프를 그림	매개변수 방정식 그래프
$PolarPlot[f[t], \{t, tmin, tmax\}]$	각도 t의 범위 $[tmin, tmax]$에서 극방정식 $r = f(t)$의 그래프를 그림	극좌표 방정식 그래프
$ContourPlot[f[x, y] == 0, \{x, a, b\}, \{y, c, d\}]$	x의 범위 $[a, b]$, y의 범위 $[c, d]$에서 음함수 $f(x, y) = 0$의 그래프를 그림	음함수 그래프

그리고 Graphics에서 많이 쓰이는 선택사항(Options)은 다음과 같다.

선택사항	내 용	비 고
Hue[*h*]	색상조절	*h*는 0 이상 1 이하의 수
RGBColor[*r*, *g*, *b*]	빨강, 초록, 파랑의 적당한 배합을 뜻함	Red, Green, Blue
PointSize[*r*]	점을 반경 *r*(= 전체에 대한 비)인 원형으로 찍음	*r*는 0 이상 1 이하의 수
AbsolutePointSize[*d*]	점을 반경 *d* 포인트인 원형으로 만듬	
Thickness[*r*]	선의 두께가 *r*(= 전체에 대한 비)임	*r*는 0 이상 1 이하의 수
AbsoluteThickness[*d*]	선의 두께가 *d* 포인터임	
Dashing[{*r*1, *r*2, ⋯ }]	길이가 *r*1, *r*2, ⋯ (*r*1, *r*2는 전체에 대한 비)인 파선	*r*1, *r*2는 0 이상 1 이하의 수
AbsoluteDashing[{*d*1, *d*2, ⋯ }]	길이가 *d*1, *d*2, ⋯ 포인터인 파선	
AspectRatio	그래프의 가로 : 세로의 비율	그림이 그려진 화면의 $\frac{\text{가로의 길이}}{\text{세로의 길이}}$
AxesLabel	좌표축의 이름 지정	
PlotPoints → *n*	축에서 각각 *n*개의 sample을 뽑아 함숫값을 계산하여 n^2개의 점을 연결하여 그래프를 그림	

참고

(1) 그래프를 그려놓고 그려진 그래프의 선택사항(options)을 알아서 그래프의 모양을 잘 나타내고 싶으면 Help 및 Paletts를 이용하면 된다. 그리고 현재 사용한 명령어의 기본 선택사항들이 무엇인지 알고 싶으면 다음과 같이 해보아라. 예를 들어, Mathematica 실행창에서

```
Options[Graphics]
```

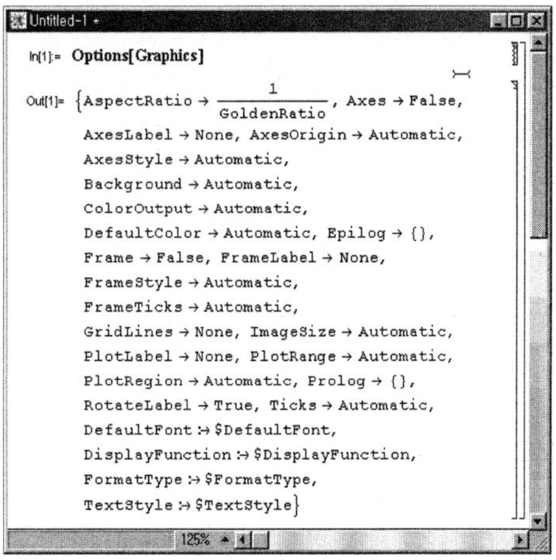

를 입력하고 실행하면 명령어 Graphics에 대한 기본 선택사항들을 볼 수 있다.

(2) Palattes - Basic Commands - 2D or 3D 안의 Options를 활용하여 선택사항 등을 사용할 수 있다.

(3) Options[Plot]을 입력하고 <Shift + Enter>하면 Plot명령어와 함께 사용할 수 있는 선택사항과 Plot명령어의 *Default* 로 설정된 선택사항들을 볼 수 있다.

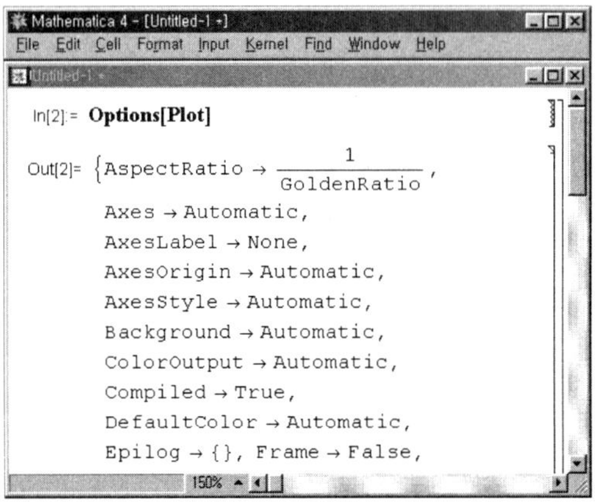

나의 노트

1.7.1 함수 $y=f(x)$의 그래프

정의역 $[a,b]$에서 함수 $y=f(x)$의 그래프는 명령어 Plot으로 나타낼 수 있다. 그 형식은 다음과 같다.

```
Plot[ f[x], {x, a, b}, 옵션들 ]
```

다음과 같은 예를 이용하여 그 사용법을 배워보자.

예제 1.7.1 함수 $y=x^2$의 그래프를 다양한 방법으로 그려보아라.

풀이 ① 정의역이 $[-2,2]$인 $y=x^2$의 그래프를 그려보자.

```
Plot[ x^2, {x, -2, 2} ]
```

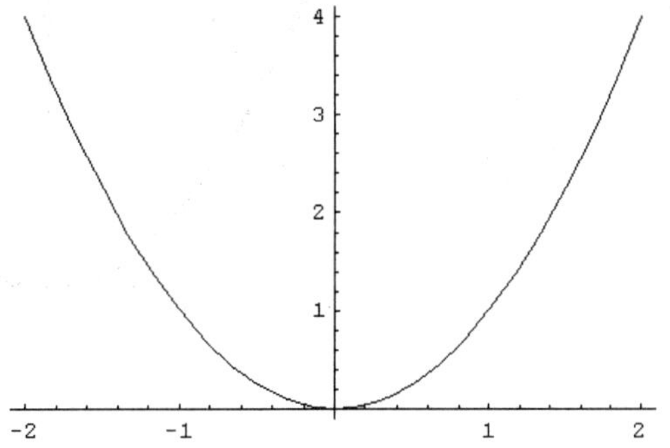

② 그래프의 색을 지정하여 그려보자.

```
Plot[ x^2, {x, -2, 2}, PlotStyle -> RGBColor[1, 0, 0] ]
```

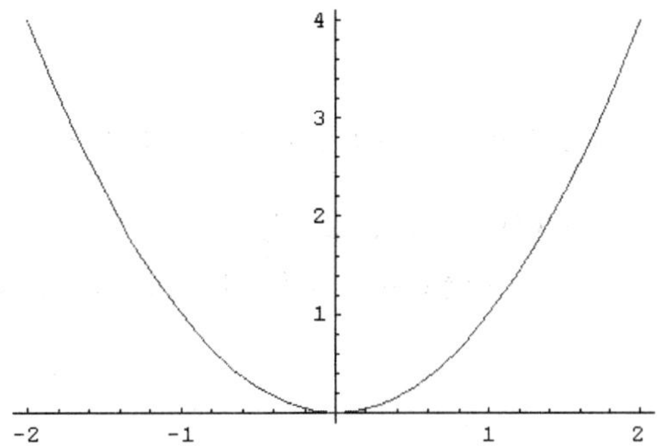

참고

평면 그래프의 색을 지정하는 명령어인 RGBColor, Hue에 대해 알아보자. 이 명령어들에 색을 부여하는 형식은 RGBColor[r, g, b], Hue[h]이며, 각 r, g, b, h에는 0에서 1까지 임의의 수를 사용한다. 여기에서 RGBColor에서 R은 Red, G는 Green, B는 Blue를 나타내며, RGBColor[1, 0, 0]는 빨강색으로 그래프를 그린다.

③ 그래프의 선의 두께를 지정하여 그려보자.

```
Plot[ x^2, {x, -2, 2}, PlotStyle -> Thickness[0.01] ]
```

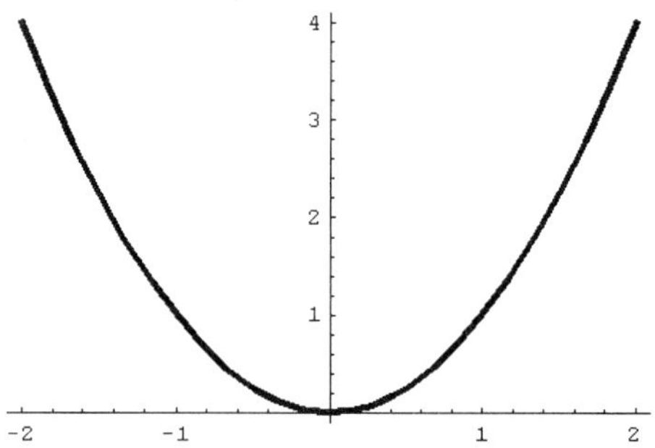

참고

선의 두께를 나타내는 Thickness[a]에서 a는 0에서 1까지의 수를 사용할 수 있으나 보통 0.005에서 0.01를 사용하면 두께가 보기에 좋다. a에 1를 넣으면 좌표평면 전체가 그래프로 덮혀진다. a의 값에 변화를 주면서 그래프의 상태를 관찰해보자. a가 1일 때는 어떻게 되는지 확인해 보아라.

④ 그래프에 색과 두께를 함께 지정하여 그려보자.

```
Plot[ x^2, {x, -2, 2},
    PlotStyle -> {RGBColor[1, 0, 0], Thickness[0.01]} ]
```

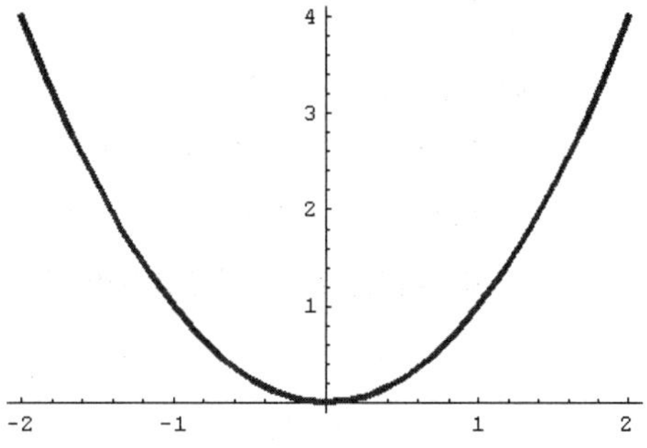

참고

선택사항으로 두께와 색을 같이 지정할 때에는 {두께, 색}과 같이 중괄호로써 반드시 묶어주어야 한다.

⑤ 좌표축 위의 눈금을 x축 위에는 -1과 1, y축 위에는 2를 표시하여 그래프를 그려보자.

```
Plot[ x^2, {x, -2, 2},
     PlotStyle -> {RGBColor[1, 0, 0], Thickness[0.01]},
     Ticks -> { {-1, 1}, {2} } ]
```

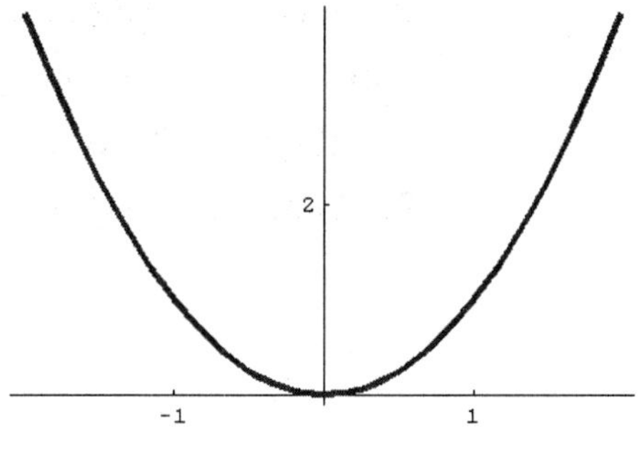

참고

Ticks문을 사용할 때 나타내고자 하는 눈금은 x축 위의 점들과 y축 위의 점들을 같이 나타내므로 각각 중괄호를 사용하여 나타내고 이 두 개를 다시 중괄호로 묶어준다. 즉 Ticks → { {x_1, x_2, …}, {y_1, y_2, …} } 형태로 해야 한다.

⑥ 좌표축에 두께와 색을 같이 지정하여 그려보자.

```
Plot[ x^2, {x, -2, 2},
    PlotStyle -> {RGBColor[1, 0, 0], Thickness[0.01]},
    Ticks -> { {-1, 1}, {2} },
    AxesStyle -> {RGBColor[0, 1, 0], Thickness[0.007]} ]
```

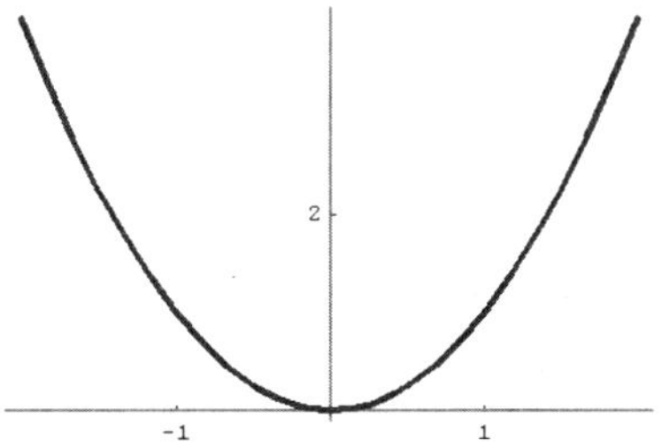

참고

(1) AxesStyle은 축의 스타일을 지정한다.

(2) 축의 두께와 색은 그래프의 두께와 색을 나타낼 때와 같은 형태로 사용한다.

⑦ 그래프의 이름(PlotLabel)을 그래프 위에 나타내어 보자.

```
Plot[ x^2, {x, -2, 2},
        PlotStyle -> {RGBColor[1, 0, 0], Thickness[0.01]},
        Ticks -> { {-1, 1}, {2} },
        AxesStyle -> {RGBColor[0, 1, 0], Thickness[0.007]},
        PlotLabel -> "y=x^2의 그래프" ]
```

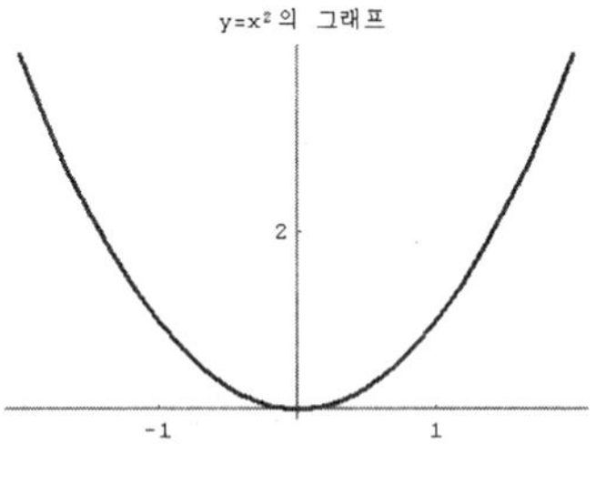

참고

Palattes - Basic Commands - 2D or 3D에서 Options - Other에서 PlotLabel을 활용할 수 있다.

⑧ PlotLabel을 사용하지 않고 그래프 내에 글자를 넣어 그려보자.

```
Plot[ x^2, {x, -2, 2},
        PlotStyle -> {RGBColor[1, 0, 0], Thickness[0.01]},
        Ticks -> { {-1, 1}, {2} },
        AxesStyle -> {RGBColor[0, 1, 0], Thickness[0.007]},
        Epilog -> Text["y=x^2의 그래프", {1, 1} ] ]
```

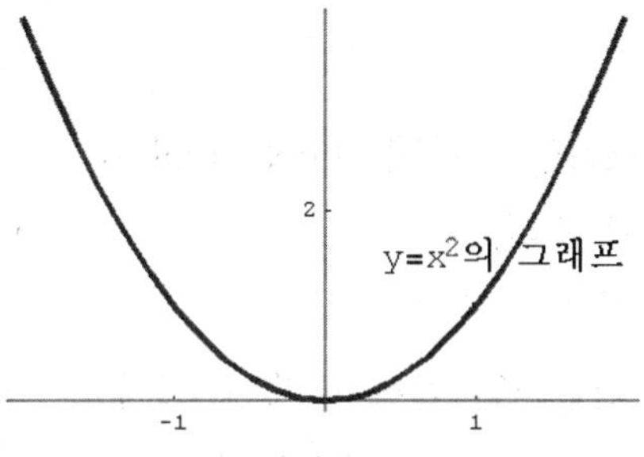

참고

그래프 내에 Text를 삽입하기 위해서는 보통 Prolog와 Epilog를 사용한다. Prolog는 그래프를 그리기 전에 지정하는 속성을 부여하며 Epilog는 그래프를 그린 후에 속성을 부여하는 차이가 있다. Text에 대한 형식은

```
Text["글자", {a, b}]
```

이다. 여기에서 "글자"는 실제 사용되어질 Text이며, 한글도 적용이 가능하다. {a, b}는 Text의 좌표평면에서의 위치를 나타낸다. {a, b}에 값을 바꾸어 주면서 Text의 위치를 확인해보자.

⑨ Text를 두 개 이상 만들어 그려보자.

```
Plot[ x^2, {x, -2, 2},
        PlotStyle -> {RGBColor[1, 0, 0], Thickness[0.01]},
        Ticks -> { {-1, 1}, {2} },
        AxesStyle -> {RGBColor[0, 1, 0], Thickness[0.007]},
        Epilog->{ Text ["y=x^2의 그래프", {1, 1}],
                  Text ["열심히 합시다.", {1, 3}] } ]
```

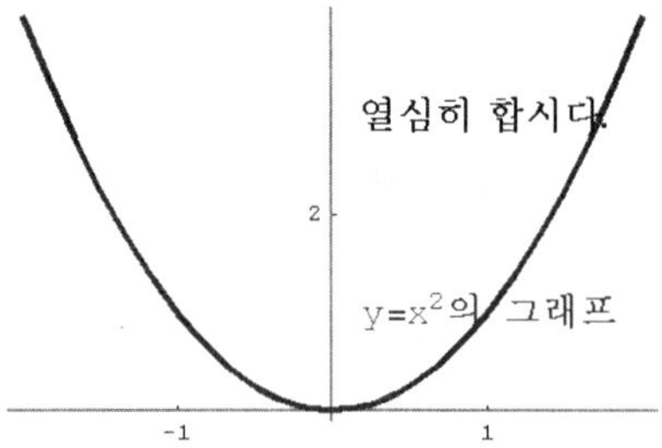

참고

두 개 이상의 Text를 나타낼 때에는 Epilog → {Text[ ], Text[ ]}의 형태로 중괄호로써 묶어주면 된다.

Plot명령어와 함께 예제 1.7.1에서 쓰인 Option들의 종류를 확인하는 방법은 Mathematica 실행창에서

```
Options[Plot]
```

를 입력하고 실행하면 명령어 Plot에 대한 기본 Option들을 볼 수 있다.

예제 1.7.2 x, y 좌표축이 만나는 점을 $\left(\frac{\pi}{2}, 0\right)$으로 해서 $\sin x$의 그래프를 그리되, 그래프의 이름을 Graph of Sine으로 붙이고 각 축의 이름을 X, Y로 표시하여라.

풀이 두 축이 만나는 점은 AxesOrigin으로 설정하며 PlotLabel을 이용하여 그래프의 제목을 붙이고 AxesLabel로 축의 이름을 정한다.

```
Plot[ Sin[x], {x, 0, 2π} ]
```

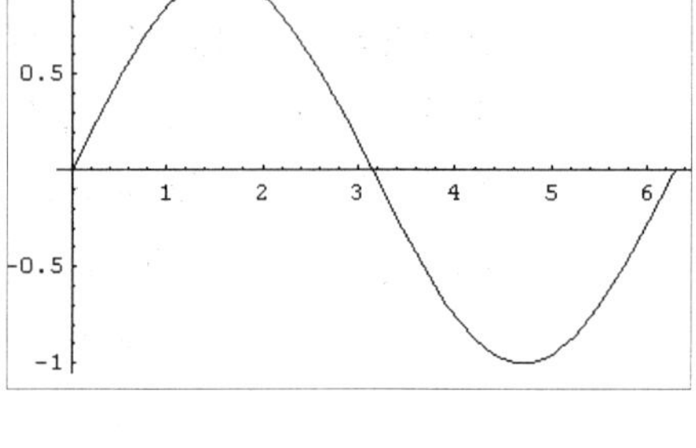

```
Plot[ Sin[x], {x, 0, 2π}, AxesOrigin→{π/2, 0},
    PlotLabel→"Graph of Sine", AxesLabel→{"X", "Y"} ]
```

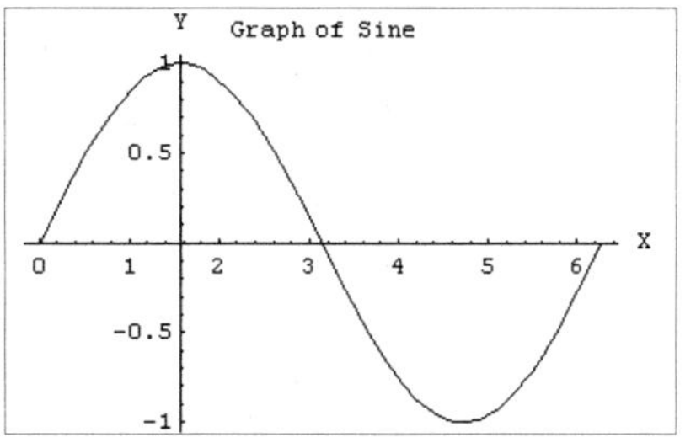

참고

(1) PlotLabel → "제목"은 그래프에 제목을 붙인다.

(2) AxesLabel → {"X축 이름", "Y축 이름", "Z축 이름"}는 3차원 그래픽의 각 축에 이름을 붙인다. 업그레이드 버전에서는 축의 이름에 쓰인 인용부호(" ")가 생략 가능하며 " " 안의 문장은 간격조차 그대로 출력되는 것이 다르다.

(3) AxesOrigin → {a, b}는 두 축의 교차점의 좌표를 (a, b)로 설정한다.

실습문제 Plot[{Sin[x], Cos[x]}, {0, x, 2π}, PlotRange → {-π, π},
PlotStyle → {GrayLevel[0], GrayLevel[0.5]}, AspectRatio → 1]
을 실습하여라.

예제 1.7.3 구간 $[0, 2\pi]$에서 $\sin x$, $\sin 2x$, $\sin 3x$의 그래프들을 한 좌표축 위에 모두 같이 나타내어라.

풀이

```
a1=Plot[ Sin[x], {x, 0, 2π} ]
```

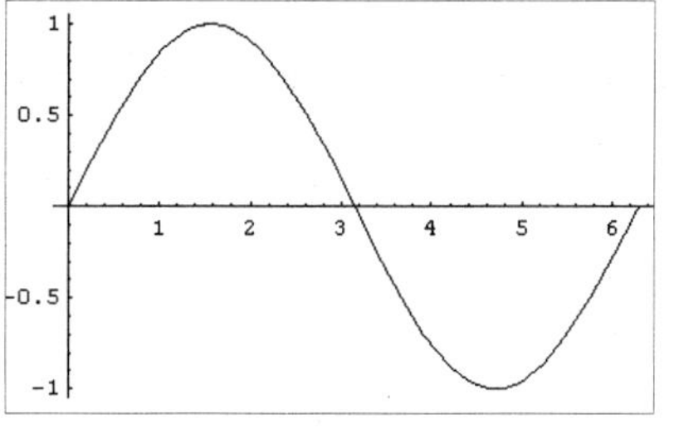

```
a2=Plot[ Sin[2x], {x, 0, 2π} ]
```

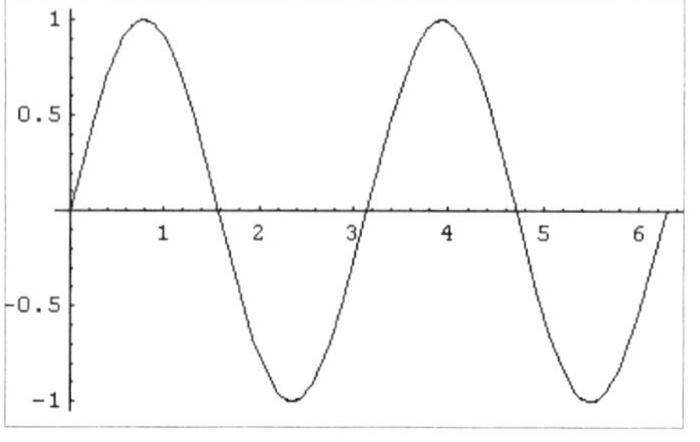


```
a3=Plot[ Sin[3x], {x, 0, 2π} ]
```

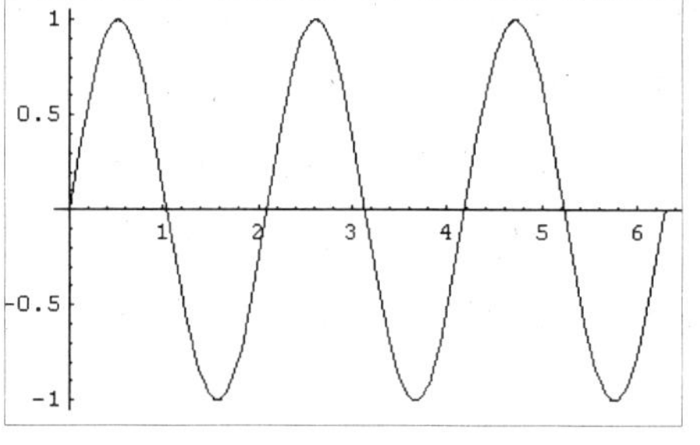


```
Show[a1, a2, a3]
```

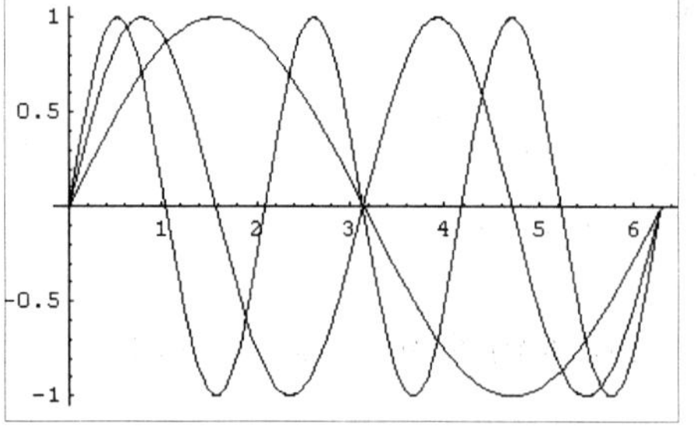

위에서 했던 작업을 다음처럼 해도 된다. 즉, 한 그래프 축 위에 그리고자 하는 함수들을 { }로 묶어 주면 여러 개의 함수의 그래프를 한 축에 그릴 수 있다.

```
Plot[ {Sin[x], Sin[2x], Sin[3x]}, {x, 0, 2π} ]
                    (*그리고자 하는 여러 개의 함수를 { } 로 묶는다*)
```

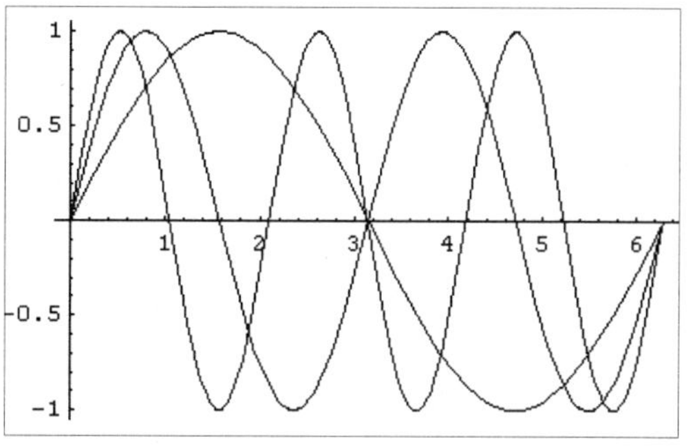

위 세 그림의 색깔을 차례로 빨강, 초록, 파랑으로 그려서 한 좌표축에 나타내어보자. 업그레이드 버전에서는 여러 개의 그래프 색을 자동으로 다르게 부여하여 그려주므로 구별하기 위해 각 그래프에 색깔을 줄 필요는 없다. 그러나 필요에 따라 어떤 그래프가 어떤 색깔로 주어졌는지를 구분하기 위해서는 다음과 같이 선택사항을 부여할 수 있다.

```
Plot[ {Sin[x], Sin[2x], Sin[3x]}, {x, 0, 2π},
    PlotStyle → {RGBColor[1, 0, 0], RGBColor[0, 1, 0],
                 RGBColor[0, 0, 1]} ]
```

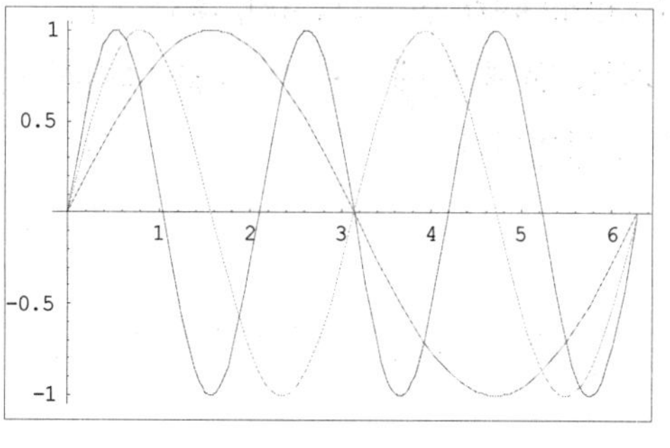

또, GraphicsArray를 이용하여 앞에서 그린 그림들 $a1$, $a2$, $a3$를 다음과 같이 세로로 재배열할 수도 있다.

```
Show[ GraphicsArray[ {{a1}, {a2}, {a3}} ] ]
```

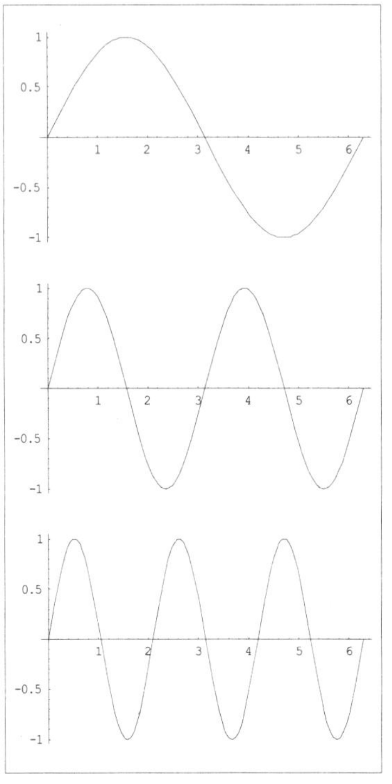

참고

(1) {{a1}, {a2}, {a3}}는 행렬을 표현하는 형태와 동일하다. 즉, 3행으로 그림 $a1$, $a2$, $a3$를 배열하여 나타낸다.

(2) Show[GraphicsArray[{{a1, a2}, {a3}}]]는 그래프 세 개 중 처음 행에 $a1$, $a2$ 두 개를, 둘째 행에 $a3$ 한 개를 그려서 실행 결과 전체를 아래와 같이 두 행으로 나열한다.

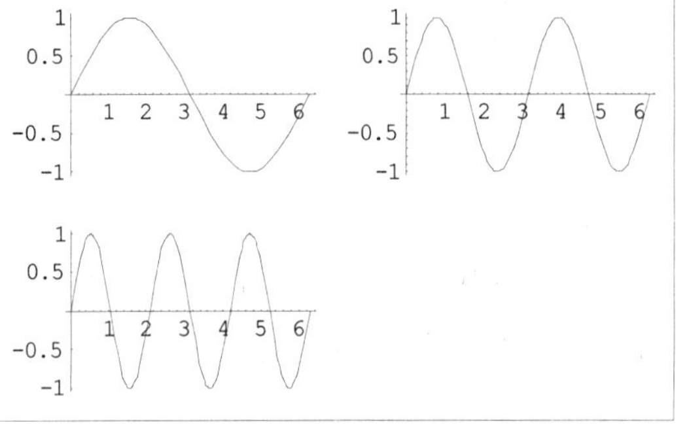

(3) Show[GraphicsArray[{a1, a2, a3}]]는 그래프 세 개를 한 행에 나열한다.

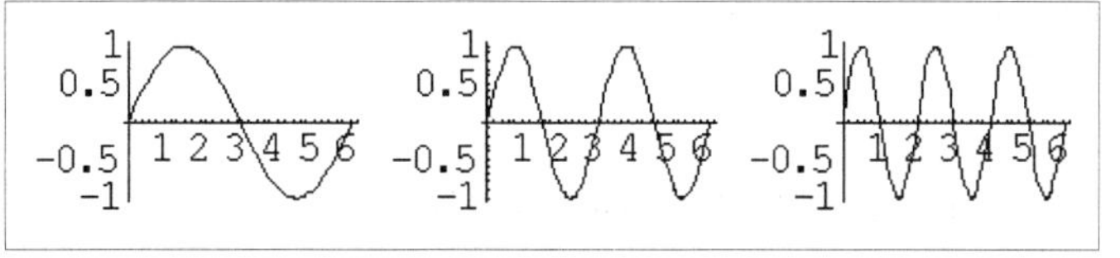

(4) 6.0 이상의 버전에서는 GraphicsRow를 사용하여 그래프들을 가로배열로 나타나도록 할 수 있다. 위의 (3)은

GraphicsRow [{a_1, a_2, a_3}]

와 같다. 또한 GraphicsGrid를 사용하여 여러 개의 그래프들을 화면에 적당히 배열할 수 있다. 위의 (2)는

GraphicsGrid [{{a_1, a_2}, {a_3}}]

로 사용할 수 있다.

1.7.2 매개변수함수 $x=f(t)$, $y=g(t)$의 그래프

매개변수로 표현되어지는 함수 $x=f(t)$, $y=g(t)$의 그래프는 명령어 ParametricPlot으로 나타낼 수 있다. 그 형식은 다음과 같다.

```
ParametricPlot[ {f[t], g[t]}, {t, a, b}, 옵션들 ]
```

다음과 같은 예제들을 이용하여 그 사용법을 알아보자.

예제 1.7.4 단위원 $x=\cos(t)$, $y=\sin(t)$의 그래프를 그려라.

풀이 ① 중심이 (0,0)이고 반지름의 길이가 1인 원의 그래프를 그려보자.

```
ParametricPlot[ {Cos[t], Sin[t]}, {t, 0, 2Pi} ]
```

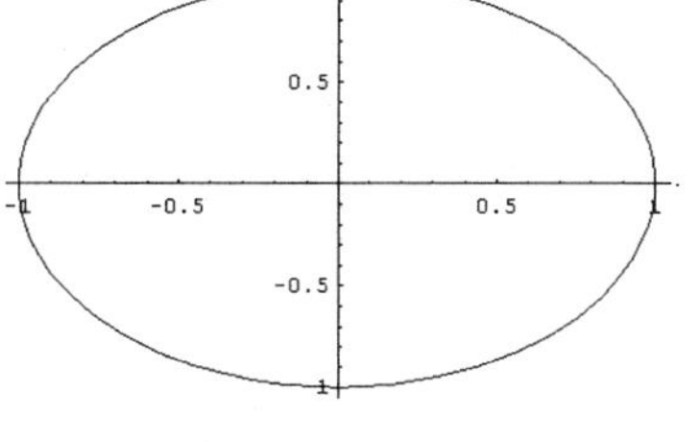

참고

{t, 0, 2Pi}에서 Pi는 π를 뜻한다.

② 원의 style을 지정하여 그려보자.

```
ParametricPlot[ {Cos[t], Sin[t]}, {t, 0, 2π},
    PlotStyle -> {Thickness[0.01], RGBColor[1, 0, 0]} ]
```

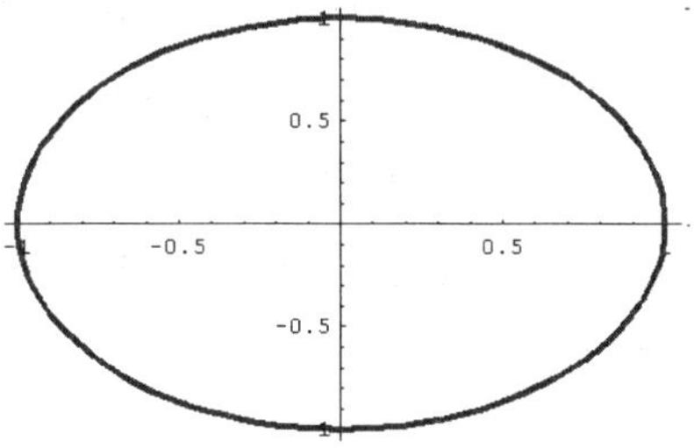

참고

그래프의 옵션은 평면 그래프를 그려주는 명령어들(예를 들면, Plot, ParametricPlot, PolarPlot, ContourPlot 등)에서 거의 비슷하다. $y=f(x)$의 그래프를 그리는 명령어 Plot에서 사용하였듯이 ParametricPlot에서도 옵션들이 거의 유사하게 사용된다. 물론 앞으로 다루어지게 될 모든 평면그래프를 그리는 다른 명령어들에서도 지금 실습해 본 옵션들이 사용될 것이다.

③ 가로, 세로의 비율을 지정하여 원을 그려보자.

```
ParametricPlot[ {Cos[t], Sin[t]}, {t, 0, 2π},
        PlotStyle -> {Thickness[0.01], RGBColor[1, 0, 0]},
        AspectRatio -> Automatic ]
```

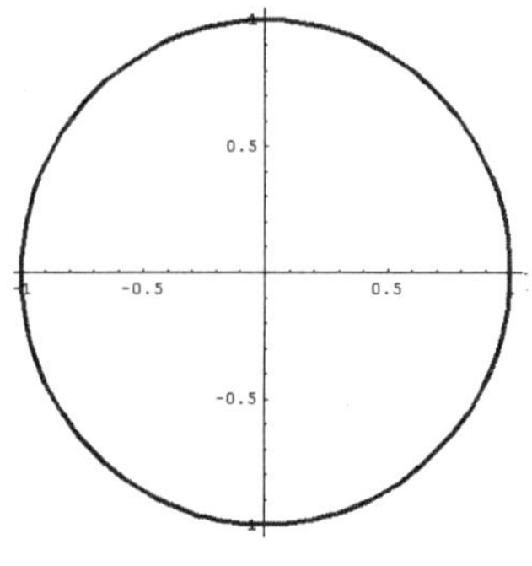

④ 화면에 보이는 원의 크기를 다르게 그려보자.

```
ParametricPlot[ {Cos[t], Sin[t]}, {t, 0, 2π},
        PlotStyle -> {Thickness[0.01], RGBColor[1, 0, 0]},
        AspectRatio -> Automatic, ImageSize -> 200 ]
```

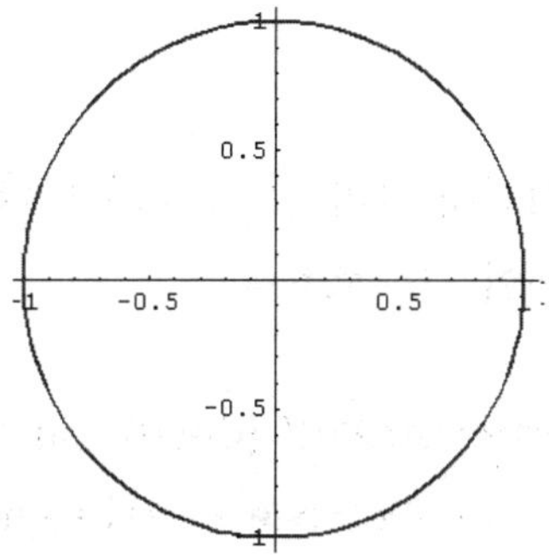

참고

ImageSize → a에서 a의 값에 변화를 주어 화면에 출력되어지는 그래프의 크기를 여러 가지로 바꾸어 보자.

⑤ 그래프 안에 글자를 넣어 그려보자.

```
ParametricPlot[ {Cos[t], Sin[t]}, {t, 0, 2π},
        PlotStyle -> {Thickness[0.01], RGBColor[1, 0, 0]},
        AspectRatio -> Automatic, ImageSize -> 200,
        Epilog -> Text[ "원", {0.5, 0.5} ] ]
```

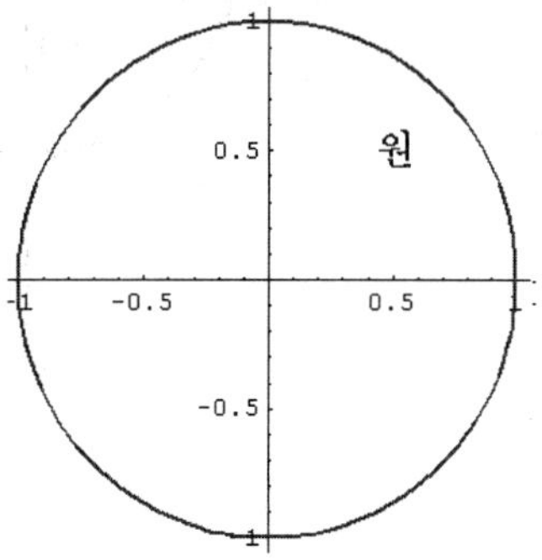

참고

(1) Plot 명령어 안에서 사용하였듯이 Epilog를 사용하여 그래프 내에 글자를 넣어 보자.
(2) 업그레이드 버전에서는 Paletts - Basic Commands - 2D 안의 Drawing Tools를 이용하여 그려진 그래프 그림 내에 글자, 글씨, 다른 그림 등을 넣는다.

⑥ 화면에 그려지는 x축의 범위, y축의 범위를 지정하여 원을 나타내어 그려보자.

```
ParametricPlot[ {Cos[t], Sin[t]}, {t, 0, 2π},
        PlotStyle -> {Thickness[0.01], RGBColor[1, 0, 0]},
        AspectRatio -> Automatic,
        ImageSize -> 300,
        Epilog -> Text["원", {0.5, 0.5} ],
        PlotRange -> {{-2, 2}, {-2, 2}} ]
```

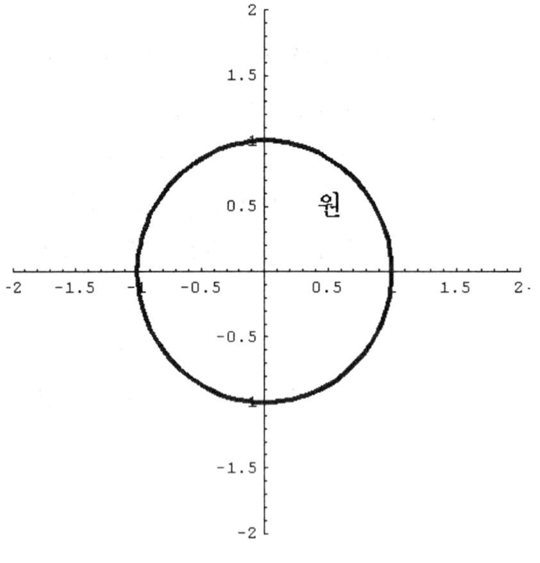

⑦ 좌표축 위에 특정한 눈금이 표시되도록 그래프를 그려보자.

```
ParametricPlot[ {Cos[t], Sin[t]}, {t, 0, 2π},
        PlotStyle -> {Thickness[0.01], RGBColor[1, 0, 0]},
        AspectRatio -> Automatic, ImageSize -> 300,
        Epilog -> Text["원", {0.5, 0.5} ],
        PlotRange -> {{-2, 2}, {-2, 2}},
        Ticks -> {{-1.5, 1.5}, {-1.5, 1.5}} ]
```

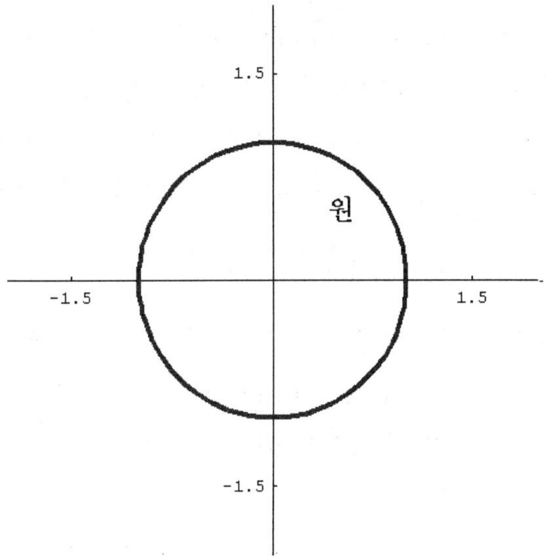

실습문제

(1) Do(version 6.0 이상에서는 Manipulate)를 사용하여 반지름의 길이가 간격 1로 1에서 10까지 변할 때의 원들에 대한 animation을 만들어라.

(2) Do(version 6.0 이상에서는 Manipulate)를 사용하여 반지름의 길이가 5인 원이 그려지는 과정을 animation으로 나타내어라.

참고

업그레이드 버전에서는 애니메이션을 구현하는 데 사용되는 명령어 Manipulate는 Palettes의 2D 또는 3D 안에 들어 있다.

1.7.3 극좌표함수 $r=f(\theta)$의 그래프

극좌표함수의 그래프를 그리기 위해서는 PolarPlot이라는 명령문을 사용한다. 하지만 version 5 이하에서는 PolarPlot이라는 명령문을 실행하려면 먼저 Mathematica에 내장된 패키지를 열어야 한다.

패키지를 불러내는 형식은

```
<<Graphics`Graphics` 또는 Need["Graphics`Graphics`"]
```

두 가지 중 하나를 선택하여 사용하면 된다.

<<Graphics`Graphics`에서 『`』는 키보드 자판에서 따옴표 (')가 아닌 왼쪽 상단의 Esc키 밑에 있는 역인용 부호 (`)이다.

그러나 6.0 이상의 버전에서 PolarPlot은 패키지를 열지 않고 파레트의 2D-More 안에서 클릭하여 그대로 사용가능하다.

예제 1.7.5 $r=\sin(3t)$의 그래프를 그려라.

풀이 ① $r=\sin(3t)$그래프를 t의 범위 $[0,\pi]$로 하여 그려보자.

```
<< Graphics`Graphics`  (*version 6.0 이상에서 사용 불필요*)
PolarPlot[ Sin[3t], {t, 0, π} ]
```

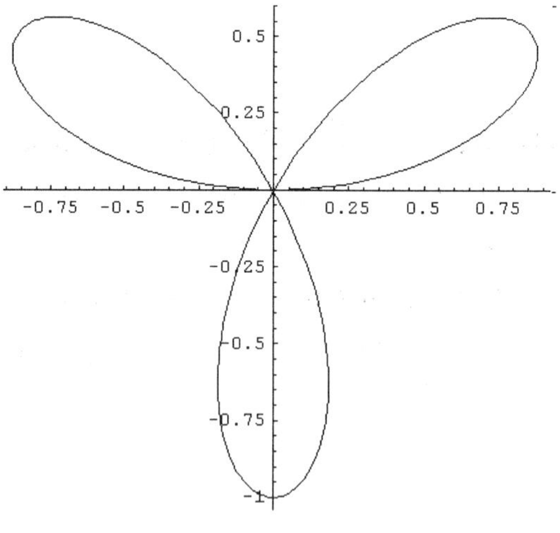

참고

Mathematica 프로그램을 사용하고 있는 동안에 관련 패키지는 한 번만 불러오면 된다. 즉 Mathematica를 종료하기 전까지 관련 패키지는 한 번만 불러오면 된다.

② 그래프의 색과 두께를 지정하여 그려보자.

```
PolarPlot[ Sin[3t], {t, 0, π},
            PlotStyle -> {Thickness[0.01], Hue[0]} ]
```

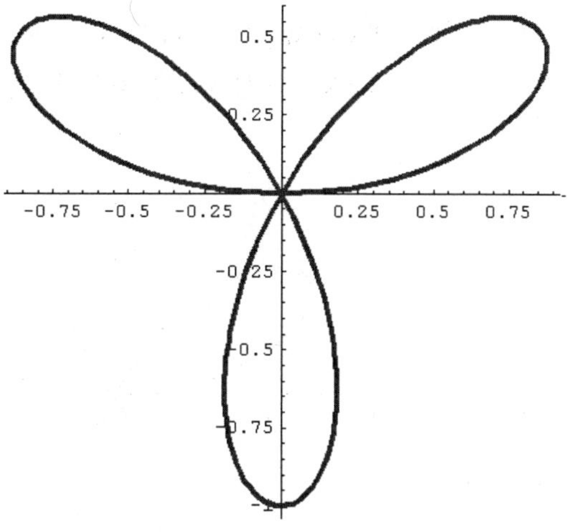

③ 좌표평면의 범위를 조정하여 그려보자.

```
PolarPlot[ Sin[3t], {t, 0, π},
        PlotStyle -> {Thickness[0.01], Hue[0]},
        PlotRange -> {{-1, 1}, {-1, 1}} ]
```

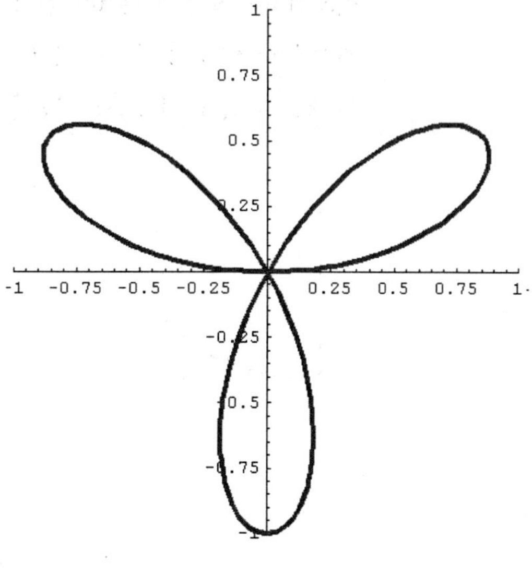

④ 각 축에 나타낼 x축 위의 눈금, y축 위의 눈금을 결정하여 그려 보자.

```
PolarPlot[ Sin[3t], {t, 0, π},
        PlotStyle -> {Thickness[0.01], Hue[0]},
        PlotRange -> {{-1, 1}, {-1, 1}},
        Ticks -> {{-1, 1}, {-1, 1}} ]
```

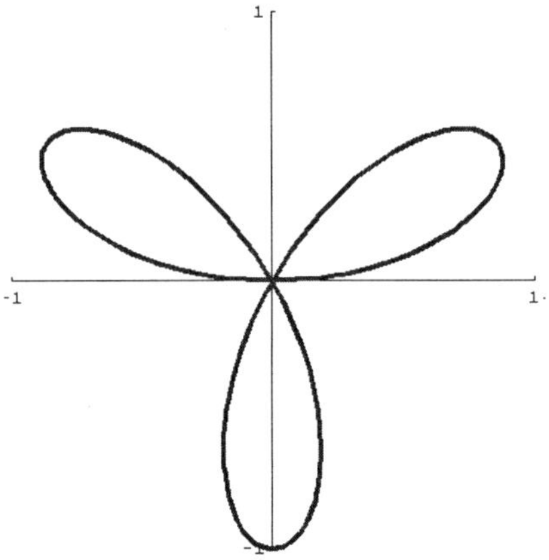

⑤ Do(version 6.0 이상에서는 Do 대신에 Manipulate 사용)를 활용하여 그래프가 그려지는 과정을 관찰할 수 있도록 그려보자.

```
Do[ PolarPlot[ Sin[3t], {t, 0, k},
        PlotStyle -> {Thickness[0.01], Hue[0]},
        PlotRange -> {{-1, 1}, {-1, 1}},
        Ticks -> {{-1, 1}, {-1, 1}} ], {k, π/12, π, π/12} ]
```

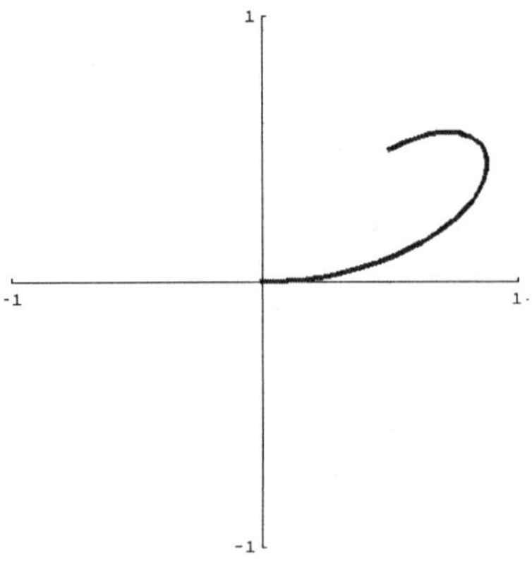

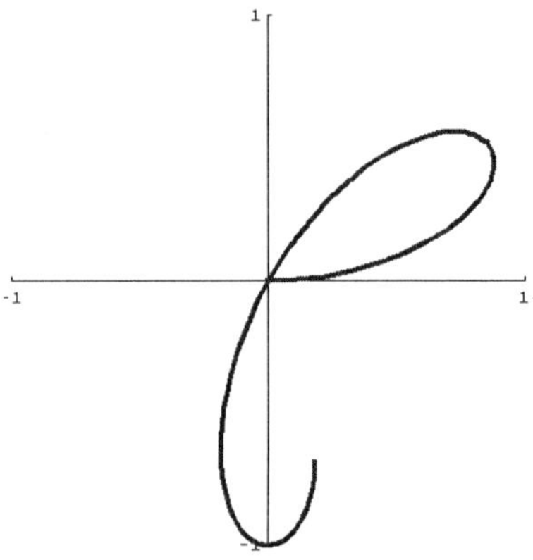

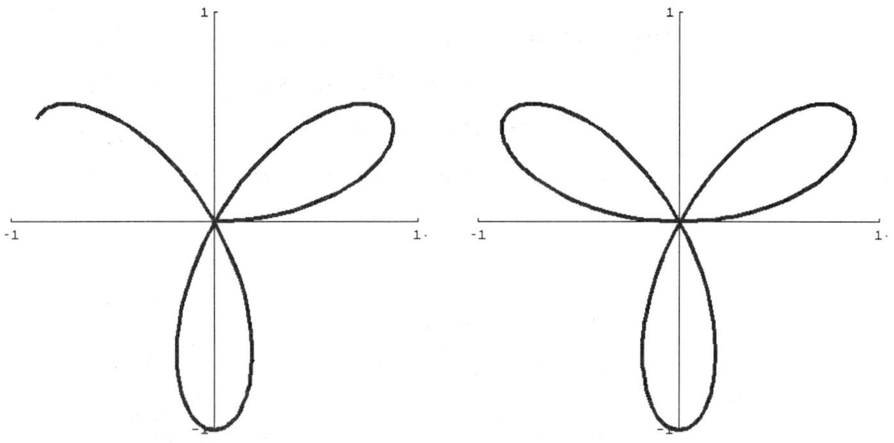

참고

(1) Do문은

Do[반복할 내용, 반복할 범위]

의 형식으로 사용되며, 위의 반복문에서 범위 $\left\{k, \frac{\pi}{12}, \pi, \frac{\pi}{12}\right\}$는 k가 $\frac{\pi}{12}$에서 π까지 $\frac{\pi}{12}$ 간격으로 변할 때를 나타낸다.

(2) Do문은 Table문과 형식이 같고, 그래프의 animation 구현을 위해 Do문과 Table문이 사용된다.

(3) version 6.0 이상에서는 animation을 주는 명령어 Do와 Table 대신에 Manipulate를 사용함에 유의바란다. Manipulate 명령어는 Do 명령어와 사용법이 같다. Palettes - 2D 안에 있는 Manipulate와 Manipulator Control을 활용하여라.

(4) 그래프의 animation을 줄 때 PlotRange를 사용하지 않으면, 변하는 장면이 고정되지 않아 animation의 효과를 얻기 어렵다. 따라서 그래프의 animation을 나타내기 위해서는 PlotRange로 그림 영역을 고정해야 한다.

⑥ $r=\sin(3t)$에서 $3t$의 3이라는 값을 1에서 10까지 변화를 주어 그래프가 그리는 잎의 수가 변하는 모습을 그려보자.

```
Do[PolarPlot[ Sin[k*t], {t, 0, π},
      PlotStyle -> {Thickness[0.01], Hue[0]},
      PlotRange -> {{-1, 1}, {-1, 1}},
      Ticks -> {{-1, 1}, {-1, 1}} ], {k, 1, 10} ]
```

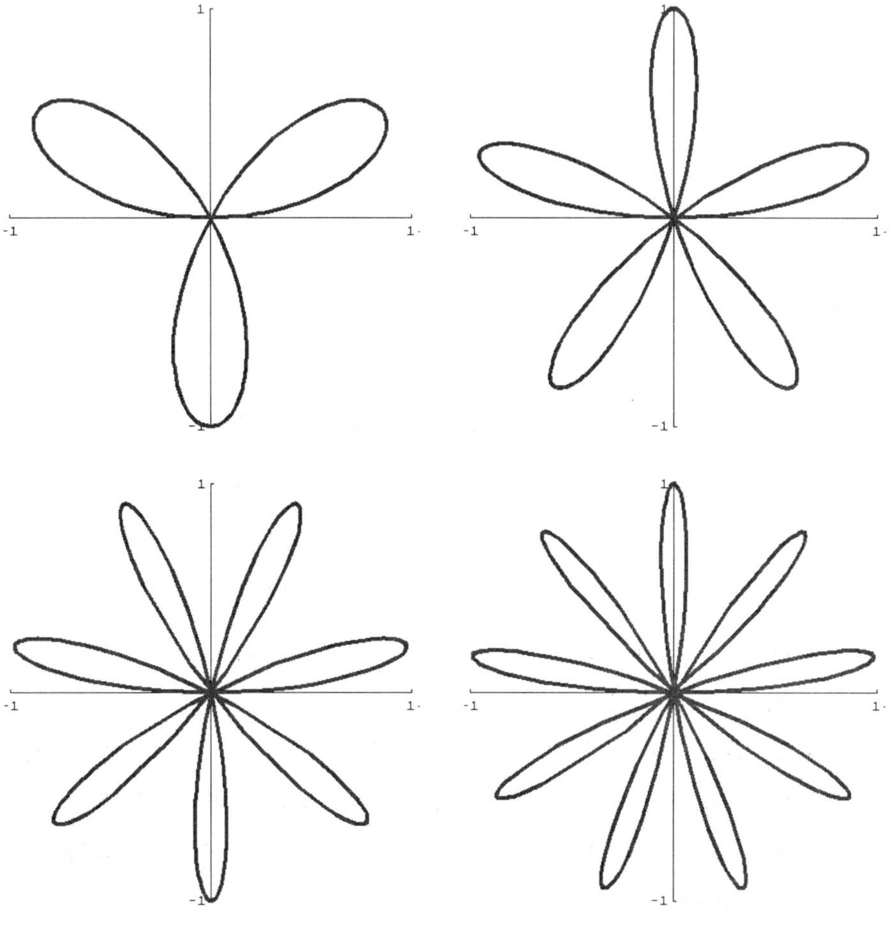

예제 1.7.6 극좌표 함수로 주어진 4엽 장미 $r = 4\cos 2\theta$ 의 그래프를 $[0,\ 2\pi]$ 에서 그려라.

풀이 극좌표 함수를 그릴 때는 먼저 관련된 Package를 열어야 함은 예제 1.7.5에서 설명하였다(version 6.0 이상에서는 Package를 여는 명령어 사용 불필요함). Package에 대한 설명은 아래의 참고를 보아라.

4엽 장미를 그려보자.

```
PolarPlot[ 4*Cos[2t], {t, 0, 2π} ]
```

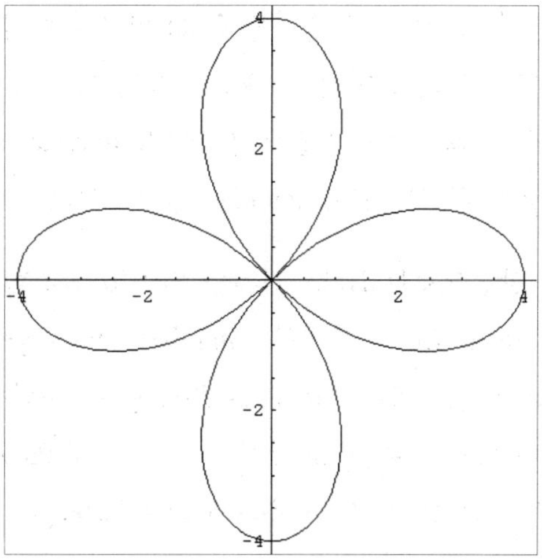

참고

(1) Mathematica와 함께 제공되는 Mathematica Package들은 좀 더 세분된 응용 분야에 따라 Mathematica directory 안에서 각각 다른 파일로 나누어져 Extra Packages, Standard Packages로 정리되어 있으며, 해당 Package를 부를 때는

```
<<디렉토리명`Package명`
```

의 형식을 취한다. 위에 사용된 기호 `은 Esc키 밑의 역인용 부호임에 주의하여라. Mathematica를 사용하면서 가장 다루기 까다로운 부분이 Package란 용어와 그 사용방법이다. 쉽게 설명을 하면 Package란 묶여있는 하나의 복주머니이다. 평소에 많이 사용되지 않는 내용이나 특별한 부분에만 사용되는 명령어들은 각각의 이름이 붙여진 복주머니 속에 들어가 있으며, 이 복주머니들은 Mathematica를 실행해도 묶여 있다가, 자기 이름이 불려질 때만 묶여진 주머니를 풀고 나와 실행하라는 명령어가 내려지면 드디어 실행을 한다. 처음부터 모든 복주머니를 다 풀면 프로그램의 덩어리가 너무 커서 속도와 메모리에서 문제가 생길 것이다. 위의 예처럼, PolarPlot이라는 명령어는

```
<<Graphics`Graphics`
```

를 입력한 다음에 사용하지 않으면 안 된다. 그냥 사용하면 원하는 극그래프를 얻을 수가 없다. 그렇다면 PolarPlot라는 명령어가 Package에 들어 있는지 어떤지, 그리고 어떤 Package 안에 들어 있는지를 아는 방법은 무엇이겠는가? Windows 탐색기를 이용하여 Mathematica directory 안에 있는 Add-ons directory를 열어보아라. Package들의 이름이 보일 것이다.

(2) 또 다른 방법으로는 Help 메뉴를 열어 6가지 항목 중에서 Add-ons 항목을 선택하고 첫째 Box 안에서 Standard Packages를 click해 보아라. 그러면 PolarPlot이 들어 있는 Graphics Package를 포함하여 그 Package에 들어있는 다른 명령어들도 볼 수 있을 것이다. 이것 저것 Package 안에 들어있는 명령어들을 살펴보면서 앞으로 많이 사용하게 되는 Package에 대한 예비지식을 준비해 보자.

(3) Pakage 사용 시에 다음 세 가지를 유의한다.
첫째, <<디렉토리이름`명령어`의 형태로 Package를 열어야 한다.
둘째, ` 은 역인용 부호이다.
셋째, Package를 열어서 실행을 했는데 결과가 나타나지 않으면 에러가 생긴 상태이므로 다시 실행해도 안되며, 이 때는 현재 File을 저장하고 Mathematica를 종료한 다음 다시 Mathematica 프로그램을 시작하여 조금 전 저장한 파일을 불러온 뒤, Package를 여는 명령어 부분부터 다시 실행한다.

(4) Package에 대한 내용은 Mathematica 버전에 따라 많이 달라진 부분이므로, Help에서 해당 명령어로 확인 후 Package를 여는 명령어를 넣어야 하는지 아닌지를 알고 사용바란다. 버전이 업그레이드되면서 많은 명령어들이 Package를 열지 않고도 사용하게 되었다.

나의 노트

1.7.4 음함수 $f(x,y)=0$의 그래프

$y=f(x)$와 같이 표현되지 않는 함수 $f(x,y)=0$을 '음함수'라고 한다. 음함수의 그래프를 그리기 위해서는 ImplicitPlot이라는 명령문을 사용한다. 하지만 명령문 ImplicitPlot를 실행하기 위해서는 먼저 매스메티카에 내장된 패키지를 열어야 한다. 패키지를 불러내는 형식은

```
<< Graphics`ImplicitPlot`
```

또는

```
Need["Graphics`ImplicitPlot`"]
```

이다.

Version 6.0 이상에서는 Package를 열지 않고도 사용할 수 있는 명령어 ContourPlot으로 음함수 그래프를 그릴 수 있다.

예제 1.7.7 **(사랑방정식 그리기)**
예전 모 드라마에서 화제가 된 것으로, 그래프의 모양이 하트와 비슷한 모양으로 그려지는 방정식을 사랑방정식이라고 부른다. Mathematica를 이용하여 사랑방정식을 그려보자.

풀이 ① 사랑방정식: $17x^2-16|x|y+17y^2=225$

```
<< Graphics`ImplicitPlot`
ImplicitPlot[17 x^2 -16 Abs[x] y+17 y^2 == 225, {x, -4, 4} ]
```

② 사랑방정식: $(x^2+y^2-1)^3-x^2y^3=0$

```
<< Graphics`ImplicitPlot`
ImplicitPlot[ (x^2+ y^2-1)^3-x^2 y^3 == 0, {x, -2, 2} ]
```

참고

업그레이드 버전인 경우라면 위의 예제를 명령어 ContourPlot으로 그려보아라.

실습문제 (1) << Graphics`ImplicitPlot`

(*이미 Implicitplot 명령어를 한 번 이상 사용했으면 생략해야 함*)

```
a=2;
ImplicitPlot[ (x^2+ y^2)^2==a^2(x^2-y^2), {x, -3, 3} ]
```

을 실습하여라.

(2) 예제 1.7.7의 하트모양에 색깔을 넣어 그려보아라.

(3) 예제 1.7.7에서 하트모양이 그려지는 과정을 animation으로 나타내어라.

(4) 업그레이드 버전일 때 ContourPlot과 Manipulate를 활용하여 하트모양의 그래프의 크기 및 그려지는 과정에 대한 animation을 구현해 보아라.

예제 1.7.8 t가 0에서 2π까지 0.25 간격으로 주어질 때 곡선 $u(x,\ t) = \sin x\ \cos t$가 변화되는 모습을 구간 $[0,\ \pi]$에서 그려라.

풀이 실행 결과는 지면 관계상 여러 개의 그래픽 중에서 일부분만 싣는다.

```
u[x_, t_]=Sin[x] Cos[t];
Table[ Plot[ u[x, t], {x, 0, π},
    PlotRange→{-1, 1} ], {t, 0, 2π, 0.25} ]
```

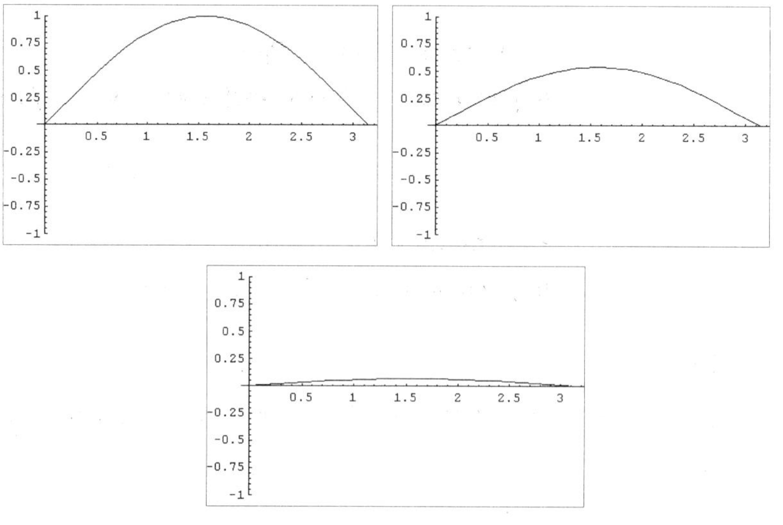

명령어설명 (1) 위의 명령어는 t가 변함에 따라 곡선의 모양이 변하는 모습을 연속적으로 보여준다. 이 명령을 실행 후 그려진 화면상의 모든 그림들 중의 하나를 선택하여 click하면 그림 둘레에 선이 생긴다. 이 때, 그 그림을 두 번 click하면 방금 그려진 전체 그림들을 t의 변화에 따라 그래프들이 변하는 모습(animation)을 한 눈에 볼 수 있다. animation에 대한 것은 뒷절(1.8절)에서 상세히 다룬다.

(2) animation을 다룰 때, 그림의 영역을 PlotRange로 지정해서 그림이 그려지는 장면들의 영역 범위를 동일하게 설정해야 함에 유의 바란다.

(3) animation을 주기 위한 Table 명령어는 version 6.0 이상에서 Manipulate로 변경되었다.

예제 1.7.9 다음을 실행하여라.

```
Table[ Plot3D[ sin[3π*x] Sin[2π*y] Cos[π*t], {x, 0, 1}, {y, 0, 1},
      PlotRange→{-1, 1} ], {t, 0, 1, 0.1} ]
```

명령어설명 (1) animation을 나타낼 때, 그림들의 영역 PlotRange를 고정하지 않으면 각각의 그래프들의 영역을 Mathematica가 자동으로 정하기 때문에 그래프마다 그려지는 영역이 변한다. 따라서 장면마다 변하는 축과 영역 때문에 animation의 효과가 줄어들 수 있다.

(2) Table[그림, {t, 0, 1, 0.1}]은 t가 0에서 1까지 0.1의 간격으로 변할 때 그려진 각 그림들을 나열하라는 명령어이며

```
Table[그림, 구간]
```

은 animation을 표현하는 한 방법이다. Table 명령어를 잘 사용하면 그래픽의 animation을 효과적으로 표현할 수 있다. 그러나 version 6.0 이상에서는 그래픽 animation을 주기 위해 Table 대신에 Manipulate를 사용하여라.

실습문제
(1) $\cos xy$ 의 입체를 그려보아라.
(2) Table[Prime[n], {n, 1, 100}]을 실행하여라.
(3) Table[Prime[n], {n, 1, 100, 2}]을 실행하여라.
(4) Table[Plot[Sin[t*x], {x, -π, π}], {t, 1, 5, 0.5}]을 실행하여라.
(5) Table[Plot[t Sin[x], {x, -π, π}], {t, 1, 5, 0.5}]을 실행하여라.

1.7.5 List 그래프 그리기

예제 1.7.10 점 $(1, 3)$, $(2, 1)$, $(3, -1.3)$, $(4, 0)$, $(5, 2)$를 평면에 나타내어라.

풀이 명령어 ListPlot은 직교좌표로 주어진 (x, y) 좌표점들을 평면에 그린다. 아래 명령어 중에 AbsolutePointSize[4]는 그려지는 점의 크기를 $Default$보다 4 배가 되게 한다.

```
ListPlot[ {{1, 3}, {2, 1}, {3, -1.3}, {4, 0}, {5, 2}},
        PlotStyle → AbsolutePointSize[4] ]
```

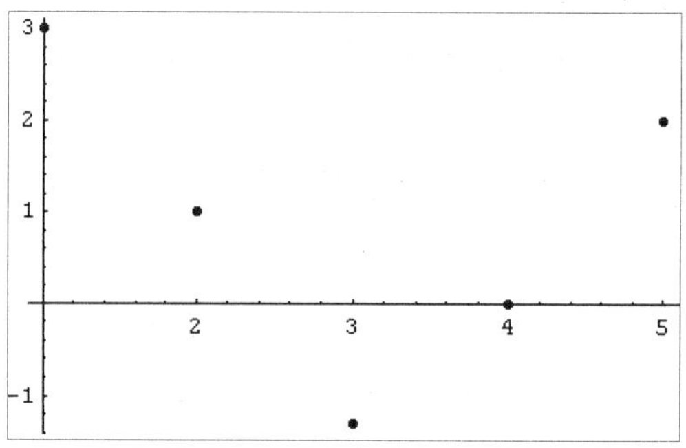

명령어설명 (1) 만약 x 좌표가 예제 1.7.10처럼 1, 2, 3, … 등 차례로 주어지는 경우에는 x 좌표를 생략할 수 있다. 즉,

```
ListPlot[ {3, 1, -1.3, 0, 2},
        PlotStyle → AbsolutePointSize[4] ]
```

을 실행해도 같은 결과를 얻는다.

(2) AbsolutePointSize[4]에서 값 4 대신에 5, 10, … 등을 실행해서 위의 결과와 비교해 보아라.

(3) PlotStyle → PointSize[0.01]은 찍히는 점의 크기를 정의역 전체의 $\frac{1}{100}$ 크기로 한다. 이 옵션으로 바꾸어 위의 그림을 그려보아라. 또한 0.01 대신에 0.02, 0.05, ⋯ 0.1 등을 넣어 점의 크기가 어떻게 달라지는지 확인하여라.

예제 1.7.11 리스트 {1, 3, 2, 5, 4}의 그래프를 그려라.

풀이 ① 리스트를 그래프로 나타내자.

```
ListPlot[{1, 3, 2, 5, 4}]
```

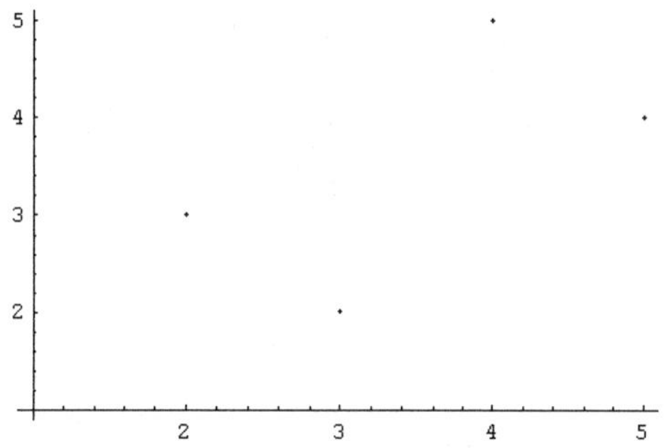

주의 리스트 {1, 3, 2, 5, 4}를 ListPlot[{1, 3, 2, 5, 4}]로 그리게 되면 점 (1,1), (2,3), (3,2), (4,5), (5,4)들을 좌표평면상에 그려준다. 그런데 이 때 두 축의 교점이 원점(0, 0)이 아닐 수도 있다.

② 그래프에서 두 축의 교점을 (0, 0)으로 나타내어 그려보자.

```
ListPlot[ {1, 3, 2, 5, 4}, AxesOrigin -> {0, 0} ]
```

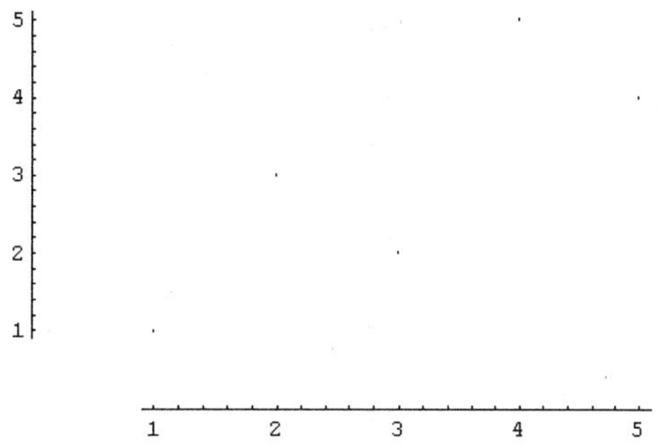

주의 (1) 두 좌표축의 교점이 원점으로 나타났지만 좌표축이 만나지 않고 있다. 좌표축을 만나게 하기 위해서는 어떻게 해야 할까? 답은 간단하다. 명령어 PlotRange를 사용하여 각 축의 범위를 조정하면 된다.

(2) AxesOrigin→{a, b}는 두 축의 만나는 교점을 (a, b)로 지정하여 좌표축을 그려준다. 예를 들면, AxesOrigin→{1, 0}으로 지정하면 두 축의 교점이 (1, 0)인 좌표평면을 그려준다.

③ 그래프의 축의 범위를 지정하여 그려보자.

```
ListPlot[ {1, 3, 2, 5, 4}, AxesOrigin -> {0, 0},
        PlotRange -> {{-1, 6}, {-1, 6}} ]
```

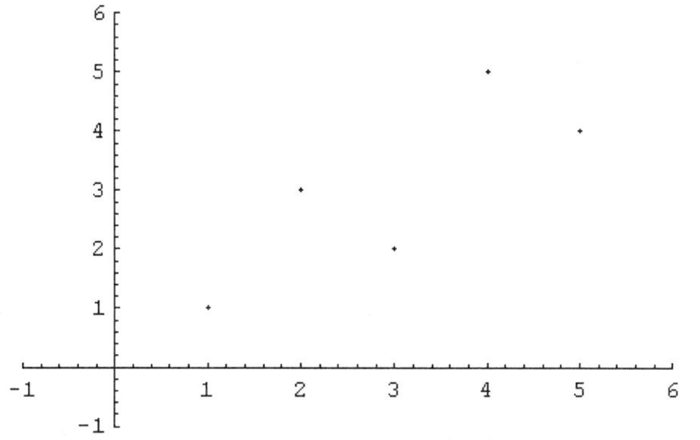

④ 점의 크기와 색을 지정하여 그려보자.

```
ListPlot[ {1, 3, 2, 5, 4}, AxesOrigin -> {0, 0},
      PlotRange -> {{-1, 6}, {-1, 6}},
      PlotStyle -> {PointSize[0.02], RGBColor[1, 0, 0]} ]
```

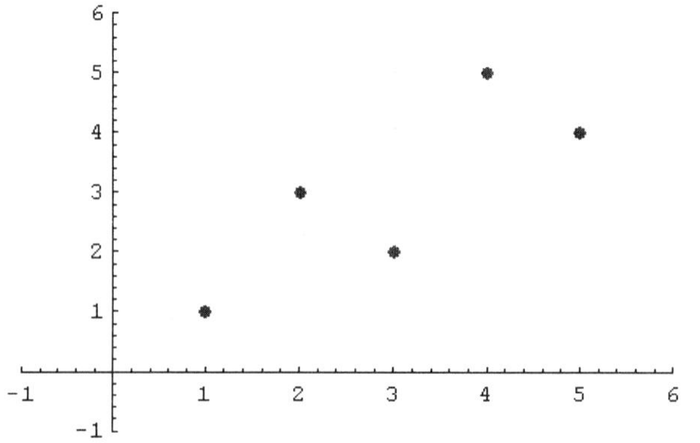

주의 점의 크기를 PointSize[a]의 형식으로 줄 수 있으며 a의 값은 0에서 1까지 사용된다.

⑤ 점들 사이로 연결된 선분(PlotJoined)으로 나타내어 그려보자.

```
ListPlot[ {1, 3, 2, 5, 4}, AxesOrigin -> {0, 0},
        PlotRange -> {{-1, 6}, {-1, 6}},
        PlotStyle -> {PointSize[0.02], RGBColor[1, 0, 0]},
        PlotJoined -> True ]
```

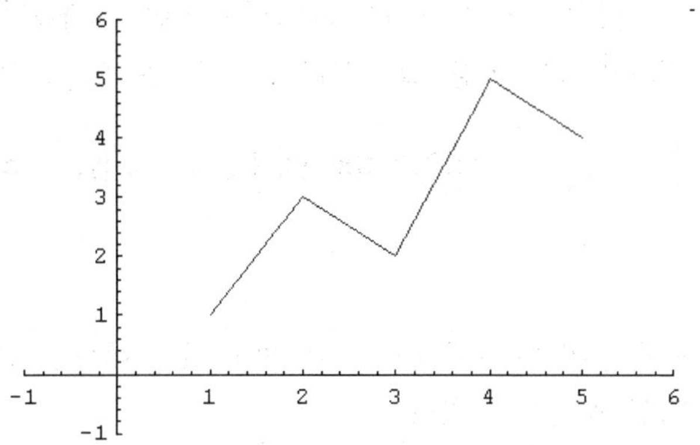

주의 위의 그래프로 확인할 수 있듯이 PlotJoined를 사용하면 점은 나타나지 않고 단순히 5개의 점을 연결한 꺾인 선분을 그려준다. 이 경우에 PlotStyle에서 PointSize는 필요없는 선택사항이므로 이것 대신에 Thickness로 선분의 두께를 결정할 수 있다.

나의 노트

1.7.6 삼차원 그래픽을 표현하는 여러 가지 방법

공간의 그래프를 나타내는 방법은 함수의 종류에 따라 여러 가지 방법이 있는데, 여기에서는 이변수 함수 $z=f(x,y)$와 이변수 매개변수함수 $x=f(s,t)$, $y=g(s,t)$, $z=h(s,t)$의 그래프를 그리는 방법을 다루고자 한다. 우선 두 가지 경우에 대하여 간단한 사용법을 익힌 후 그 다음에 각 경우에 대한 구체적인 예제를 다루기로 하자.

☺ 이변수 함수 $z=f(x, y)$의 그래프

함수 $z=f(x,y)$의 그래프는 평면 그래프의 Plot과 같이 공간에서 Plot3D라는 명령어로 그래프를 그릴 수 있다. 그 형식은 다음과 같다.

```
Plot3D[ f(x, y), {x, a, b}, {y, c, d}, 옵션들 ]
```

예제 1.7.12 x의 범위 $[0,\pi]$와 y의 범위 $[0,\pi]$에서 이변수 함수 $z=\sin xy$의 그래프인 곡면을 그려라.

풀이
```
Plot3D[ Sin[x*y], {x, 0, π}, {y, 0, π} ]
```

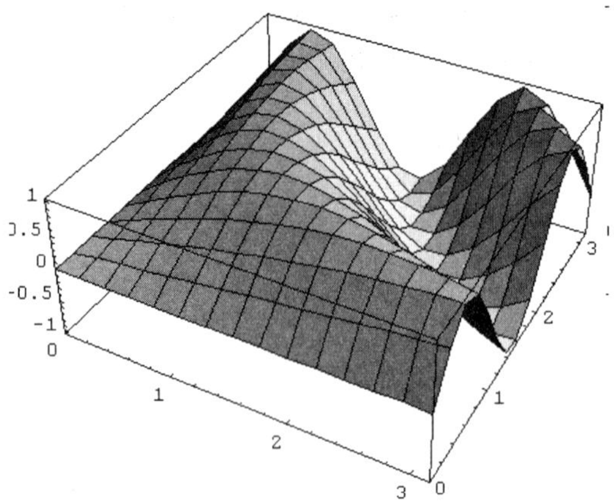

주의 $z=\sin xy$를 Mathematica에서 입력할 때 문자와 문자의 곱 xy는 $x*y$ 또는 $x\times y$(x는 파레트 활용) 또는 $x\ y$(한 칸 띄움)로 표시하여야 한다.

☺ 이변수 매개변수함수 $x=f(s,t)$, $y=g(s,t)$, $z=h(s,t)$의 그래프

공간에서 두 개의 매개변수로 표현되어지는 이변수 함수 $x=f(s,t)$, $y=g(s,t)$, $z=h(s,t)$는 평면에서의 ParametricPlot과 유사한 명령어인 ParametricPlot3D으로 그래프를 그릴 수 있다. 그 형식은 다음과 같다.

```
ParametricPlot3D[ {f(s, t), g(s, t), h(s, t)}, {s, a, b}, {t, c, d}, 옵션들 ]
```

예제 1.7.13 반지름의 길이가 1인 구의 그래프를 그려보자.

풀이

```
ParametricPlot3D[ {Cos[t]*Cos[s], Sin[t]*Cos[s], Sin[s]},
                 {t, 0, 2π}, {s, -π/2, π/2} ]
```

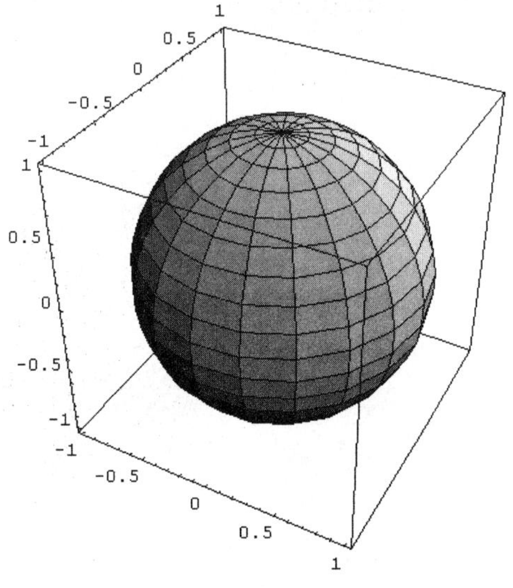

예제 1.7.14 영역 $[-\pi,\ \pi]\times[-\pi,\ \pi]$에서 곡면 $\sin(xy)$를 그려라.

풀이 이변수 함수 $z=\sin(xy)$의 3차원 그래프는 Plot3D를 사용하며, 이때, 주어진 함수가 이변수이므로 구간이 각각 주어져야 한다.

```
Plot3D[ Sin[x*y], {x, -π, π}, {y, -π, π} ]
```

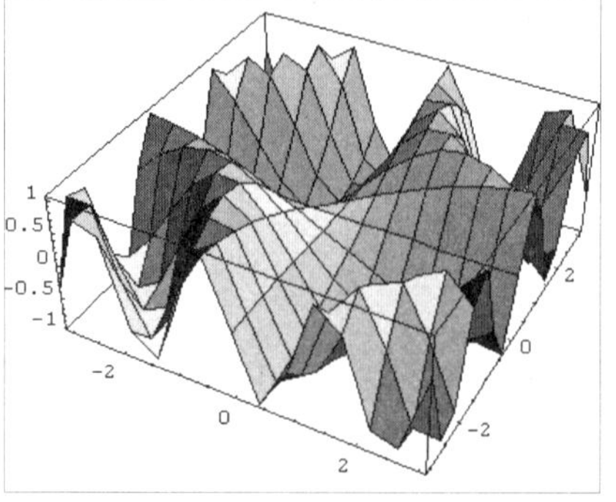

PlotPoints→45인 Option을 추가하여 위의 그림을 매개변수 함수로 그려보자. 즉,

```
ParametricPlot3D[ {t, s, Sin[t*s]}, {t, -π, π}, {s, -π, π},
        PlotPoints → 45 ]
```

를 실행하면 아래 그림과 같이

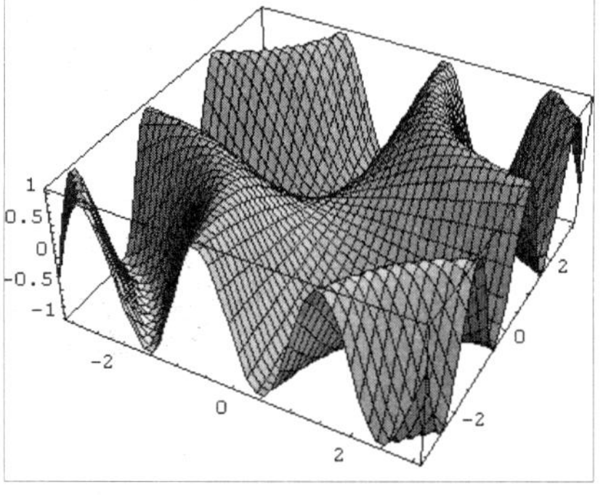

좀 더 부드러운 곡면이 그려진다.

실습문제

(1) 예제 1.7.13을 활용하여 반지름의 길이가 간격 1로 1에서 10까지 변하는 구의 animation을 만들어라.

(2) 반지름의 길이가 5인 구에서 예제 1.7.13의 각 변수 t, s가 변함에 따라 구가 그려지는 과정을 Do나 Table을 써서 나타내어라.

(3) (1)번과 (2)번은 version 6.0 이상에서 Do나 Table 대신에 Manipulate를 사용하여 구현하여라.

참고

(1) version 6 미만에서는 그래프를 그리는 명령어 뒤의 ;은 출력결과 '-Graphics-'를 나타내지 않는다. 즉 위의 명령어 실행에서 ;을 빼고 실행하면 그림 아래에 -Graphics-가 출력됨을 볼 수 있다. Mathematica에서 명령어 뒤의 ;의 기능은 실행은 하되 출력결과를 화면에 나타내지 않는 것인데 그래프를 그리는 명령어의 경우에 출력결과는 그림이 아니고 그림 아래에 나타난 '-Graphics-'이다. 그러나 버전 6 이상의 업그레이드 버전에서는 그림 자체가 출력결과임에 유의하여 그래프를 그리는 명령어 끝에 ';'을 넣지 말아야 한다.

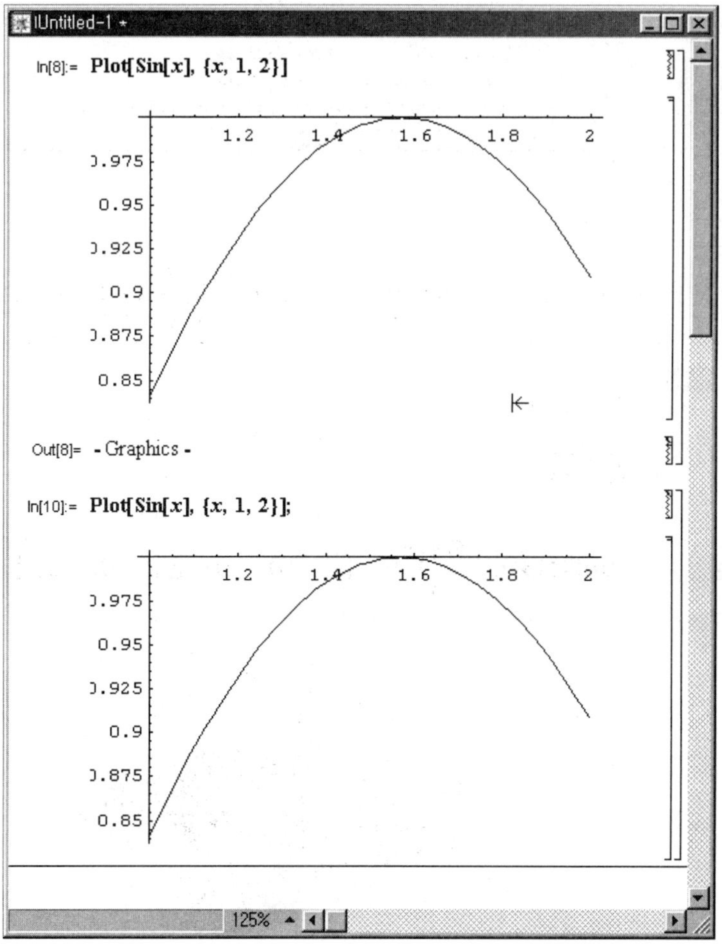

(2)

```
Options[Plot3D]
```

또는

```
??Plot3D
```

는 명령어 Plot3D에서 사용할 수 있는 선택사항을 모두 보여준다.

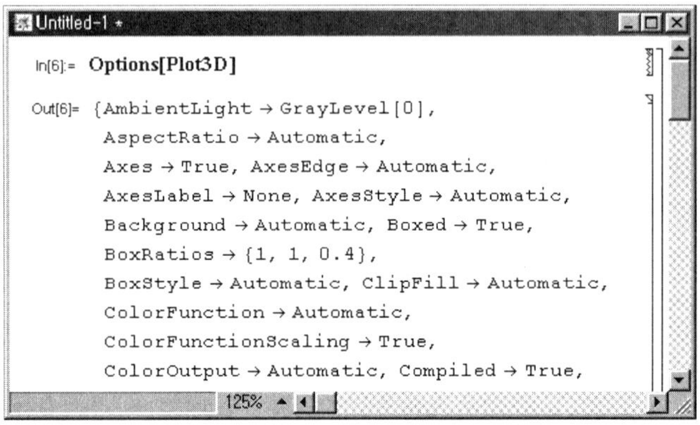

```
Untitled-1 *
In[6]:= Options[Plot3D]
Out[6]= {AmbientLight → GrayLevel[0],
  AspectRatio → Automatic,
  Axes → True, AxesEdge → Automatic,
  AxesLabel → None, AxesStyle → Automatic,
  Background → Automatic, Boxed → True,
  BoxRatios → {1, 1, 0.4},
  BoxStyle → Automatic, ClipFill → Automatic,
  ColorFunction → Automatic,
  ColorFunctionScaling → True,
  ColorOutput → Automatic, Compiled → True,
125%
```

예제 1.7.15 영역 $[-10,\ 10]\times[-10,\ 10]$ 에서 곡면 $\dfrac{\sin\sqrt{x^2+y^2}}{\sqrt{x^2+y^2}}$ 을 그려라.

풀이

r= $\sqrt{x^2+y^2}$

$\sqrt{x^2+y^2}$

b=Plot3D[$\dfrac{Sin[r]}{r}$, {x, -10, 10}, {y, -10, 10}]

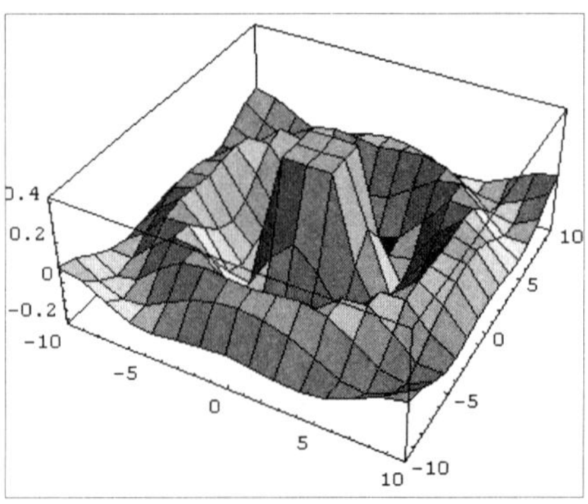

앞의 그림과 같이 그려진 그래프의 일부분이 잘려서 출력되었을 때나 그리고자 하는 그림의 영역을 원하는 범위로 지정하는 경우에는 명령어 **PlotRange**로 조절한다. 위의 봉우리가 완전한 모양인지 알아보기 위해 다음처럼 해보자.

```
Show[ b, PlotRange → All ]
```

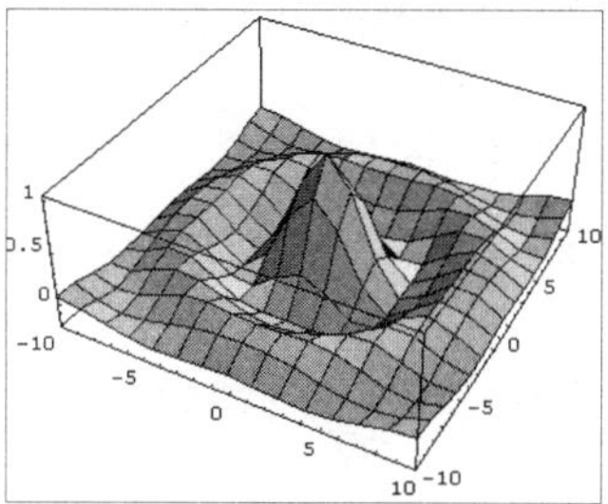

참고

(1) 정의역이 $[a,\ b]$로 주어진 평면도형의 그래프를 그릴 때

```
PlotRange → {c, d}
```

는 평면도형의 정의역으로 x 범위가 주어졌으므로 그래프의 y 범위를 $[c,\ d]$로 지정한다. 정의역이 $[a,\ b]\times[c,\ d]$로 주어진 공간도형의 그래프에서는

```
PlotRange → {e, f}
```

는 공간도형의 정의역으로 x, y의 범위가 주어졌으므로 그래프의 z의 범위를 $[e,\ f]$로 지정한다.

(2)

```
PlotRange → { {a, b}, {c, d} }
```

는 평면도형의 그래프의 x 범위를 $[a,\ b]$로, y의 범위를 $[c,\ d]$로 지정한다.

(3)

```
PlotRange → { {a, b}, {c, d}, {e, f} }
```

는 공간도형의 그래프를 x 범위 $[a,\ b]$, y 범위 $[c,\ d]$, z 범위 $[e,\ f]$에서 나타낸다.

예제 1.7.16 포물면 $z = x^2 + y^2$ 의 등위선 그래프를 그려라.

풀이 포물면은

```
Plot3D[ x^2+y^2, {x, -5, 5}, {y, -5, 5} ]
```

또는

```
ParametricPlot3D[ {x, y, x^2+y^2}, {x, -5, 5}, {y, -5, 5} ]
```

로 나타낼 수 있으며, 3차원 그래프인 포물면의 2차원 그림인 등위선(등고선) 그래프는 다음을 실행하여 확인하여라.

```
ContourPlot[ x^2+y^2, {x, -5, 5}, {y, -5, 5} ]
```

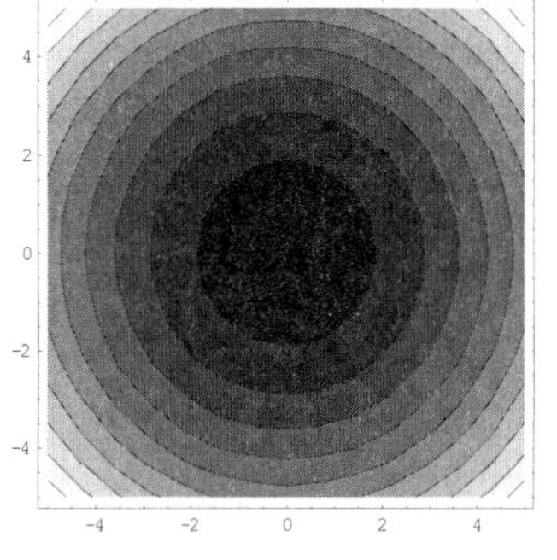

참고

등고선 그래프에서 상대적으로 밝은 부분은 상대적으로 높은 위치를 나타낸다. 즉 "The lighter is the higher."

예제 1.7.17 윤환면(torus)과 뫼비우스띠(Moebius band)를 그려라.

풀이 윤환면(torus)이나 뫼비우스띠(Moebius band) 등 많이 사용되는 곡면의 그림은

```
Graphics`Shapes`
```

라는 Package 안에 그려져 있다. 그래서 불러오기만 하면 된다.

```
<<Graphics`Shapes`
Show[ Graphics3D[ Torus[ ] ] ]
```

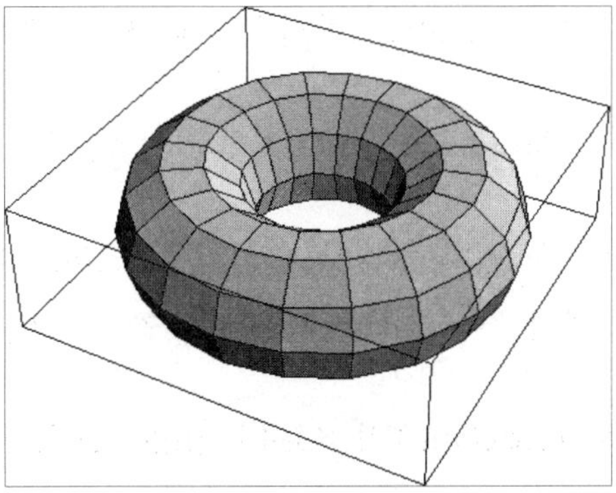

```
Show[ Graphics3D[ MoebiusStrip[3, 1, 100] ] ]
```

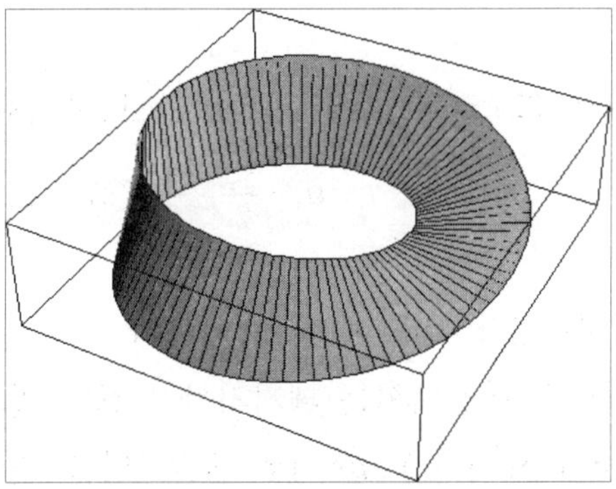

```
Show[ Graphics3D[ MoebiusStrip[2, 1, 50] ] ]
```

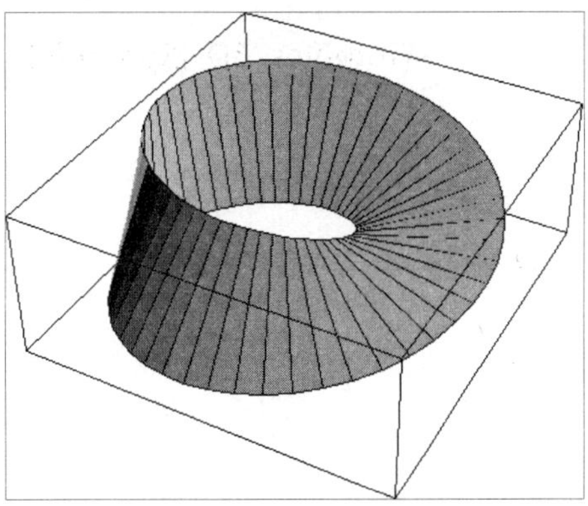

참고

(1) MoebiusStrip[a, b, n]에서 a는 가로의 반경, b는 세로의 높이, n은 세로로 그은 선의 수를 나타낸다.

(2) 윤환면과 뫼비우스띠는 이변수의 매개변수표현으로 나타낼 수 있으므로

```
ParametricPlot3D[ {□,□,□}, {□,□,□}, {□,□,□} ]
```

로도 그릴 수 있다. 더 상세한 것은 1.10절 매개변수 표현을 참조하여라.

① 큰 반경이 3이고 작은 반경이 1인 윤환면은

```
ParametricPlot3D[ {(3+Cos[u])Cos[v], (3+Cos[u])Sin[v], Sin[u]},
        {u, 0, 2π}, {v, -π/2, π/2} ]
```

② 뫼비우스의 띠는

```
ParametricPlot3D[ {(3+v*Cos[u])Cos[2u], (3+v*Cos[u])Sin[2u], v*Sin[u]},
        {u, -π/2, π/2}, {v, -1, 1} ]
```

로 그릴 수 있다. 실습해 보기 바란다.

(3) 업그레이드된 버전에서는 패키지를 부르지 않고 Palettes-Basic Commands -3D-Primitives에서 Tube[ ]로 캡슐모양을, Sphere[ ]로 구를, Cylinder[ ]로 원기둥을 그리는 것이 가능하다. 만약 원점을 중심으로 하고 반지름의 길이가 1인 구를 그리고 싶다면 다음을 실행하여라.

```
Graphics 3D [Sphere[{0, 0, 0}, 1])
```

나의 노트

1) 이변수 함수 $z=f(x,y)$의 그래프

함수 $z=f(x,y)$의 그래프는 3차원 그림을 나타내며 평면 그래프를 그릴 때 Plot을 사용하듯이 같이 Plot3D라는 명령어로 그릴 수 있다. 그 형식은 다음과 같다.

```
Plot3D[ f(x, y), {x, a, b}, {y, c, d}, 옵션들 ]
```

다음의 예제를 통해 Plot3D의 구체적인 사용법과 Option들에 대하여 배워보자.

예제 1.7.18 $z=\sin(xy)$의 그래프에 여러 가지 선택사항(옵션)을 넣어서 그려보자.

풀이 ① x, y의 범위가 $[0,\pi]$인 3차원 그래프를 그려보자.

```
Plot3D[Sin[x*y], {x, 0, π}, {y, 0, π}]
```

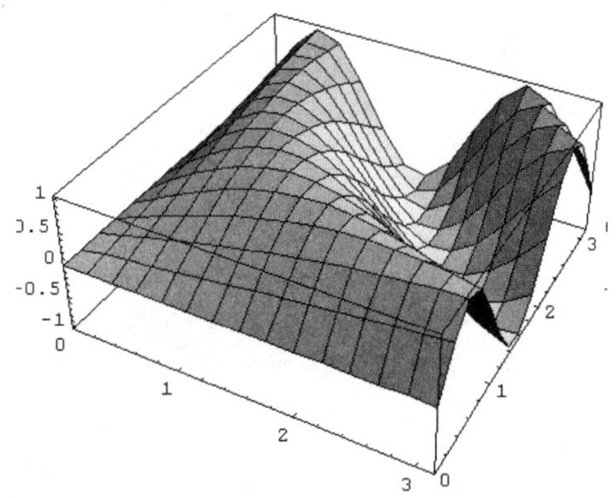

주의 위의 식 Sin[x*y]에서 곱하기 기호 * 대신에 x와 y사이에 띄어쓰기를 하여도 무방하다. 하지만 띄어쓰기를 하지 않고 xy로 나타내면 두 문자의 곱이 아닌 새로운 하나의 변수로 취급된다.

② 축의 이름(AxesLabel)을 나타내어 그려보자.

```
Plot3D[ Sin[x*y], {x, 0, π}, {y, 0, π},
        AxesLabel -> {"x", "y축", "z"} ]
```

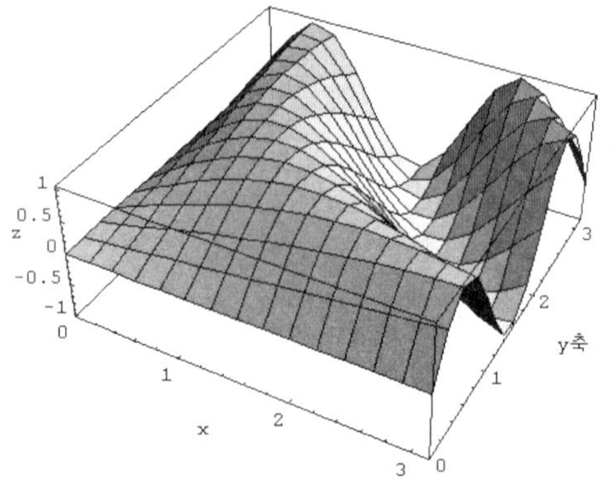

주의 축 이름의 형식은 AxesLabel->{"x축의 이름","y축의 이름","z축의 이름"}이다. 만약 y축의 이름을 나타나지 않으려면 다음과 같이 하면 된다.

AxesLabel->{"x축의 이름", " ", "z축의 이름"}

③ 그래프에서 마디줄(Mesh)을 없애고 그려보자.

```
Plot3D[ Sin[x*y], {x, 0, π}, {y, 0, π},
        AxesLabel -> {"x", "y", "z"}, Mesh -> False ]
```

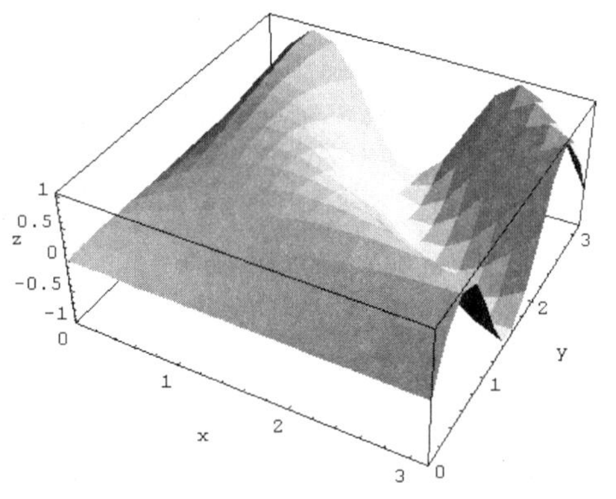

주의 매스메티카는 마디줄에는 기본값(Mesh→True)이 주어져 있다. 값을 Mesh→False로 주면 마디줄이 나타나지 않는다.

④ 명암(Shading)을 없애고 마디줄만 나타내어 그려보자.

```
Plot3D[ Sin[x*y], {x, 0, π}, {y, 0, π},
        AxesLabel -> {"x", "y", "z"}, Shading -> False ]
```

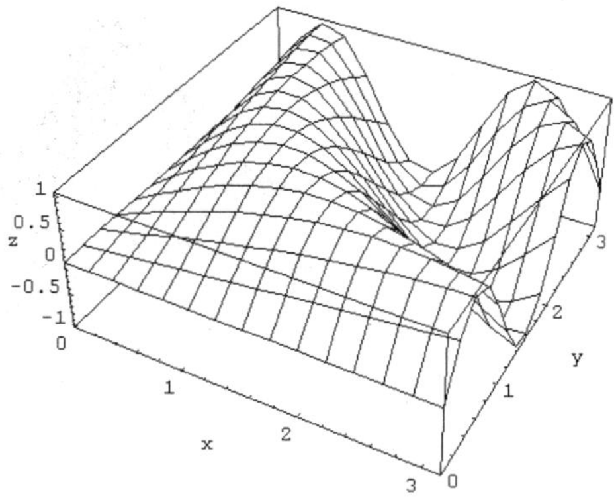

주의 명암(Shading) 또한 마디줄과 같이 기본값(Shading→True)으로 주어져 있어 값을 Shading→False로 주면 명암이 없어진다.

⑤ 그래프의 색을 지정하여 그려보자.

```
Plot3D[ {Sin[x*y], RGBColor[1, 0.5, 0]}, {x, 0, π}, {y, 0, π},
      AxesLabel -> {"x", "y축", "z"} ]
```

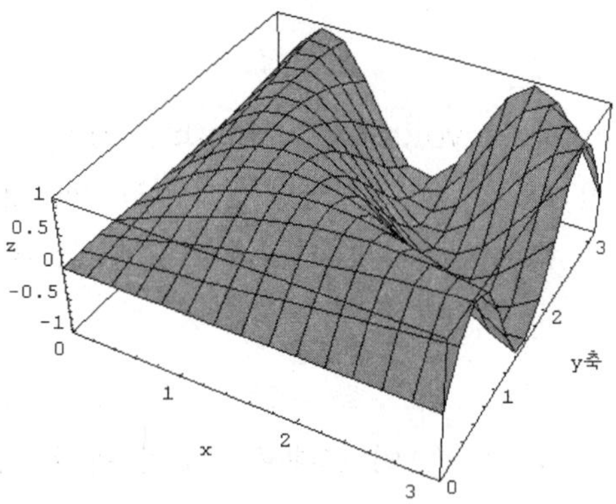

주의 평면그래프에서 그래프 색 지정은 PlotStyle로 하지만 공간그래픽에서는 PlotStyle이라는 옵션이 없다. 그래서 이변수함수와 같이 묶어서 색을 주는 옵션을 사용한다. 그런데 위 ⑤와 같이 색을 지정하니 곡면의 색이 일정하여 공간 개념이 부족하다. 따라서 다음과 같이 고쳐서 색을 지정해 보자.

```
Plot3D[ {Sin[x*y], RGBColor[ x/π, 1 - y/π, 0]}, {x, 0, π},
                    {y, 0, π}, AxesLabel -> {"x", "y축", "z"} ]
```

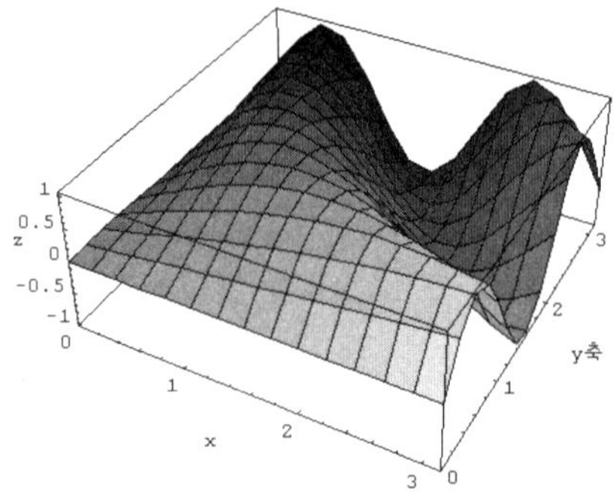

참고

업그레이드 버전에서 곡면에 다른 색을 입히는 것에 대하여 실습해 보자.

①

```
data=Table[ ColorData["Rainbow", t]/. RGBColor→List,
    {t, 0, 1, 1/100}];
Plot3D[ Sin[x*y], {x, 0, 3}, {y, 0, 3}, PlotStyle→Texture[data],
        Lighting→"Neutral"]
```

②

```
text=Style[ "Revolution of math", 100];
Plot3D[Sin[x*y], {x, 0, 3}, {y, 0, 3}, PlotStyle→Texture[text],
        Mesh→None, Lighting→"Neutral"]
```

실습문제 함수 $z=e^{-(x^2+y^2)}$의 그래프를 x의 범위 -2부터 2까지, y의 범위 -2부터 2까지 그려보자.

```
Plot3D[ E^-(x^2+y^2), {x, -2, 2}, {y, -2, 2} ]
```

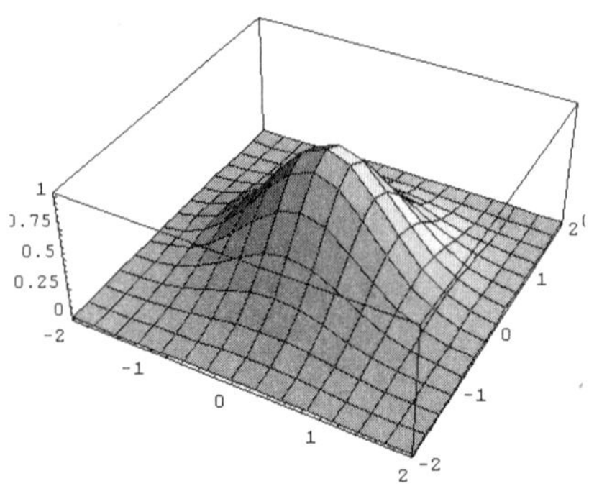

실습문제 함수 $z = \frac{1}{3} - \frac{(2x^2+y^2)}{19}$ 의 그래프를 x의 범위 -2부터 2까지, y의 범위 -2부터 2까지 그려보자.

Plot3D[$\frac{1}{3} - \frac{2x^2+y^2}{19}$, {x, -2, 2}, {y, -2, 2}, Mesh->False]

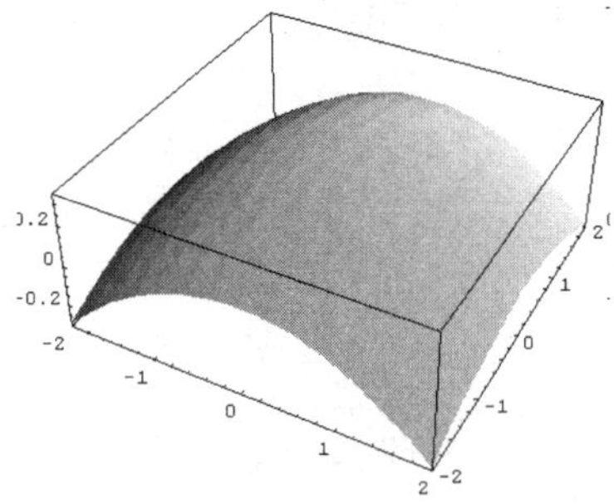

2) 매개변수함수 $x=f(s,t)$, $y=g(s,t)$, $z=h(s,t)$의 그래프

공간에서 매개변수로 표현되어지는 이변수 함수 $x=f(s,t)$, $y=g(s,t)$, $z=h(s,t)$는 평면 그래프를 그리는 ParametricPlot과 유사한 3차원 그래프를 그리는 명령어 ParametricPlot3D를 사용한다. 그 형식은 다음과 같다.

```
ParametricPlot3D[ {f(s, t), g(s, t), h(s, t)}, {s, a, b}, {t, c, d}, 옵션들 ]
```

다음 예제를 통해 그 사용법을 배워보자.

예제 1.7.19 구간 $[0, 2\pi]$에서 나선(helix) $(\sin 3t, \cos 3t, t)$를 그려라.

풀이

```
ParametricPlot3D[ {Sin[3t], Cos[3t], t}, {t, 0, 2π} ]
```

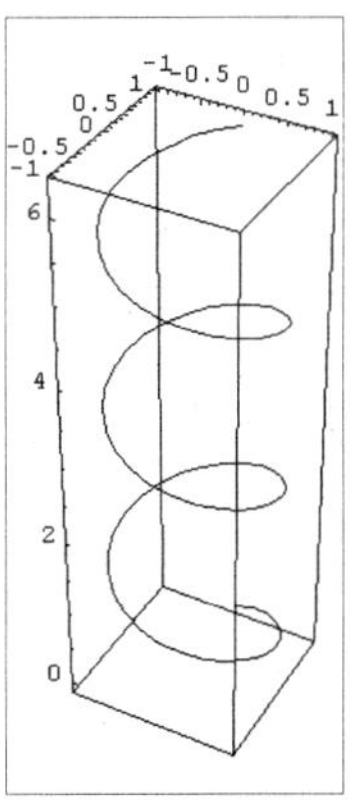

참고

(1) 주어진 공간곡선 α는 한 개의 매개변수(parameter) t의 함수로 표현되므로,

$$\alpha(t) = (x(t),\ y(t),\ z(t))$$

로 나타낼 수 있고,

```
ParametricPlot3D[ {x(t), y(t), z(t)}, {t, a, b} ]
```

는 t의 범위 $[a,\ b]$에서 3차원 곡선 α를 그린다.

(2) 도형의 매개변수표현에 대한 상세한 설명은 1.9절을 참조하여라.

예제 1.7.20 영역 $[-2,\ 2]\times[-2,\ 2]$에서 포물면 $z = x^2 + y^2$을 Plot3D가 아닌 ParametricPlot3D로 그려라.

풀이

```
ParametricPlot3D[ {x, y, x^2+y^2}, {x, -2, 2}, {y, -2, 2} ]
```

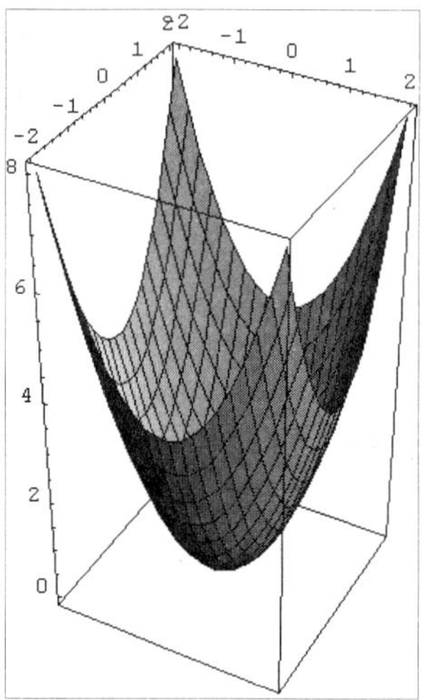

참고

이변수함수 $z = f(x,\ y)$는 3차원 공간에서 곡면을 그린다.

(1)
```
Plot3D[ f(x, y), {x, a, b}, {y, c, d} ]
```

는 영역$[a,\ b]\times[c,\ d]$에서 $f(x,\ y)$의 3차원 그래프를 나타낸다.

(2) 함수 $z = f(x, y)$는 매개변수표현 $(x, y, f(x, y))$로 나타낼 수 있으므로

```
ParametricPlot3D[ {x, y, f(x, y)}, {x, a, b}, {y, c, d} ]
```

는 $[a, b] \times [c, d]$에서 $f(x, y)$를 그린다.

(3) 위 두 명령어의 그림 그리는 방식이 다르므로 (1)과 (2)의 그림은 화면에서 다르게 표현될 수 있다.

예제 1.7.21 구($x = \cos(t)\cos(s),\ y = \sin(t)\cos(s),\ z = \sin(s)$)의 그래프를 그려라.

풀이 ① 반지름의 길이가 1인 구의 그래프를 그려보자.

```
ParametricPlot3D[ {Cos[t]*Cos[s], Sin[t]*Cos[s], Sin[s]},
                  {t, 0, 2π}, {s, -π/2, π/2} ]
```

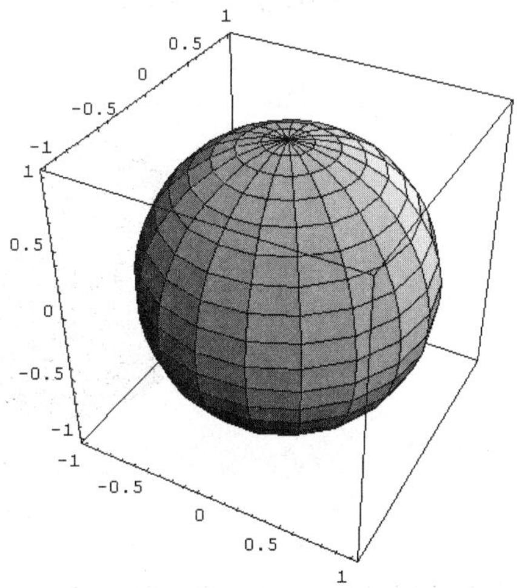

② 축의 이름(AxesLabel)을 부여하여 그려보자.

```
ParametricPlot3D[ {Cos[t]*Cos[s], Sin[t]*Cos[s], Sin[s]},
                  {t, 0, 2π}, {s, -π/2, π/2},
                  AxesLabel -> {"x", "y축", "z"} ]
```

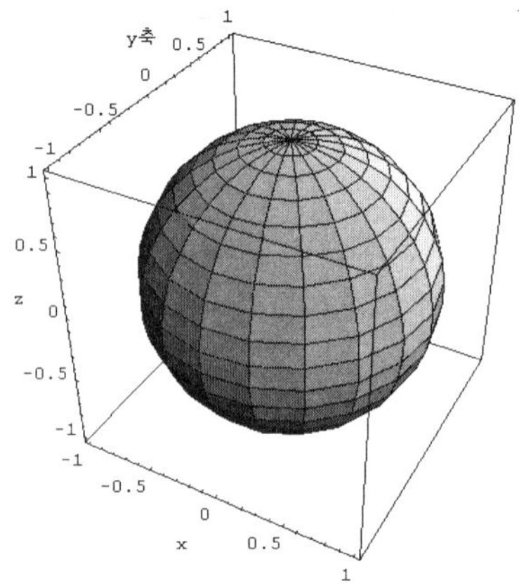

③ 축을 생략하고 그려보자.

```
ParametricPlot3D[ {Cos[t]*Cos[s], Sin[t]*Cos[s], Sin[s]},
                  {t, 0, 2π}, {s, -π/2, π/2},
        AxesLabel -> {"x", "y축", "z"}, Axes -> False ]
```

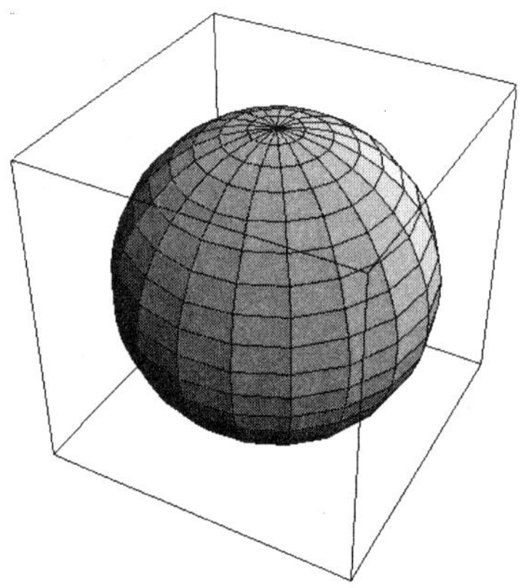

주의 축의 이름(AxesLabel)이 부여되어 있지만 축을 생략하라(Axes->False)는 옵션이 있기에 축의 이름이 나타나지 않는다. 축을 생략할 때에는 축의 이름을 주는 옵션은 넣을 필요가 없다.

```
ParametricPlot3D[ {Cos[t]*Cos[s], Sin[t]*Cos[s], Sin[s]},
                  {t, 0, 2π}, {s, -π/2, π/2}, Axes -> False ]
```

④ ③에서 구를 싸고 있는 박스(Boxed)를 생략하고 그려보자.

```
ParametricPlot3D[ {Cos[t]*Cos[s], Sin[t]*Cos[s], Sin[s]},
        {t, 0, 2π}, {s, -π/2, π/2},
        Axes -> False, Boxed -> False ]
```

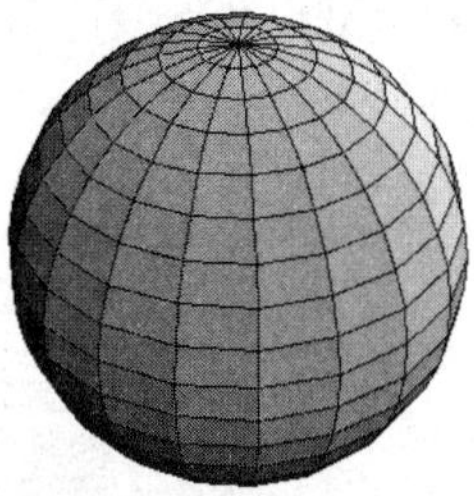

⑤ 그래프의 이름(PlotLabel)을 넣어 그려보자.

```
ParametricPlot3D[ {Cos[t]*Cos[s], Sin[t]*Cos[s], Sin[s]},
        {t, 0, 2π}, {s, -π/2, π/2},
    Axes -> False, Boxed -> False, PlotLabel -> "구" ]
```

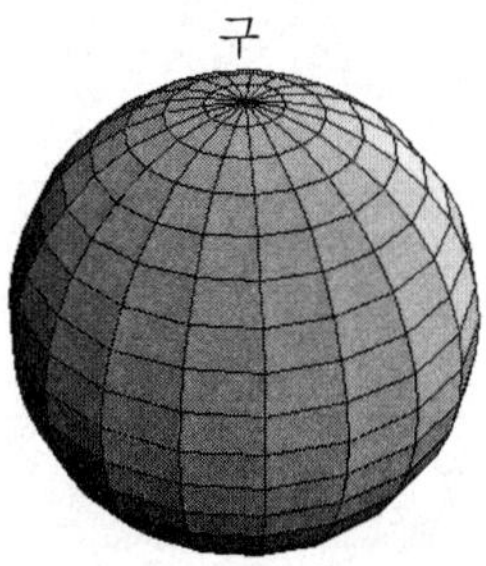

참고

6.0 이상의 버전에서는 다음과 같은 명령어로 위 예제에서 그린 단위구를 그릴 수 있다.

```
Graphics3D[ Sphere [{0,0,0}, 1]]
```

실습문제 (1) 위의 예제 풀이 중 ⑤에서 "구"라는 글씨가 그려진 구의 오른쪽 옆에 들어가도록 프로그래밍하여라.
(2) 반지름의 길이가 2인 구를 그려라.

실습문제 원기둥을 매개변수 표현으로 그려보자.

```
ParametricPlot3D[ {Cos[t], Sin[t], s}, {t, 0, 2π}, {s, 0, 2} ]
```

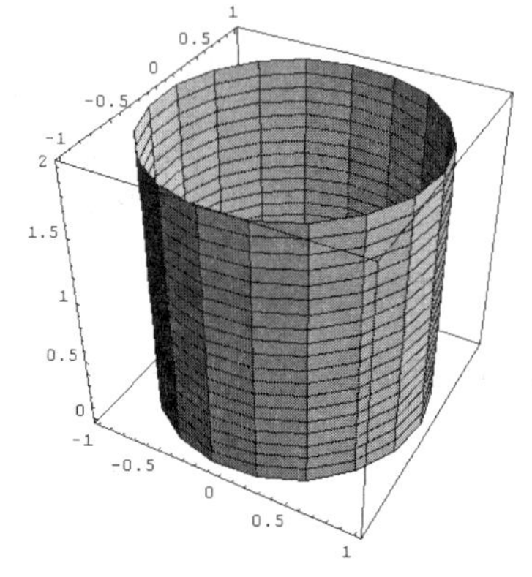

참고

6.0 이상의 버전에서는 위의 원기둥을 다음과 같은 명령어로 그릴 수 있다.

```
Graphics3D[ Cylinder[{{0,0,0}, {0,0,2}}, 1]]
```

실습문제 윤환면(Torus)을 그려보자.

```
ParametricPlot3D[ {Cos[t]*(3 + Cos[s]), Sin[t]*(3 + Cos[s]), Sin[s]},
                  {t, 0, 2π}, {s, 0, 2π},
                  AxesLabel -> {"x", "y", ""} ]
```

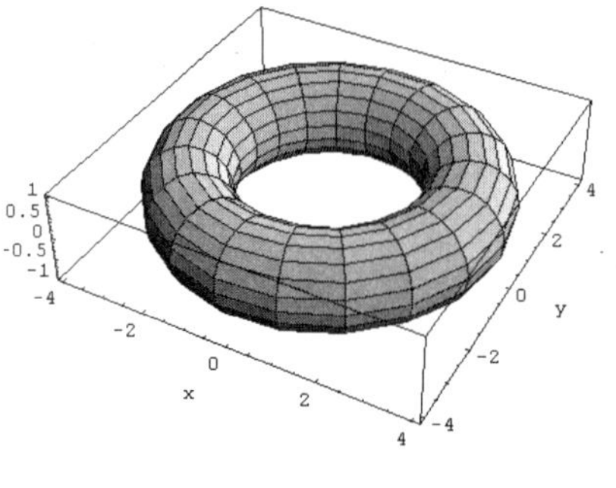

실습문제 뫼비우스띠를 그려보자.

```
ParametricPlot3D[ {(3 + t*Cos[s])*Cos[2s],
        (3 + t*Cos[s])*Sin[2s], t*Sin[s]},
        {s, -π/2, π/2}, {t, -1, 1},
        Boxed -> False, Axes -> False ]
```

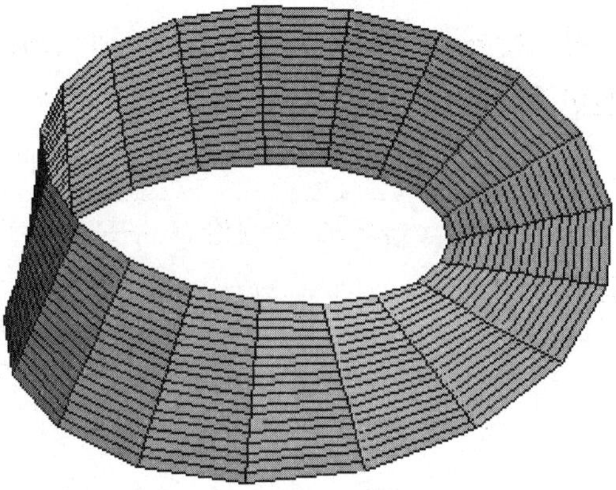

나의 노트

3) 매개함수를 활용한 회전체의 그래프

함수 $y=f(x)$의 그래프와 $x=a$, $x=b$ 및 x축으로 둘러싸인 부분을 x축을 중심으로 회전한 회전체를 어떻게 해야 그래프로 나타낼 수 있을까? x축을 회전축으로 하여 회전한 회전체의 식은 다음과 같은 매개변수 함수로 나타내어진다.

$$x=t,\ y=\cos(s)f(t),\ z=\sin(s)f(t)$$

여기에서 t는 x축을 뜻하므로 t의 범위를 a에서 b까지 나타내어 그려보면 된다.

예제 1.7.22 주어진 곡선과 x축으로 둘러싸인 부분을 x축을 중심으로 회전한 회전체를 그려보자.

풀이 ① $y=x^2$, $x=0$, $x=1$ 및 x축으로 둘러싸인 부분을 x축으로 회전했을 때의 회전체를 그려보자.

```
ParametricPlot3D[ {t, Cos[s]*t^2, Sin[s]*t^2}, {s, 0, 2π}, {t, 0, 1},
        Axes -> False, Boxed -> False ]
```

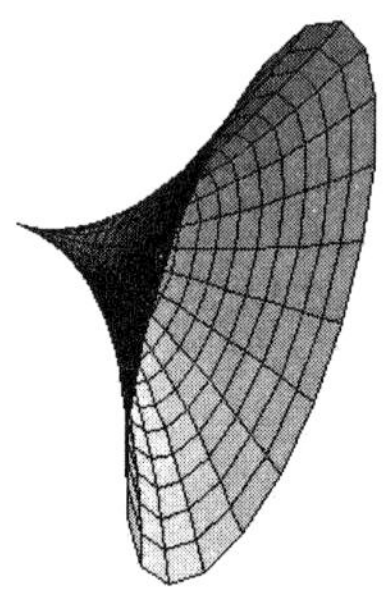

② ①의 회전하는 모습을 Do문을 이용하여 그려보자.(version 6.0 이상에서는 Do 대신에 Manipulate를 사용)

```
Do[ ParametricPlot3D[ {t, Cos[s]*t^2, Sin[s]*t^2}, {s, 0, k}, {t, 0, 1},
        Axes -> False, Boxed -> False ],
        {k, π/6, 2π, π/6} ]
```

③ 축의 범위를 지정하여 그래프의 크기를 고정시킨 후 회전하는 모습을 그려보자.

```
Do[ ParametricPlot3D[ {t, Cos[s]*t^2, Sin[s]*t^2}, {s, 0, k}, {t, 0, 1},
        Axes -> False, Boxed -> False,
        PlotRange -> {{0, 1}, {-1, 1}, {-1, 1}} ],
        {k, π/6, 2π, π/6} ]
```

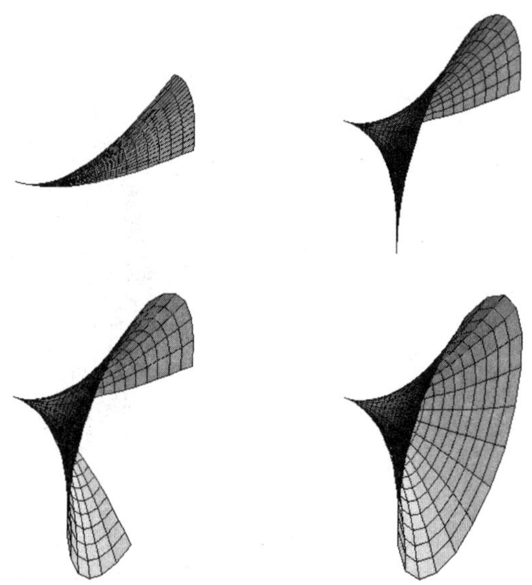

주의 Do문을 이용하여 animation을 실행하고자 할 때 평면그래픽에서 PlotRange를 사용하였듯이 공간그래픽에서도 PlotRange를 사용하여 축의 범위를 지정하면 그래프의 전체적인 크기를 결정함으로써 장면이 고정된 animation 효과를 얻을 수 있다. 그러나 version 6.0 이상에서는 Do 대신에 Manipulate를 사용하여라.

참고

6.0 이상의 버전에서는 위의 회전체를

```
RevolutionPlot3D[ t^2, {t, 0, 1,}, RevolutionAxis→{1, 0, 0}]
```

로 그릴 수 있다.

예제 1.7.23 두 곡선으로 둘러싸인 부분을 x축을 중심으로 회전한 회전체를 그려보자.

풀이 ① 두 곡선 $y=4x-x^2$, $y=x$으로 둘러싸인 부분을 x축을 회전축으로 하여 회전했을 때의 회전체를 그려보자.

```
ParametricPlot3D[ {{t, Cos[s]*(4t - t^2), Sin[s]*(4t - t^2)},
          {t, Cos[s]*t, Sin[s]*t}}, {s, 0, 2π}, {t, 0, 3},
          Axes -> False, Boxed -> False ]
```

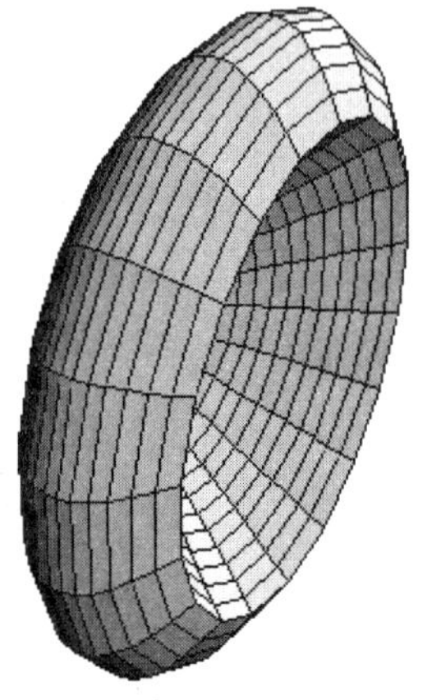

주의 그려진 그림을 살펴보면 그림의 보이는 모습이 두 곡선으로 둘러싸인 부분을 회전한 것인지 아닌지를 정확하게 판단하기가 힘들다. 바라보는 각도를 지정할 수 있는 ViewPoint와 t 값의 범위를 조정하여 확실하게 그려보자.

② 각의 범위를 조정하여 회전체의 일부분만 나타내어 보자.

```
ParametricPlot3D[ {{t, Cos[s]*(4t - t^2), Sin[s]*(4t - t^2)},
       {t, Cos[s]*t, Sin[s]*t}}, {s, 3π/2, 5π/2}, {t, 0, 3},
       Axes -> False, Boxed -> False,
       ViewPoint -> {0.7, -2, 0},
       PlotRange -> {{0, 3}, {-4, 4}, {-4, 4}} ]
```

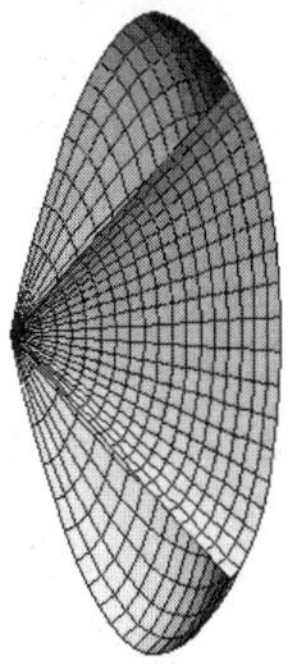

③ Do문(버전 6.0 이상에서는 Manipulate문)을 이용하여 회전하는 모습을 그려보자.

```
Do[ ParametricPlot3D[ {{t, Cos[s]*(4t - t^2), Sin[s]*(4t - t^2)},
          {t, Cos[s]*t, Sin[s]*t}}, {s, π/2, π/2 - k}, {t, 0, 3},
          Axes -> False, Boxed -> False,
          ViewPoint -> {0.7, -2, 0},
          PlotRange -> {{0, 3}, {-4, 4}, {-4, 4}} ],
   {k, π/6, 2π, π/6} ]
```

아래 결과는 그려진 그림 중 일부만 나타내었다.

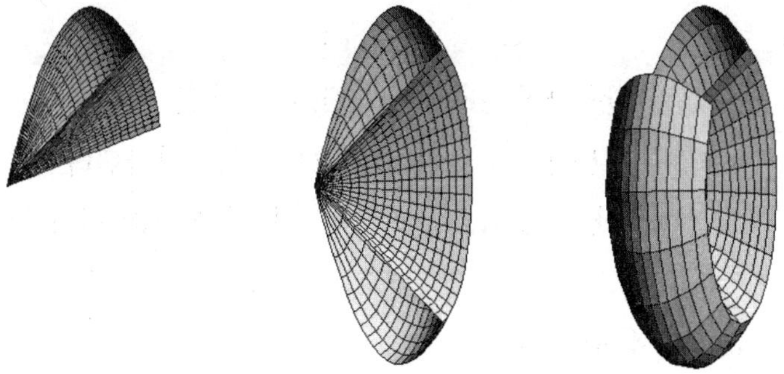

④ 360° 회전하는 모습을 살펴보아라.
2차원인 칠판의 한계를 벗어나기 위해 3차원 그래픽의 구현이 여러 각도에서 가능하게 하는 장면을 볼 수 있을 것이다.

실습문제 (1) 다음 곡선 $y=x-x^2$과 x축으로 둘러싸인 부분의 x축을 회전축으로 하여 회전한 회전체를 그려보자. 또 회전체의 잘린 단면을 나타내어 그려보자.

```
ParametricPlot3D[ {{t, Cos[s]*(t - t²), Sin[s]*(t - t²)},
                  {t, Cos[s]*t, Sin[s]*t}}, {s, 0, 2π}, {t, 0, 1},
                  Axes -> False, Boxed -> False ]
```

(2) (1)에서 그린 곡면을 360° 회전시켜 보아라.

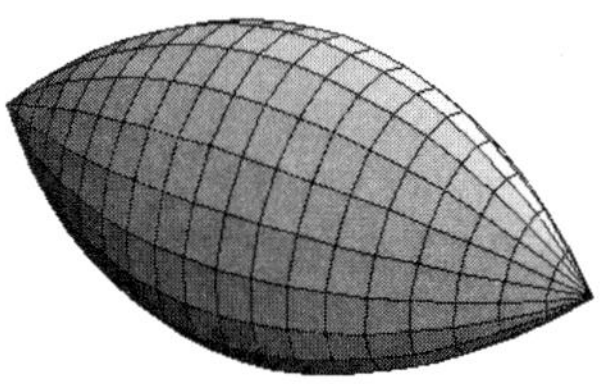

(3) 180° 회전시켜 보아라.

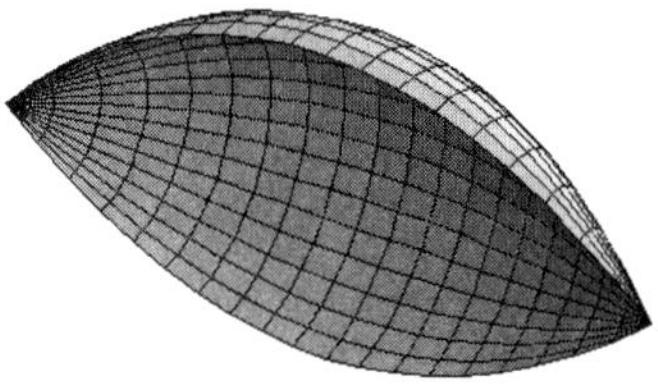

참고

(1) 단축키를 활용하면 'Esc → p → Esc'는 π를 나타낸다.

(2) 단축키를 활용하면 x → 'Ctrl+^'2는 x^2을 나타낸다.

(3) 'Esc → a → Esc'는 α, 'Esc → b → Esc'는 β를 나타낸다.

나의 노트

1.8 애니메이션

Mathematica에서 사용되는 그래픽의 animation을 구현하는 명령어에 대해 알아보자. 아래의 명령어들을 실행한 결과는 지면 관계상 생략하지만 독자들은 반드시 실행해 보기 바란다. 역동적으로 움직이는 그림들을 보고 있으면 Mathematica를 배우면서 고생한 보람을 느낄 것이다. 실행한 모든 그래픽들 중 한 그래픽을 선택하여 두 번 click하면 전체 그래픽의 animation을 볼 수 있다. animation의 속도와 방향은 오디오 시스템에 있는 것과 같은 화면 아래에 나타난 키를 조절하면 된다.

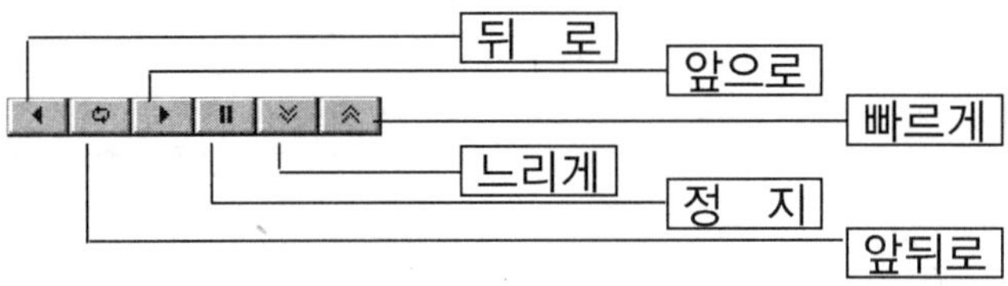

(1) Manipulate[Plot3D[Cos[n*x] Sin[y], {x, -2π, 2π}, {y, -2π, 2π}],
{n, 1, 10, 2}]

(2) Clear[u, x, t]
u[x_, t_]:=Sin[x]Cos[t]
Animate[Plot[u[x, t], {x, 0, π}, PlotRange→{-1, 1}], {t, 0, 2π, 1}]

(3) Animate[Plot[Sin[n*x], {x, -π, π}], {n, 1, 10, 2}]

(4) Manipulate[Plot[Cos[t*x], {x, -π, π}, plotRange→{{-5, 5},
{-5, 5} }, ImageSize→400], {t, 1, 10, 2}]

(5) Manipulate[PolarPlot[4 Cos[n*t], {t, 0, n}], {n, $\frac{\pi}{15}$, 2π, $\frac{\pi}{15}$}]

명령어설명 Manipulate[①, {②, ③, ④, ⑤}]는 ②가 ③에서 ④까지 ⑤ 간격으로 변할 때, ①을 실행하여 나열한다.

예제 1.8.1 첫째 항이 $-\frac{1}{2}$이고, 공비가 -0.5인 등비수열의 수렴성에 대해 확인해 보아라.

풀이 ① 등비수열의 항을 10개 만들어 보자.

```
ap = Table[ (-1/2)^k, {k, 1, 10} ]
```

② 좌표평면에 나타내어 보자.

```
ListPlot[ ap, PlotRange -> {{-1, 11}, {-1, 1}},
    PlotStyle -> {PointSize[0.02], RGBColor[1, 0, 0]} ]
```

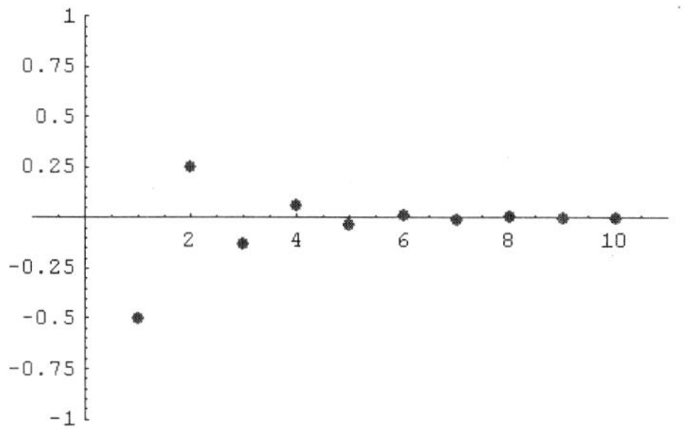

③ 점이 찍혀지는 모습을 관찰하여 보자.

```
Do[ ListPlot[ Take[ap, k], PlotRange -> {{-1, 11}, {-1, 1}},
    PlotStyle -> {PointSize[0.02], RGBColor[1, 0, 0]} ], {k, 1, 10} ]
```

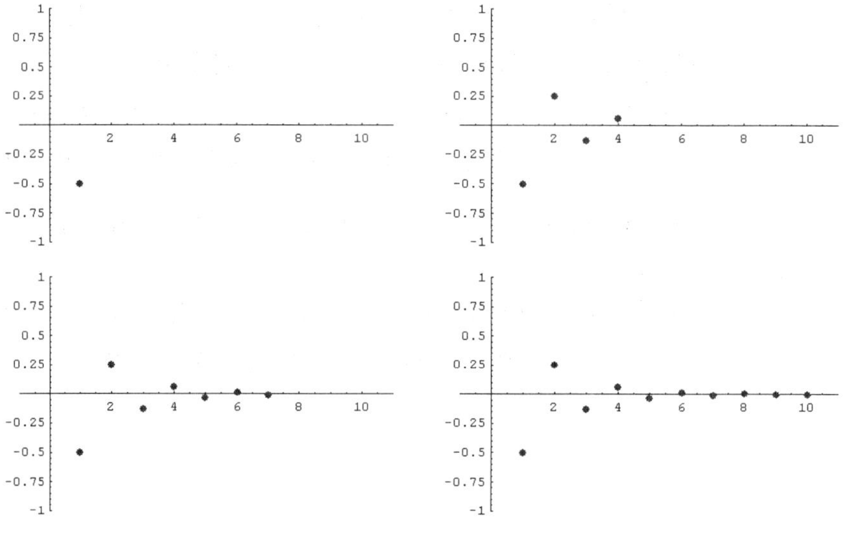

명령어설명 Take[ap, 5]

주의 Take명령문의 형식은 Take[list, n]이다. 이것은 주어진 리스트인 list에서 n번째 항까지 뽑아낸다는 것을 의미한다. 예를 들면, 위의 Take[ap, 5]는 리스트 ap에서 1항부터 5항까지를 뽑아낸다.

```
Table[ Take[ap, m], {m, 1, 10} ]
```

참고

6.0 이상 버전에서는 ③에서 Do 대신에 Animate 또는 Manipulate를 사용하여라.

실습문제 수열 $\left\{\frac{n+1}{n}\right\}$의 첫째 항부터 20번째 항까지 만들어 보고 이를 Do와 Take 명령어를 활용하여 수열의 상태를 파악하여보자.

```
seq = Table[(n+1)/n, {n, 1, 20} ];
Do[ ListPlot[ Take[seq, k], PlotRange -> {{-1, 21}, {0, 3}},
    PlotStyle -> {PointSize[0.02], RGBColor[1, 0, 0]} ], {k, 1, 20} ]
```

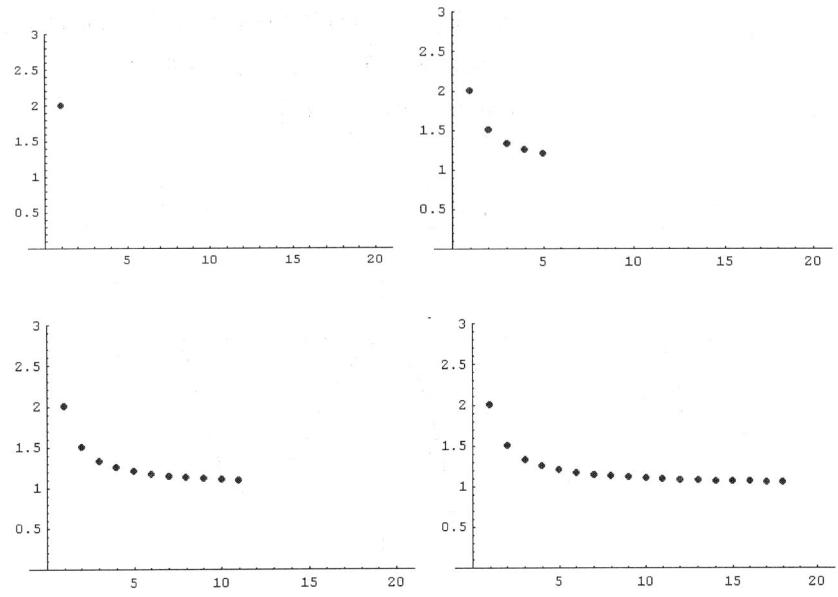

주의 Help에서 Take[list, k]의 사용법을 살펴보아라.

예제 1.8.2 a가 상수일 때, 방정식 $x^3-3x^2=a$의 서로 다른 실근의 개수가 3개가 되도록 a의 값의 범위를 구하여라.

풀이 방정식 $f(x)=g(x)$의 실근의 개수는 두 함수 $y=f(x)$, $y=g(x)$의 만나는 교점의 개수와 같다. 이 예제에서 $f(x)=x^3-3x^2$, $g(x)=a$라는 함수로 정의하여 두 함수의 만나는 교점의 개수를 그래프로 확인하자.

① 주어진 방정식을 두 함수로 정의하자.

```
f[x_] := x^3 - 3x^2; g[a_] := a
```

주의 함수 $g(x)=a$는 상수함수이다. 그런데 위에서는 $g(a)=a$라고 정의하였다. 이것은 상수 a값에 따라 위에 주어진 함수 $f(x)$와 어떠한 관계를 가지는지 알아보기 위하여 이와 같이 정의하였다.

② 함수 $f(x)$의 그래프를 간단하게 그려보자.

```
Plot[ f[x], {x, -2, 5},
        PlotRange -> {{-2, 5}, {-8, 4}},
        PlotStyle -> {Thickness[0.01], RGBColor[1, 0, 0]},
        Ticks -> {{-1, 1, 2, 3}, {-4}},
        AspectRatio -> 1 ]
```

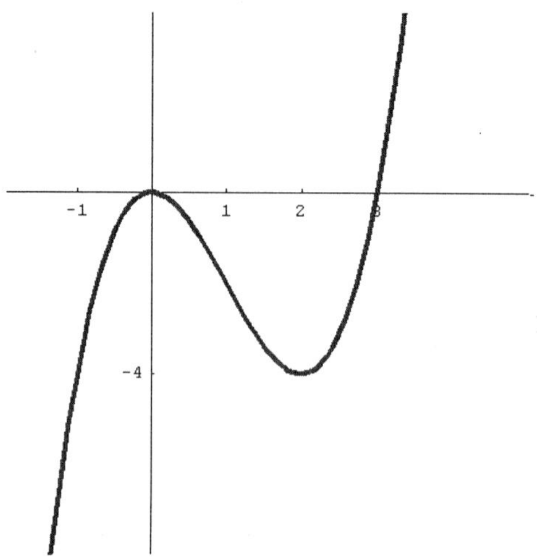

③ 두 함수 $f(x)$, $g(a)$의 그래프가 세 교점에서 만나도록 간단하게 그려 보자.(단, $a=-2$일 때)

```
Plot[ {f[x], g[-2]}, {x, -2, 5},
        PlotRange -> {{-2, 5}, {-8, 4}},
        PlotStyle -> {{Thickness[0.01], RGBColor[1, 0, 0]},
                     {Thickness[0.01], RGBColor[0, 0, 1]}},
        Ticks -> {{-1, 1, 2, 3}, {-4}},
        AspectRatio -> 1 ]
```

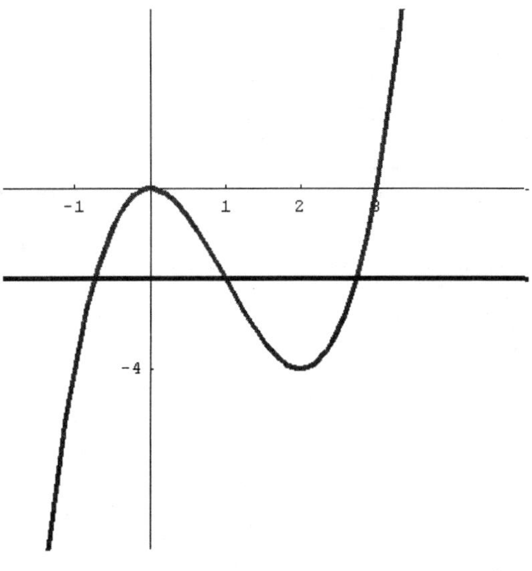

위의 그래프에서 확인할 수 있듯이 a값이 함수 $f(x)$의 극댓값과 극솟값 사이에 있을 때 두 함수는 세 개의 교점에서 만난다. 변하는 a값에 따라 그래프의 변화를 다시 한 번 확인하여 보자.

④ 변하는 a값에 따라 두 함수 $f(x)$, $g(a)$의 만나는 교점의 개수를 확인하여 보자.

```
Do[ Plot[ {f[x], g[k]}, {x, -2, 5},
        PlotRange -> {{-2, 5}, {-8, 4}},
        PlotStyle -> {{Thickness[0.01], RGBColor[1, 0, 0]},
                     {Thickness[0.01], RGBColor[0, 0, 1]}},
        Ticks -> {{-1, 1, 2, 3}, {-4}},
        AspectRatio -> 1,
        Epilog -> Text["a=" <> ToString[k]<>" . ", {4, k + 1}] ],
    {k, -6, 2, 0.5} ]
```

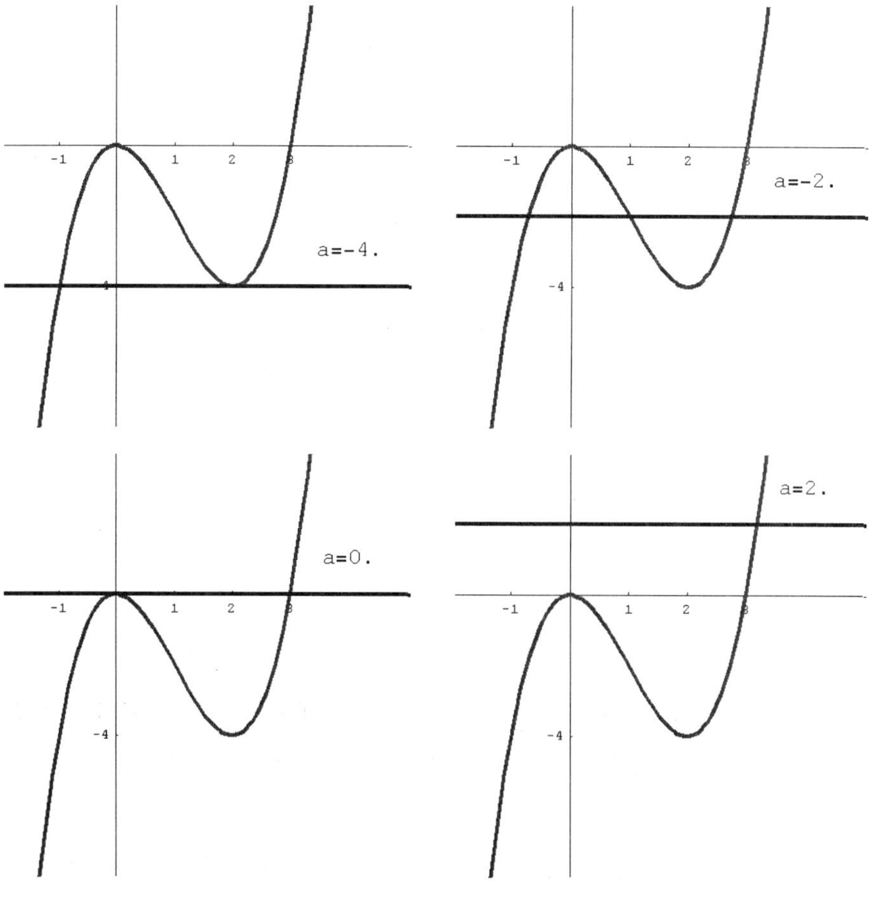

주의 version 6.0 이상에서는 Do 대신에 Manipulate를 사용하여라.

1.9 도형의 매개변수표현

함수 $y = f(x)$ 의 그래프를 평면 위에 그리면 한 곡선이 얻어진다. 예를 들어, $y = x^2$ 의 그래프는 포물선이 된다.

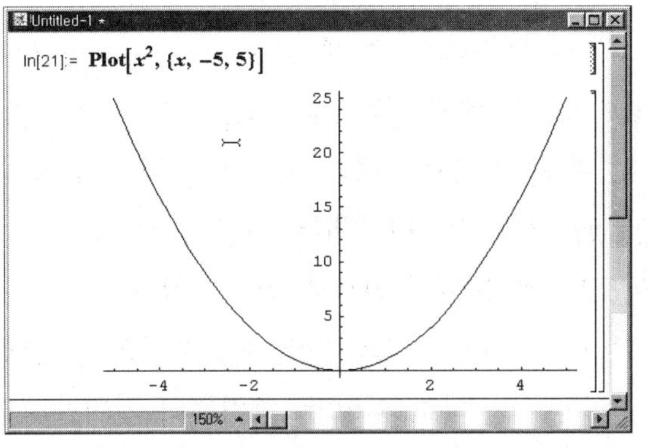

함수 $y = f(x)$ 또는 함수 $x = g(y)$ 는 어느 것이나 하나의 변수를 독립변수, 다른 하나를 종속변수로 취급하고 있으므로 x 와 y 를 평등하게 취급하지 않고 있다. 이들을 각각 $y - f(x) = 0$ 또는 $x - g(y) = 0$ 으로 고쳐 쓰면 $F(x, y) = 0$ 인 꼴로 통일되어 x 와 y 는 평등한 변수가 된다. 즉 $F(x, y) = 0$ 이라는 식은 일반적인 곡선을 나타내는 것이 된다. 예를 들면 $x^2 + y^2 - a^2 = 0$ 은 원을 나타내는 방정식이다. 그러나 이것은 $y = \pm\sqrt{a^2 - x^2}$ 인 꼴을 나타낼 수 있지만, 두 개의 식이 필요하다.

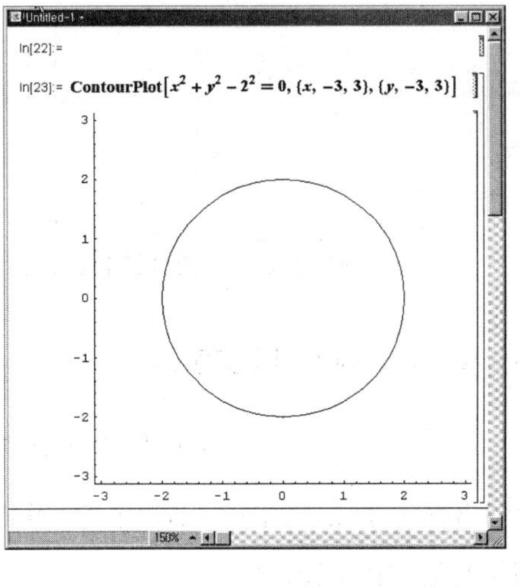

또, 예를 들어 $x^3+2x^2y+y^3=0$과 같은 식일 때는 $y=f(x)$인 꼴로 바꾸어 쓰기도 힘들다. 그리고 $F(x, y)=0$이라는 식은 항상 곡선을 나타내는 식이라고는 볼 수 없다. 예를 들면, $x^2+y^2+1=0$은 해가 없다. 이렇듯 기하학적 입장에서 보면 가장 편리한 곡선의 표시법은 다음에서 말하는 매개변수표현이다.

t를 실수라고 할 때, $x=f(t)$, $y=g(t)$라는 두 함수 $f(t)$, $g(t)$를 평면곡선의 **매개변수표현**이라고 한다. t가 어떤 구간 $a \leq t \leq b$를 움직일 때, 매개변수표현 $(f(t), g(t))$은 평면 위에서 곡선을 그린다. 위에서 말한 $y=f(x)$가 나타내는 곡선도 $x=t$, $y=f(t)$라고 쓸 수 있으므로 이것도 매개변수표현으로 볼 수 있다.

$F(x, y)=0$으로 주어지는 곡선은 실제로 $x=f(t)$, $y=g(t)$로 나타내기 힘든 것도 많지만, 반지름의 길이가 a인 원의 방정식 $x^2+y^2-a^2=0$은 $x=a\cos t$, $y=a\sin t$인 매개변수표현으로 쉽게 고쳐 쓸 수 있다.

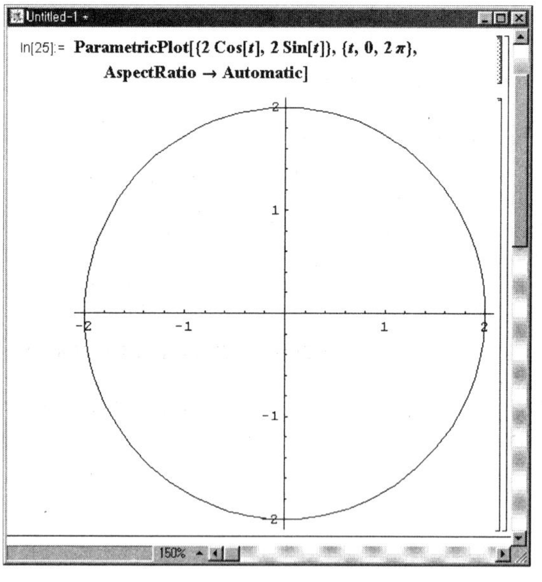

공간곡선의 매개변수표현은

$$x=x(t),\ y=y(t),\ z=z(t)$$

와 같이 3개의 t의 함수로 나타낼 수 있으며, n차원 좌표공간 안의 곡선에 대해서도 일반화하여

$$x_1 = x_1(t),\ x_2 = x_2(t),\ \cdots,\ x_n = x_n(t)$$

로 표현할 수 있다. 벡터의 기호를 사용하여 n차원 공간의 곡선을

$$\alpha(t) = \alpha(x_1(t),\ x_2(t),\ \cdots,\ x_n(t))$$

로 나타내면 편리하다.

$(x(t),\ y(t))$로 주어진 평면곡선과 $(x(t),\ (y)t,\ z(t))$로 주어진 공간곡선을 매개변수로 표현되었다고 한다. 주어진 평면곡선 $(x(t),\ y(t))$는

```
ParametricPlot[ {x(t), y(t)}, {t, t1, t2} ]
```

로, 공간곡선 $(x(t),\ y(t),\ z(t))$는

```
ParametricPlot3D[ {x(t), y(t), z(t)}, {t, t1, t2} ]
```

로 그릴 수 있다.

곡면이란 직관적으로 그 위의 각 점의 근방이 평면의 일부분과 닮은 공간상의 집합이라고 할 수 있다. 따라서 곡면의 매개변수표현은

$$(x_1(u,\ v),\ x_2(u,\ v),\ x_3(u,\ v))$$

이며, 특히 $z = f(x,\ y)$는 $(u,\ v,\ f(u,\ v))$인 **몽쥬(Monge)사상**이라고 불리는 매개변수표현으로 나타낼 수 있다.

매개변수표현 $(x_1(u,v),\ x_2(u,v),\ x_3(u,v))$으로 주어진 곡면은

```
ParametricPlot3D[ {x1(u, v), x2(u, v), x3(u, v)}, {u, u1, u2}, {v, v1, v2} ]
```

로 그려진다.

이제 많이 쓰이는 평면곡선 및 곡면들의 매개변수표현을 요약하여 정리한다.

아래 식들에서 사용된 a, b 및 c는 상수를 뜻한다. 따라서 아래 소개하는 매개변수표현의 함수들의 그래프를 그릴 때는 a, b, c, $\cdots$에 각 상수를 지정해 주어라.

1. 평면곡선의 매개변수표현들

(1) 삼각함수(Trigonometric function) $y=\sin x$의 매개변수 방정식

$$x=\theta,\ y=\sin\theta$$

(2) 반지름의 길이가 a인 원(Circle)의 매개변수 방정식

$$x=a\cos\theta,\ y=a\sin\theta$$

(3) 타원(Elliptic circle)의 매개변수 방정식

$$x=a\cos\theta,\ y=b\sin\theta$$

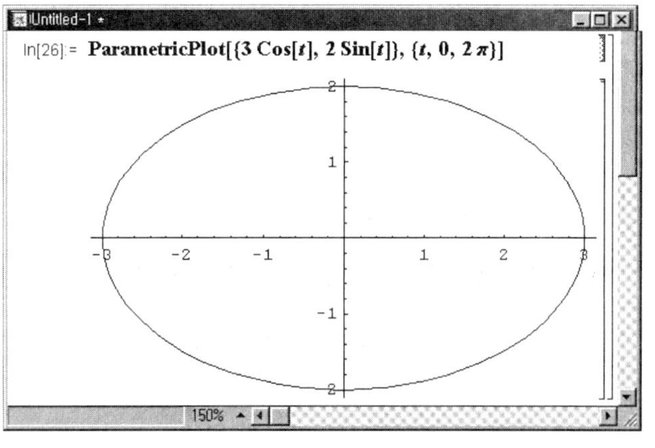

(4) 쌍곡선(Hyperbola)의 매개변수 방정식

$$x=a\sec\theta,\ y=b\tan\theta$$

(5) 포물선(Parabola)의 매개변수 방정식

$$x=2at,\ y=at^2$$

(6) 파선(Cycloid)의 매개변수 방정식

$$x=a(t-\sin t),\ y=a(1-\cos t)$$

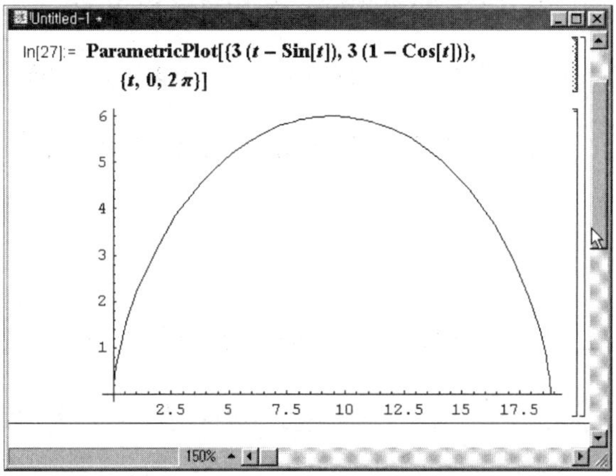

(7) 바퀴안파선(Hypocycloid)의 매개변수 방정식

$$x = (a-b)\cos t + b\cos\frac{a-b}{b}t,$$

$$y = (a-b)\sin t - b\sin\frac{a-b}{b}t$$

(8) 바퀴위파선(Epicycloid)의 매개변수 방정식

$$x = (a+b)\cos t - b\cos\frac{a+b}{b}t,$$

$$y = (a+b)\sin t - b\sin\frac{a+b}{b}t$$

(9) 성망형(Astroid)의 매개변수 방정식

$$x = \cos^3 t,\ y = \sin^3 t$$

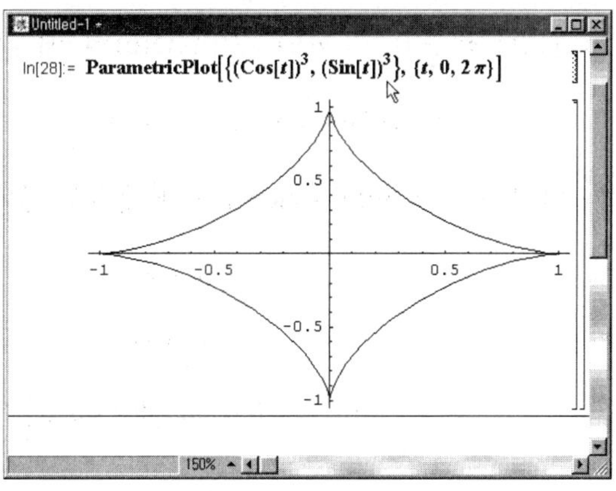

(10) 심장형(Cardioid)의 매개변수 방정식

$$x = 2b\cos t - b\cos 2t,\ y = 2b\sin t - b\sin 2t$$

(11) 데카르트 엽선(Descartes leaf)의 매개변수 방정식

$$t \neq -1,\ x = \frac{3t}{1+t^3},\ y = \frac{3t^2}{1+t^3}$$

(12) 아르키메데스의 나선(Spiral)의 매개변수 방정식

$$x = \theta\cos\theta,\ y = \theta\sin\theta$$

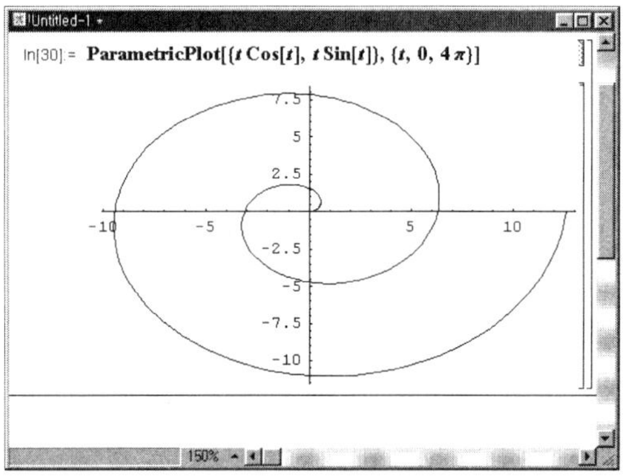

(13) 연주형(Lemniscate)의 매개변수 방정식

$$x = \pm\sqrt{\cos\theta}\,\cos\theta,\ y = \pm\sqrt{\cos 2\theta}\,\sin\theta$$

2. 곡면의 매개변수표현들

(14) 반지름의 길이가 a인 구(Sphere)의 매개변수 방정식

$$x = a\sin u\sin v,\ y = a\sin u\cos v,\ z = a\cos u,$$

(15) 나팔곡면(Pseudo sphere)의 매개변수 방정식

$$x = a\sin u\cos v,$$

$$y = a\sin u\sin v,$$

$$z = a(\cos u + \log\tan(\frac{u}{2})),$$

(16) 원나선(Circular helix)의 매개변수 방정식

$$x = a\cos t,\ y = a\sin t,\ z = bt\ (a > 0,\ b \neq 0)$$

(17) 나선면(Helicoid)의 매개변수 방정식

$$x = v\cos u,\ y = v\sin u,\ z = bu$$

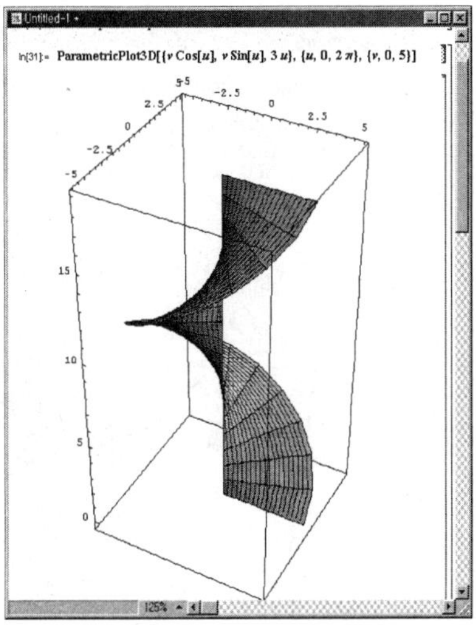

(18) 현수면(Catenoid)의 매개변수 방정식

$$x = a\cos hv\cos u,\ y = a\cos hv,\ z = av$$

(19) 윤환면(Torus)의 매개변수 방정식

$$x = (a + b\cos u)\cos v,$$
$$y = (a + b\cos u)\sin v,$$
$$z = b\sin u\ (a > b)$$

(20) 뫼비우스의 띠(Moebius band)의 매개변수 방정식

$$x = (a - v\sin(\frac{u}{2}))\cos u,$$

$$y = (a - v\sin(\frac{u}{2}))\sin u,$$

$$z = v\cos(\frac{u}{2})$$

(21) 원주면(Circular cylinder)의 매개변수 방정식

$$x = a\sin u,\ y = a\cos u,\ z = v$$

(22) 타원면(Ellisoid)의 매개변수 방정식

$$x = a\cosh u\cos v,\ y = a\cosh u\sin v,\ z = b\sinh u$$

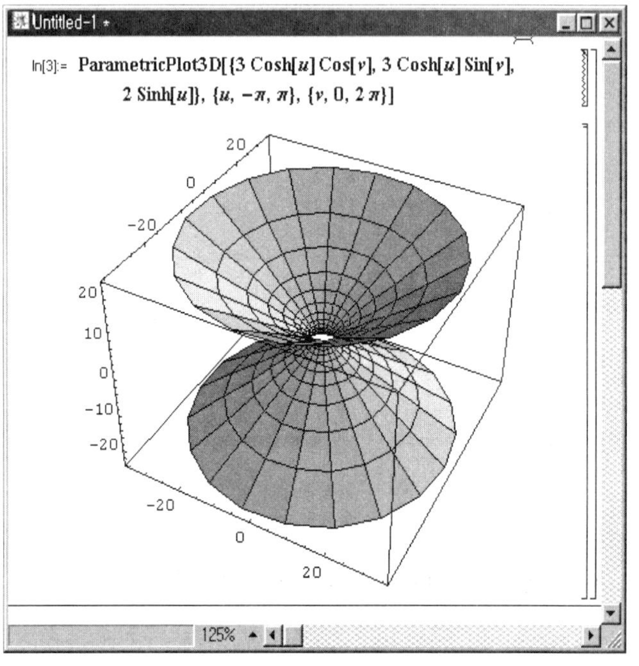

(23) 일엽쌍곡면(One sheet Hyperboloid)의 매개변수 방정식

$$x = a\cosh u\cos v,\ y = b\cosh u\sin v,\ z = c\sinh u$$

(24) 이엽쌍곡면(Two sheet Hyperboloid)의 매개변수 방정식

$$x = a\sinh u\cos v,\ y = b\sinh u\sin v,\ z = c\cosh u$$

(25) 타원포물면(Elliptic Paraboloid)의 매개변수 방정식

$$x = au\cos v,\ y = bu\sin v,\ z = u^2$$

(26) 쌍곡포물면(Hyperbolic Paraboloid)의 매개변수 방정식

$$x = au\cos v,\ y = bu\sin v,\ z = u^2$$

(27) 원숭이 안장곡면(Monkey saddle)의 매개변수 방정식

$$x = u\,,\ y = v\,,\ z = u^3 - 3uv^2$$

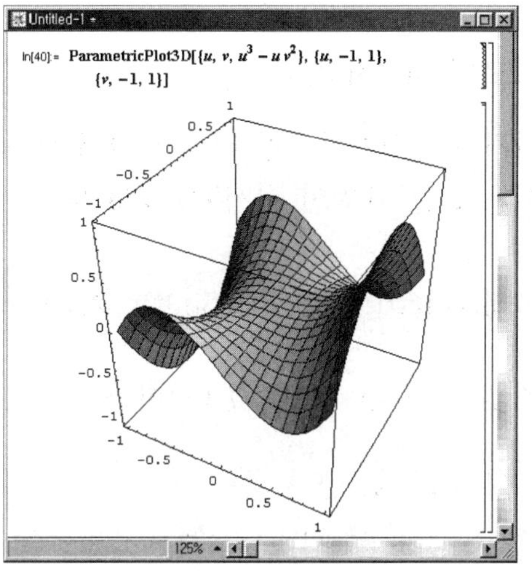

참고

위에서 살펴본 각 함수를 매개변수표현으로 그림을 그릴 때는 각 식 안의 a, b 및 c에 특정값을 지정하여야 한다.

예를 들면, (19) 윤환면의 매개변수 방정식에서 $a = 3$, $b = 1$로 주어진 윤환면은

```
ParametricPlot3D[ {(3+Cos[u]Cos[v], (3+Cos[u])Sin[v], Sin[u]},
    {u, 0, 2π}, {v, 0, 2π} ]
```

로 아래 그림과 같이 그려진다.

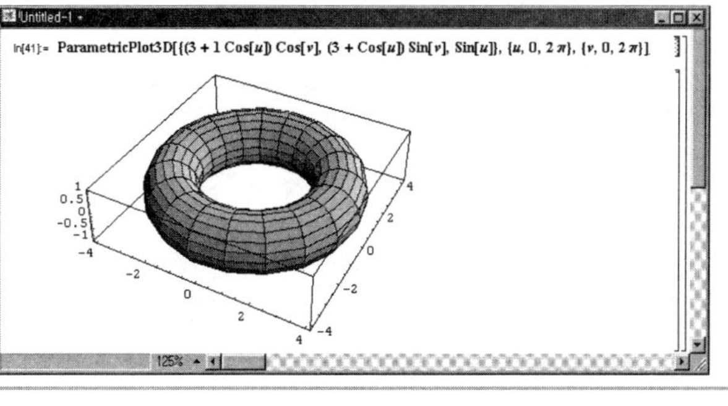

실습문제 (1) 타원 $\frac{x^2}{4} + \frac{y^2}{9} = 1$ 을

```
ParametricPlot[ {2 Cos[t], 3 Sin[t]}, {t, 0, 2π} ]
```

으로 그려보아라.

(2) 반지름의 길이가 2인 원이 직선 위를 굴러갈 때, 원 위의 한 고정점이 그리는 궤적인 파선(Cycloid)은

```
ParametricPlot[ {2(t-Sin[t]), 2(1-Cos[t])}, {t, 0, 10} ]
```

으로 그릴 수 있다. 그려보아라.

(3)
```
Clear[x, y, z]
x[t_, r_]=4Sec[t] Cos[r];
y[t_, r_]=2Sec[t] Sin[r];
z[t_, r_]=Tan[t];
ParametricPlot3D[ {x[t, r], y[t, r], z[t, r]},
    {t, -π/3, π/3}, {r, -π, π} ]
```

는 어떤 그림을 그리는가?

나의 노트

1.10 문서작성

Mathematica에서 영문과 한글(한/영 전환키)을 text로 노트북파일(.nb)에 입력하고 명령어도 동시에 실행하는 문서를 작성하면서, 꾸미는 방법은 다음과 같다. 같이 따라하면서 내가 만들고 싶은 문서를 노트북파일(이름.nb)로 만들어보자.

1. Format - Show ToolBar를 실행한다(버전 6.0 이상에서는 Window-Show Toolbar임).

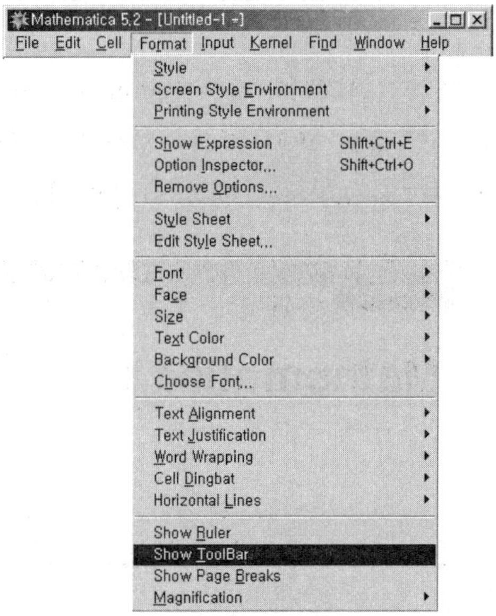

2. 스크린의 위에 가로에 놓인 선은 Mathematica 명령어를 기다리는 명령선(prompt line)으로 이 선 밑에 명령어를 입력하면 된다.

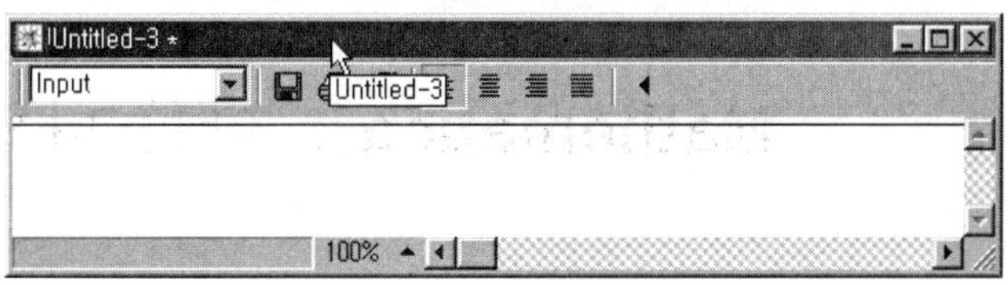

Default로 설정되어 있는 을 클릭하면 여러 가지 항목이 나타난다. 그 중에서 Title을 선택한다. 이 때, 마우스를 움직이면 다

시 Input 상황으로 돌아가므로, Title을 선택한 후 마우스를 움직이지 말고, 한/영키로 한글 및 영문 입력상황으로 전환하면서 “Mathematica로 만든 나의 문서”라고 입력한다. 셀 ‘]’를 선택하여 검게 변한 셀을 ‘가운데 정렬(≣)’로 한다.

3. 마우스를 움직여 명령선(prompt line)을 만든다. [Input ▾]을 [Subtitle ▾]로 바꾼 다음, 문서작성자의 이름 “홍길동”을 입력한다. “홍길동”을 포함하는 셀을 선택한 다음 ‘오른쪽 정렬(≣)’을 한다.

4. 마우스를 움직여 명령선이 생기게 한 다음, [Input ▾]을 [Section ▾]으로 바꾼다. 그리고, “삼각함수의 그래프”를 입력한다.

5. 마우스를 움직여 명령선이 생기게 한 후,

```
Plot[ Sin[x], {x, -π, π} ]
```

를 입력하고 <Shift + Enter>를 실행한다.

6. Section, Subsection 또는 Text 를 선택하고, 그림에 대한 설명을 적어 넣는다.

7. 더 필요한 내용이 있으면 위에서 했던 작업을 반복하면 된다.

8. 만든 문서를 꾸미는 작업을 하기 위해, Format - Style Sheet를 연다. 더 다양한 sheet는 'Stylesheet Chooser'에서 선택하면 된다.

9. 'Default'로 설정된 하얀 스크린을 'Demo Text'나 'HTML' 등으로 바꾸면서 좋아하는 스크린으로 만들자. 스크린을 Presentation용으로 사용할 때는 Default로 설정된 하얀 스크린보다 색깔있는 스크린이 보기에 좋다. 'Demo Text'로 설정한 화면은 다음과 같다.

10. 만들어진 문서의 각 셀을 선택하여 글자의 글자체(Font), 모양(Face), 크기(Size) 및 색깔(Text Color)을 바꿀 수 있다. Subtitle의 "홍길동"의 글자체를 Format 메뉴의 Font, Face, Size, Text Color를 이용하여 견명조, Bold, 20, Blue로 바꾸고, Title의 "나의 문서"를 왼쪽 마우스를 누른 채 끌면서 Block를 설정한 후, 역시 Format 메뉴의 Font, Face, Size, Text Color를 이용하여 Arial, Italic, 30, Red로 설정하자. 그러면 색다른 형태의 문서가 만들어짐을 볼 수 있을 것이다.

11. Mathematica로 만든 문서가 더 이상 수정할 사항이 없으면, Kernel (버전 6.0 이상에서는 cell) - Delete All Output을 선택하여 실행결과를 없애고 파일의 용량을 줄인 다음 저장한다. File - Save as를 선택한 다음, 저장할 폴더와 파일 이름 "홍길동"을 입력하고 저장을 누른다. 그러면 홍길동.nb(nb:notebook) 파일이 만들어진다.

12. 이 파일을 다시 불러와서 내용을 덧붙이고 싶으면, File - Open하고 해당 폴더를 찾아서 홍길동.nb를 클릭하고 [열기]를 선택한다. 이 때, 홍길동.nb 파일의 실행결과를 한꺼번에 계산하고 싶으면 Kernel(버전 6.0 이상에서는 메뉴 Cell임) - Evaluation - Evaluate Notebook을 선택한다.

13. 노트북 파일에서 첨가하고 싶은 부분이 있다면 마우스로 클릭하여 명령선(prompt line)이 생기게 한 이후에 입력이 가능하다.

14. 내용이 첨가된 홍길동.nb를 그 이름 그대로 저장하기 위해서는 File - Save하면 되지만, 이름을 바꾸어 새로운 이름 홍길동1.nb 파일로 저장하려면 File - Save As 해서 파일이름에 "홍길동1"을 입력하고 "저장"을 클릭하면 된다.

나의 노트

1.11 파일에서 다른 파일의 입·출력

Mathematica에서 형식이 다른(노트북 파일이 아닌) 파일들(그림파일, 소리파일, 기타 여러 가지 data 파일 등)을 읽어서 Text파일로 저장하는 방법과 한글문서(hwp문서)에 Mathematica를 옮기는 방법을 설명할 것이다.

예제 1.11.1 Directory a: 안에 있는 그림파일(1.gif라 이름을 붙인다)을 Text 파일로 만들어 현재 사용 중인 노트북 파일로 불러들여서, 그림 파일이 만드는 행렬의 크기를 확인하여라.

풀이 먼저 a: 안에 그림 파일을 저장해 둔다.

```
SetDirectroy["a:"]
                    (*현재 사용 중인 Directory를 a : 로 설정한다*)
```

$A:\backslash$

```
Directory[ ]                    (*현재의 Directory를 확인한다*)
```

$A:\backslash$

```
Import["1.gif"]
```

```
Show[%]
```

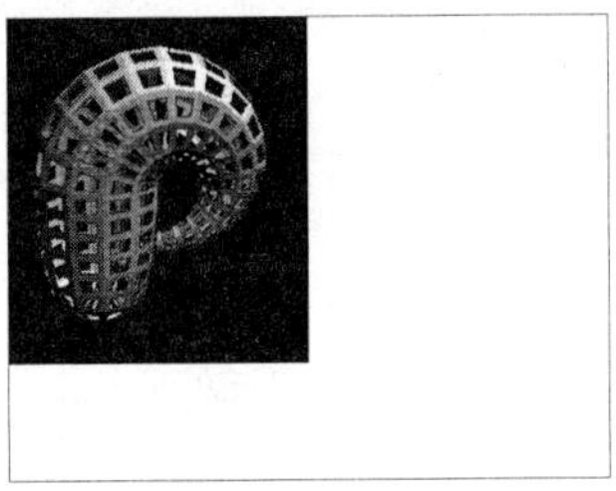

```
Show[%] >> aaa.txt
          (*그림을 aaa라는 이름의 Text 파일로 바꾸어 저장한다*)
```

```
!!aaa.txt        (*Text 파일의 내용을 입력파일 형태로 보여준다*)
```

실습문제 현재 사용 중인 노트북 파일의 Directory 안에 있는 확장자가 jpg인 그림 파일을 Text 파일로 만들어 노트북 파일에서 실행해 보아라.

예제 1.11.2 Directory a: 안에 있는 소리 파일 2.wav를 text 파일로 바꾸어, 노트북 파일로 불러들여라.

풀이

```
SetDirectory["a:"]
Directory[ ]
Import["2.wav"]
Show[%]                              (* 2.wav의 소리를 들려준다*)
Show[%] >> bbb.txt
!!bbb.txt
```

예제 1.11.3 노트북 파일(.nb)을 한글 문서(.hwp)로 바꾸어라.

풀이 (1) 먼저, Mathematica 노트북 파일을 열고 다음을 실행한다.

```
Plot[ Sin[x], {x, -5, 5},
    PlotStyle → {Hue[0.9], Thickness[0.03]} ]
```

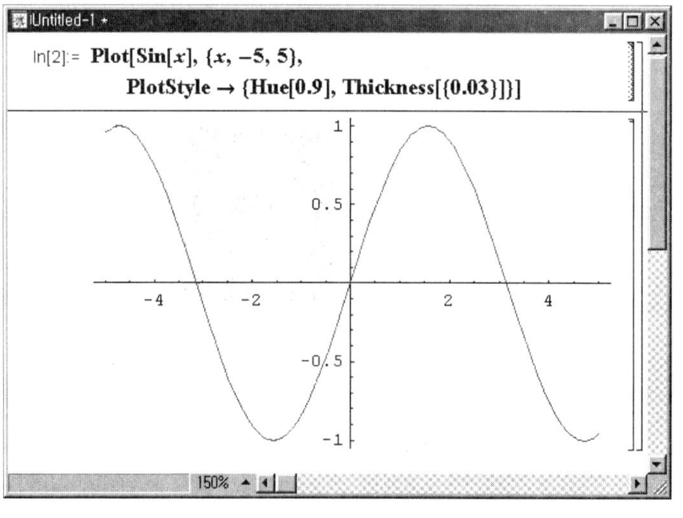

(2) 다음에, 명령어 부분을 한글 문서에 옮기고 싶으면 명령어 부분의 셀을 클릭하고 Edit - Copy As - Plain Text로 하여 복사한 것을 한글 파일의 원하는 위치에 "붙여넣기"를 한다.

(3) 마지막으로 그림 부분을 한글 파일에 넣어보자. 그림 부분의 셀을 선택한 뒤에 Edit - Save Selection As - Windows Metafile (wmf)로 하여 그림의 이름을 1.wmf로 준다.(업그레이드 버전에서는 Edit - Copy As - Metafile임)

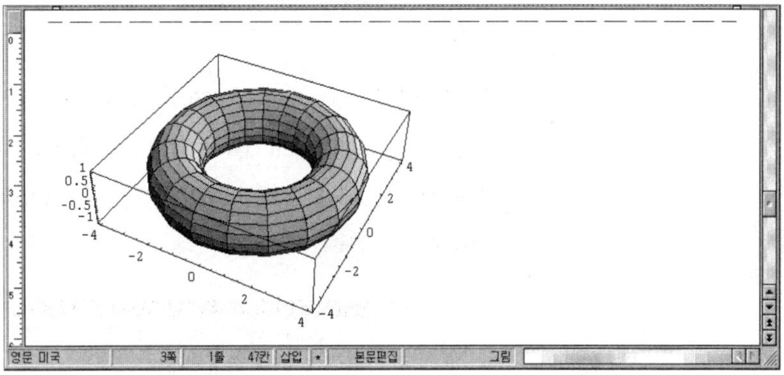

(4) 한글 파일에서 원하는 위치에 "그림넣기"를 선택하고 1.wmf를 불러온다. 그러면 원하는 위치에 그림이 옮겨진다. 또는 'Edit - Copy As - 원하는 형식'으로 바로 복사하여 한글 파일의 원하는 위치에 "붙여넣기"를 실행하여 옮긴다. 단, 그림 파일을 Save Selection As로 옮겼을 때는 한글 파일 안에서 그림크기를 마우스로 조절할 수 있지만 Copy As로 옮긴 경우에는 그림 크기가 고정되어진다.

예제 1.11.4 Mathematica 파일에서 nb 파일이 아닌 다른 파일을 연결하는 방법을 설명하여라.

풀이 현재 작업하고 있는 노트북 파일의 이름을 kim.nb라 하자. 이미 만들어 놓은 a: 안의 한 노트북 파일 1.nb을 kim.nb의 원하는 위치에서 연결하고 싶다면 다음과 같이 따라 해보자.

(1) 명령선(prompt line) 아래에 "다른 노트북 파일 연결"이라고 쓰자. 이 때, Format - Show Toolbar에서 [Input ▾]을 다른 상황([Section ▾] 등)으로 바꾸고 글자를 입력한다.

(2) "연결"을 Block으로 설정한다.

오른쪽 마우스를 눌러 Create Hyperlink를 누른다. Other notebook or URL을 선택하고 Browse에서 원하는 파일 A:\1.nb를 찾아 선택한다. 그리고 OK하면 "연결"이 Button 형태로 바뀌었음을 확인할 수 있다.

(3) kim.nb 안에서 Button 형태로 바뀐 연결 을 클릭하면 1.nb 파일이 불러짐을 확인할 수 있다.

실습문제	powerpoint로 만든 자료(.ppt)를 Mathematica 파일에서 불러오는 방법을 설명하여라.

예제 1.11.5 Mathematica 파일(.nb)을 웹문서로 바꾸어 나의 homepage에 넣는 방법을 설명하여라.

풀이 (1) 하나의 nb 파일을 만들어 File - Save As... - HTML을 선택한다.

(2) 「다른 이름으로 저장」화면이 뜨면 파일 이름을 1.html이라고 입력하고 저장한다.

(3) 1.html이 저장되어 있는 폴더에 Image 폴더와 Link 폴더가 만들어지고, 이미지 폴더에 Mathematica 화면에서 나타났던 사항이 그림 파일로 저장되어 있음을 확인할 수 있다.

나의 노트

1.12 수학과 음악

1.12.1 음악 속의 수학

위대한 음악가의 작품을 분석해 보면 수가 중요한 역할을 하는 경우가 많다. 바흐는 14와 41의 숫자를 좋아했다. 14는 그의 이름 BACH의 알파벳 순서인 2, 1, 3, 8을 합한 수이며, 41은 14에 자기 이름 첫 자 J.S. 자릿수까지 합친 것이다. 그래서 그의 걸작 오르간 미사의 한 곡에서는 독일 음계로 BA(BbA)는 14번째 마디, CH(CB)는 41번째 마디에서 나타난다.

〈바르토크〉

작곡가 바르토크는 20세기 최고의 관현악 작품의 하나로 꼽히는 그의 '현 · 타악기 · 첼리스트를 위한 음악' 에서 피보나치 수열을 교묘하게 사용하고 있다.

피보나치 수열이란 첫 두 항이 1이고, 셋째 항부터는 바로 앞 두 항의 합으로 이뤄진 수열이다. 즉, 피보나치 수열은 1, 1, 2, 3, 5, 8, 13, 21, 34, 55, 89… 로 이루어진다. '현 · 타악기 · 첼리스트를 위한 음악'이란 곡 첫 악장은 89 마디로 구성되어 있는 데 마치 산을 올라갔다가 내려오듯이 처음에는 피아니시모부터 시작해 점점 강해져 55번째 마디에서 포르테시모로 클라이맥스를 이루고 다시 피아니시모로 줄어드는 구조이다. 55마디 앞부분은 34, 21 마디 두 부분으로 나뉘고, 34마디는 다시 21, 13으로 나뉜다. 뒷부분의 34 마디도 13, 21로 나뉘어 피보나치 수열이 그대로 적용됐다. 피보나치 수열의 3항 이후의 항들은 연속한 두 항들의 비 즉, (뒤의 항)/(앞의 항)가 황금비와 근사한 값을 이루고 있다.

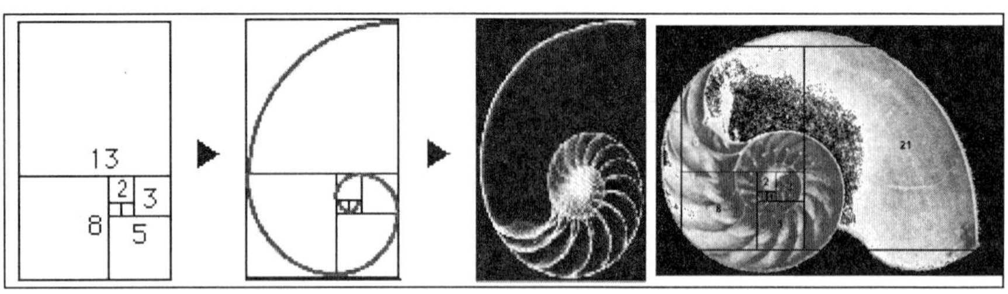

〈피보나치 수열의 원리〉

〈헨델〉

유명한 헨델의 '할렐루야'도 94 마디로 구성되어 있는 데, 황금비를 이루는 57, 58번째 마디에서 포르테시모로 클라이맥스를 이루고 다시 피아니시모로 줄어드는 구조를 갖는다. 위대한 작곡가들은 자신이 좋아하는 수를 작품에 반영하거나 미적 균형을 유지하기 위해 치밀하게 황금비와 같은 수학적 지식을 동원하고 있음을 알 수 있다.

악기의 예로서 현악기인 기타는 각 flate로부터 기타 끝까지의 각각의 거리는 공비가 $\sqrt[12]{2}=1.059\cdots$ 인 등비수열을 이루고 있으며, 건반악기인 피아노 건반의 12음계는 각 음계의 진동수가 공비 $\sqrt[12]{2}$ 인 등비수열을 이루고 있다.

1.12.2 사 례

음악의 기원은 현의 진동에서 시작된다. 음의 높낮이는 줄을 당겼을 때 생기는 공기의 진동수에 의해 결정되며, 이 때 현의 길이가 1, 2/3, 1/2,⋯ 로 짧아지면 음의 진동수는 그것의 역수 1, 3/2, 2,⋯ 로 늘어난다.

피타고라스 수열(현의 길이가 만드는 수열) 1, 2/3, 1/2, 2/5,⋯ 의 역수를 취한 수열(진동수가 만드는 수열) 1, 3/2, 2, 5/2,⋯ 은 초항이 1이고 공차가 1/2인 등차수열이므로, 피타고라스 수열은 조화수열임을 알 수 있다. 구체적으로 살펴보면, 고전적 피타고라스 음계의 진동수는 다음과 같이 구성되었다.

1) 도1에서 시작하자. 도1의 진동수를 1이라고 둔다.
2) 도2 : 도1의 진동수를 2배로 해서 도1 보다 7도 높은음을 얻는다.
   즉, 도2(1옥타브 높은 도)의 진동수는 1×2이다. 이 때 각 음계는 도1, 레, 미, 파, 솔, 라, 시, 도2로 구성되어 있다.
3) 솔 : 도1의 진동수를 3/2배해서 도1보다 4도 높은음을 얻는다.
   즉, 솔의 진동수는 $1\times3/2=3/2$이다.
4) 레 : 솔의 진동수를 3/4배해서 솔보다 3도 낮은 음을 얻는다.
   즉, 레의 진동수는 $3/2\times3/4=9/8$이다.
5) 라 : 레의 진동수를 3/2배하면 레보다 4도 높은음을 얻는다.

즉, 라의 진동수는 3/2×3/4×3/2=27/16이다.

6) 미 : 라의 진동수를 3/4배해서 라보다 3도 낮은 음을 얻는다.
즉, 미의 진동수는 3/2×3/4×3/2×3/4=81/64이다.

7) 시 : 미의 진동수를 3/2배하면 레보다 4도 높은 음을 얻는다.
즉, 시의 진동수는 3/2×3/4×3/2×3/4×3/2=243/128이다.

8) 파 : 도2의 진동수를 2/3배해서 도2보다 4도 낮은 음을 얻는다.
즉, 파의 진동수는 2×2/3=4/3이다.

따라서 고전적 피타고라스 음계의 진동수와 현의 길이는 다음과 같이 정해진다.

음계	도1	레	미	파	솔	라	시	도2
진동수	1	9/8	81/64	4/3	3/2	27/16	243/128	2
현의길이	1	8/9	64/81	3/4	2/3	16/27	243/128	1/2

피타고라스는 장력과 재질이 서로 같은 두 현을 퉁겼을 때 나오는 각 두 음은 현의 길이의 비가 2:1이면 8도, 3:2이면 5도 그리고 4:3이면 4도 음정이 난다는 사실을 발견했다. 여기에서 음정은 동시에 울리거나 연이어 울리는 두음의 높이의 간격인데, 일반적으로 '도'를 단위로 해서 음계에서 똑같은 단계에 있는 두음의 음정을 1도 음정, 한 단계 떨어져 있는 두 음의 음정을 2도 음정이라 한다. 간격이 한 단계씩 넓어짐에 따라 3도 음정, 4도 음정이라 하는데 8도 음정을 1옥타브(도1, 레, 미, 파 ,솔, 라, 시, 도2)라 부른다. 그리고 현의 길이가 간단한 정수의 비로 표현될수록 어울리는 소리가 나고, 복잡할수록 어울리지 않는다는 사실도 발견했다. 실제로 1도, 4도, 5도 음정만을 완전어울림음정이라고 한다. 따라서 현의 길이의 분모의 최소 공배수를 구한다면, 길이의 최소 단위를 구할 수 있고, 그것은 972임을 알 수 있다.

1.12.3 소리파일 만들기

피타고라스 12음계는 등비수열로 표현 되어진다. 그렇다면 과연 그 소리는 실제로 우리가 사용하는 12음계(도, 도#, 레, 레#, 미, 파, 파#, 솔, 솔#, 라, 라#, 시)와 같은 소리를 내는지 확인해 보고, 직접 12음계를 이용하여 우리가 좋아하는 음악을 Mathematica를 활용하여 작곡하여 보자.

1) 삼각함수의 소리

소리는 공기의 진동현상으로 생기는 현상이므로, 진동수 220Hz-40000Hz를 가지는 소리를 우리는 들을 수 있다. 따라서 이러한 관계를 삼각함수에 활용하여 삼각함수의 진동수, 음질 및 진폭과 소리의 관계를 알아보자.

(1) 사인함수의 소리

```
Play [ Sin[ 400x], {x, 0, 1} ]
```

삼각함수의 진동수 400을 800, 1000, 1600, ⋯ 등으로 바꾸어 소리를 들어보자. 진동수와 소리는 어떤 관계가 있는지 확인하여 보자. 이 때 $\{x, 0, 1\}$의 의미는 시간이 1초간 흐른다는 것을 의미한다.

(2) 소리의 음질은 함수가 그리는 그래프의 wave 모양과 관계가 있다. 즉, wave의 모양이 부드러울수록 좋은 소리를 낸다. 하지만 wave의 모양이 부드럽지 못하면 소음에 가까운 소리를 낸다. 다음 두 함수의 소리를 비교하여 확인해 보자.

```
Play[ Sin[1500x] , {x, 0, 1} ]
Play[ Tan[1500x] , {x, 0, 1} ]
```

(3) cosine함수는 sine함수와 같은 소리를 낸다. 왜냐하면 두 함수는 평행이동에 의해 일치하므로 같은 소리를 낸다.

```
Play[ Sin[1500x] , {x, 0, 1} ]
Play[ Cos[1500x] , {x, 0, 1} ]
```

(4) 진폭이 다른 두 sine함수의 소리를 들어보자. 시간간격을 두고 들어보면 확실히 소리의 세기가 다름을 알 수 있다. 처음 1초 동안 들리는 소리보다 그 다음 1초 동안 들리는 소리가 크게 들릴 것이다.

```
Play[Which[0 < x < 1, Sin[1000 x 2^(3/12)] Sin[1000 x 2^(3/12)] ,
  1 < x < 2, 8 Sin[1000 (x - 1) 2^(3/12)] Sin[1000 (x - 1) 2^(3/12)]],
  {x, 0, 2}]
```

여기서 시간 x가 흐르고 있으므로 1초 후에는 x 대신에 $x-1$로 그래프가 오른쪽으로 1만큼 평행이동해야 연속적인 소리를 들을 수 있다는 사실에 주의한다.

참고

version 6.0 이상에서는 위의 명령어를 다음과 같이 실행하여라.

① Sound[{ Play[Sin[1000 $\times 2^{\frac{3}{12}}$]Sin[1000 $\times 2^{\frac{3}{12}}$], {x, 0, 1}],

Play[Sin[1000 $\times (x-1)2^{\frac{3}{12}}$]Sin[1000$(x-1)2^{\frac{3}{12}}$], {$x$, 1, 2}]}]

② EmitSound[{ Play[Sin[1000 $\times 2^{\frac{3}{12}}$]Sin[1000 $\times 2^{\frac{3}{12}}$], {x, 0, 1}],

Play[Sin[1000 $\times (x-1)2^{\frac{3}{12}}$]Sin[1000$(x-1)2^{\frac{3}{12}}$], {$x$, 1, 2}]}]

2) 피타고라스 음계

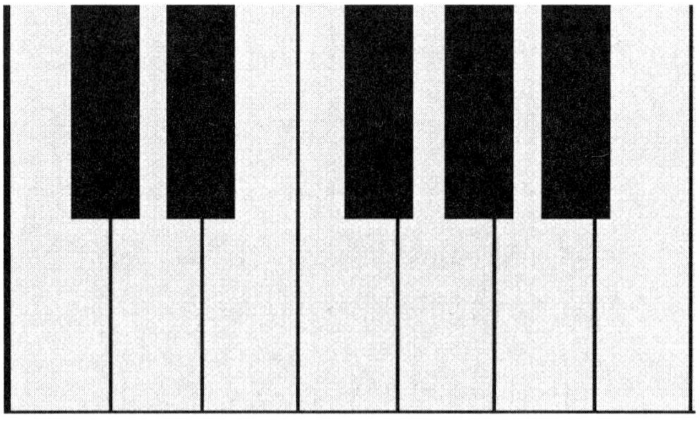

음계	도	레	미	파	솔	라	시	도
진동수의 비	$2^{\frac{0}{12}}$	$2^{\frac{2}{12}}$	$2^{\frac{4}{12}}$	$2^{\frac{5}{12}}$	$2^{\frac{7}{12}}$	$2^{\frac{9}{12}}$	$2^{\frac{11}{12}}$	$2^{\frac{12}{12}}$

피타고라스 12음계는 위 흰 건반의 7음계에다 검은 건반까지 넣은 12음계를 말하며, 각 음계간 진동수의 비를 $\sqrt[12]{2}$ 로 정했다. 즉, 진동수의 비는 초항이 1이고 공비가 $\sqrt[12]{2}$ 인 등비수열을 이룬다.

(1) sine, cosine함수가 아름다운 소리를 낸다는 사실을 음계를 들어서 확인해 보자.

① sine 함수를 사용한 도, 미, 솔의 소리

```
Play[Which[0 < x < 1, Sin[1000 x 2^(0/12)]^2 / e^(x 2^(0/12)),
           1 < x < 2, Sin[1000 (x - 1) 2^(4/12)]^2 / e^((x-1) 2^(4/12)),
           2 < x < 3, Sin[1000 (x - 2) 2^(7/12)]^2 / e^((x-2) 2^(7/12))],
  {x, 0, 3}];
```

참고

version 6.0 이상에서는 Play문 안의 Which문은 사용불가능하므로 앞의 참고에 따라 위의 ①을 Sound 또는 EmitSound와 Play를 사용하여 프로그래밍하여야 한다.

② cos 함수를 사용한 도, 미, 솔의 소리

```
Play[Which[0 < x < 1, Cos[1000 x 2^(0/12)]^2 / e^(x 2^(0/12)),
           1 < x < 2, Cos[1000 (x - 1) 2^(4/12)]^2 / e^((x-1) 2^(4/12)),
           2 < x < 3, Cos[1000 (x - 2) 2^(7/12)]^2 / e^((x-2) 2^(7/12))],
  {x, 0, 3}];
```

③ 각 음계의 소리를 함수 e^x로 나눈 이유는 무엇일까?

(2) 소리의 여운을 주는 방법이 있을까?
지수함수와 로그함수를 사용한 "도"와 사용하지 않은 "도"의 소리를 비교해 보자.

① 도의 소리

```
Play[ Sin[1000 x 2^(0/12)]^2 , {x, 0, 2} ]
```

② 분모를 $e^x(0 \le x \le 2)$ 로 나눈 도의 소리

```
Play[ Sin[1000 x 2^(0/12)]^2 / e^x , {x, 0, 2}]
```

지수함수 e^x =exp(x)를 사용한 "도"와 사용하지 않은 "도"의 소리를 비교해볼 때, 지수함수로 sine 함수를 나누면 소리가 점점 작아짐을 알 수 있다. 즉 x의 변할 때 exp(x) $(0 < x \le 1)$는 함숫값이 커지는 함수임을 알 수 있다. 따라서, 함수 exp(x)로써 주어진 sine 함수를 나누면 소리가 작아지는 효과음을 만들 수 있다. 그러므로 함수 exp(x)로써 주어진 함수 $\sin x$를 나눈 소리는 피아노 건반을 두드리고 손을 떼면 그 여운이 남는 듯한 음을 만든다.

실습문제

(1) 인제대학교 창의력교육센터 홈페이지(http://ecc.inje.ac.kr)의 [자료실 → 생각하는수학시리즈 → Mathematica(7권)]을 로그인하여, 학생들이 작곡하여 올려 놓은 음악파일들을 다운받아 그 파일을 분석해보고 실행해 보아라.
(2) 주기함수를 이용하여 독자가 좋아하는 음악을 작곡해 보아라.

Chapter 2

일차함수

이 장에서는 일차함수를 학습하는데 도움이 되는 교수·학습 자료를 제공하기 위해 각 예제를 워크시트 형태로 구성하여 직접보고 그리면서 학습할 수 있도록 만들었다.

2.1 일차함수

2.1.1 정비례

x의 값이 2배, 3배, 4배,…가 될 때, y의 값도 2배, 3배, 4배,…가 된다면, y는 x에 **정비례**한다고 한다.

예제 2.1.1 $y=2x$, $y=\frac{1}{2}x$, $y=-4x$, $y=3x+1$의 대응표를 만들어보자.

(1) 네 개의 관계식의 각 대응표를 만들고, x의 값이 2배, 3배, 4배,…가 될 때, y의 값도 2배, 3배, 4배,…가 되는지 확인하여 보자.

(2) 네 개의 관계식 중 정비례하는 것과 아닌 것을 구분해보자.

(3) 정비례 관계식의 특징은 무엇인가?

풀이

```
TableForm[ Table[ {x, 2x, 1/2 x, -4x, 3x + 1}, {x, -5, 5} ],
  TableHeadings -> {{" "}, {"x의 값", "2x", "1/2 x",
                      "-4x", "3x+1"}},
  TableAlignments -> Center ]
```

x의 값	2x	$\frac{1}{2}$x	-4x	3x+1
-5	-10	$-\frac{5}{2}$	20	-14
-4	-8	-2	16	-11
-3	-6	$-\frac{3}{2}$	12	-8
-2	-4	-1	8	-5
-1	-2	$-\frac{1}{2}$	4	-2
0	0	0	0	1
1	2	$\frac{1}{2}$	-4	4
2	4	1	-8	7
3	6	$\frac{3}{2}$	-12	10
4	8	2	-16	13
5	10	$\frac{5}{2}$	-20	16

실습문제 (1) 각 행에 대한 이름을 번호 1, 2, ⋯, 11로 주어 예제 2.1.1의 Table을 다시 만들어라.
(2) Table 정렬 방식을 Right로 해서 예제 2.1.1과 같은 표를 만들어라.

2.1.2 반비례

x의 값이 2배, 3배, 4배,⋯가 될 때, y의 값은 $\frac{1}{2}$배, $\frac{1}{3}$배, $\frac{1}{4}$배,⋯가 된다면, y를 x에 **반비례**한다고 한다.

예제 2.1.2 $y=\frac{2}{x}$, $y=\frac{1}{2x}$, $y=\frac{x}{3}$, $y=\frac{3}{x}+1$의 대응표를 만들어보자.

(1) 네 개의 관계식의 각 대응표를 만들고, x의 값이 2배, 3배, 4배,⋯가 될 때, y의 값은 $\frac{1}{2}$배, $\frac{1}{3}$배, $\frac{1}{4}$배⋯가 되는지 확인하여 보자.
(2) 네 개의 관계식 중 반비례하는 것과 아닌 것을 구분해보자.
(3) 반비례 관계식의 특징은 무엇인가?

풀이

$$\text{TableForm[Table[\{x, } \frac{2}{x}, \frac{1}{2x}, \frac{x}{3}+1\text{\}, \{x, 1, 5\}],}$$

$$\text{TableHeadings -> \{\{""\}, \{"x의 값", "}\frac{2}{x}\text{", "}\frac{1}{2x}\text{",}$$

$$\text{"}\frac{x}{3}\text{", "}\frac{3}{x}+1\text{"\}\},}$$

$$\text{TableAlignments -> Center]}$$

x의 값	$\frac{2}{x}$	$\frac{1}{2x}$	$\frac{x}{3}$	$\frac{3}{x}+1$
1	2	$\frac{1}{2}$	$\frac{1}{3}$	4
2	1	$\frac{1}{4}$	$\frac{2}{3}$	$\frac{5}{2}$
3	$\frac{2}{3}$	$\frac{1}{6}$	1	2
4	$\frac{1}{2}$	$\frac{1}{8}$	$\frac{4}{3}$	$\frac{7}{4}$
5	$\frac{2}{5}$	$\frac{1}{10}$	$\frac{5}{3}$	$\frac{8}{5}$

실습문제 예제 2.1.2의 Table에서 사용한 옵션들을 바꾸거나 추가하여 대응표를 다시 만들어 보아라.

나의 노트

2.2 함수의 그래프

2.2.1 순서쌍과 좌표

예제 2.2.1 순서쌍 A(−1, 4), B(2, 7), C(−3, 5), D(1, $-\frac{5}{2}$)를 좌표평면 위에 나타내어 보자.

(1) 좌표평면 위의 네 점들 중에서 어떤 것이 점 A(−1,4)를 나타내는가?

(2) 순서쌍을 좌표평면에 나타내는 방법을 말하여보자.

풀이

```
ListPlot[ {{-1, 4}, {2, 7}, {-3, 5}, {1, -5/2}},
    PlotRange -> {{-5, 5}, {-8, 8}},
    PlotStyle -> {PointSize[0.03], Hue[1]},
    AspectRatio -> Automatic, ImageSize -> 200,
    AxesStyle -> Thickness[0.01],
    GridLines -> {{-5, -4, -3, -2, -1, 1, 2, 3, 4, 5},
      {-8, -7, -6, -5, -4, -3, -2, -1, 1, 2, 3, 4, 5, 6, 7, 8}} ]
```

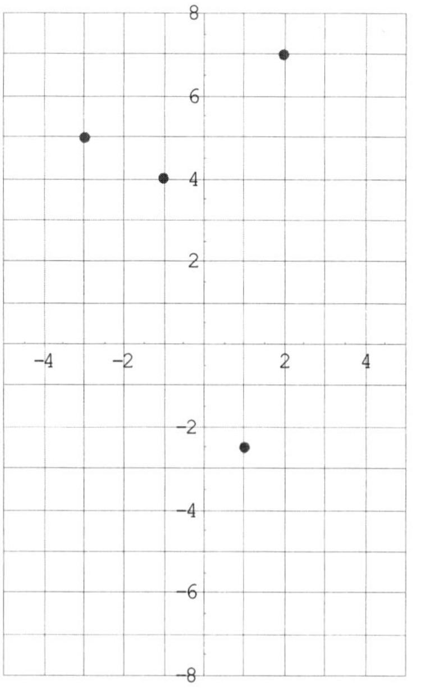

실습문제 예제 2.2.1에서 주어진 명령어 GridLines의 x좌표들, y좌표들을 Table 문을 써서 나타내어라.

예제 2.2.2 임의의 순서쌍을 좌표평면 위에 나타내어 보자.

풀이

```
P[a_, b_] := ListPlot[ {a, b},
        PlotRange -> {{-5, 5}, {-5, 5}},
        PlotStyle -> {PointSize[0.03], Hue[1]},
        AspectRatio -> Automatic, ImageSize -> 200,
        AxesStyle -> {Thickness[0.01]},
        GridLines -> {Table[k, {k, -5, 5}], Table[j, {j, -5, 5}]} ]
```

```
P[2, -3]
```

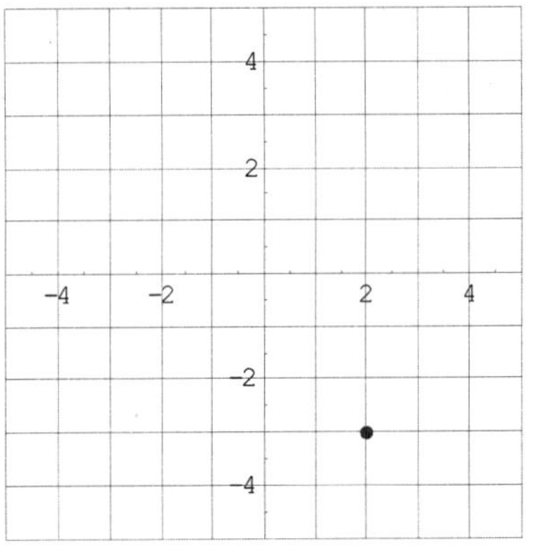

실습문제 임의의 점 (a,b)를 입력받아 점 (a,b), 점 (a,b)의 x축 대칭인 점, y축 대칭인 점, 원점 대칭인 점을 한 평면에 나타내어라. 이 때 입력받은 점 (a,b) 옆에는 "점"이라는 글자가 나타나도록 하여라.

예제 2.2.3 위의 예제 2.2.2를 이용하여 좌표평면에 점 $(-6,\ 3)$을 나타내어보자.

(1) 점 $(-6,\ 3)$이 좌표평면 위에 나타나지 않는 이유를 생각해보자.

(2) 점 $(-6,\ 3)$이 좌표평면 위에 나타내고자 한다면 예제 2.2.2의 풀이를 어떻게 고쳐야 하는가?

풀이

```
P[-6, 3]
```

그림은 생략함.

2.2.2 함수 $y=x$의 그래프

예제 2.2.4 $X=\{-2,-1,0,1,2\}$를 정의역으로 하는 함수 $f(x)=x$의 그래프를 그려보자.

풀이 ① X의 각 원소 x와 그의 함숫값 $f(x)$로 이루어진 순서쌍 $(x,f(x))$의 집합을 구하여보자.

```
alist = Table[ {x, x}, {x, -2, 2} ]
```

{{-2, -2}, {-1, -1}, {0, 0}, {1, 1}, {2, 2}}

② $X=\{-2,-1,0,1,2\}$를 정의역으로 하는 함수 $y=x$의 그래프를 그려보자.

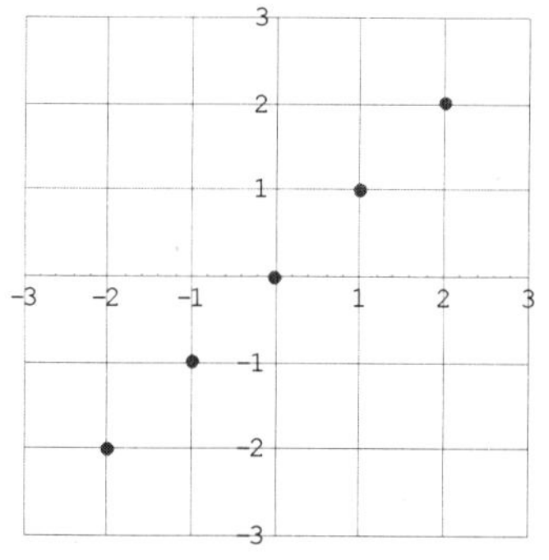

예제 2.2.5 정의역의 각 원소 x의 간격을 점점 작게 하여 함수 $y=x$의 그래프를 그려보자.

(1) 정의역 X의 간격이 줄어들수록 함수 $y=x$의 그래프는 어떻게 되는가?

(2) 그렇다면, 정의역과 공역이 실수 전체의 집합일 때, 함수 $y=x$의 그래프를 예상하여 보자.

풀이

```
Table[ ListPlot[ Table[ {x, x}, {x, -2, 2, 1/2^n}],
          PlotStyle -> {PointSize[0.025], Hue[1]},
          ImageSize -> 200,
          AspectRatio -> Automatic,
          GridLines -> {{-2, -1, 1, 2}, {-2, -1, 1, 2}}],
               {n, 0, 3} ]
```

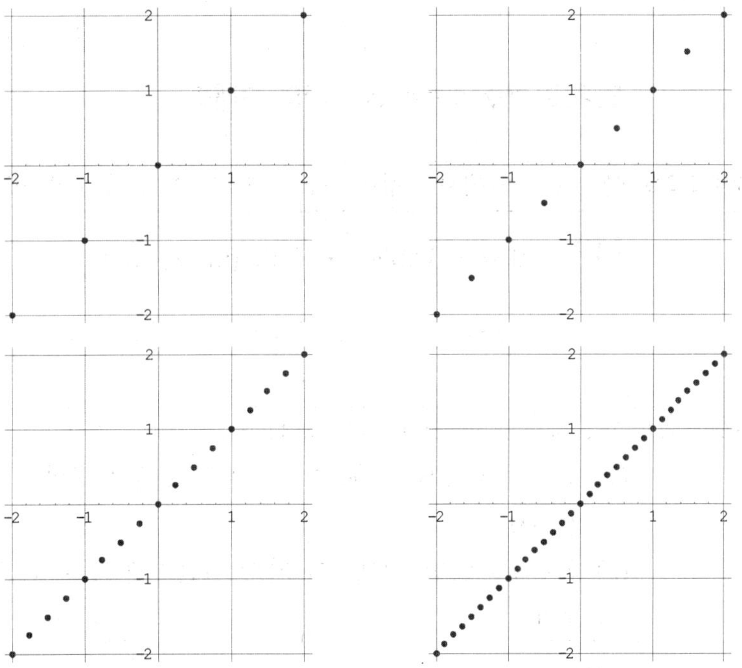

참고

6.0 이상 버전에서는 그림의 애니메이션을 주기 위해 사용한 명령어 Table을 Manipulate로 바꾸어라.

```
Plot[ x, {x, -2, 2},
    PlotStyle -> {Hue[1], Thickness[0.015]},
    AspectRatio -> Automatic, ImageSize -> 150,
    GridLines -> {{-2, -1, 1, 2}, {-2, -1, 1, 2}} ]
```

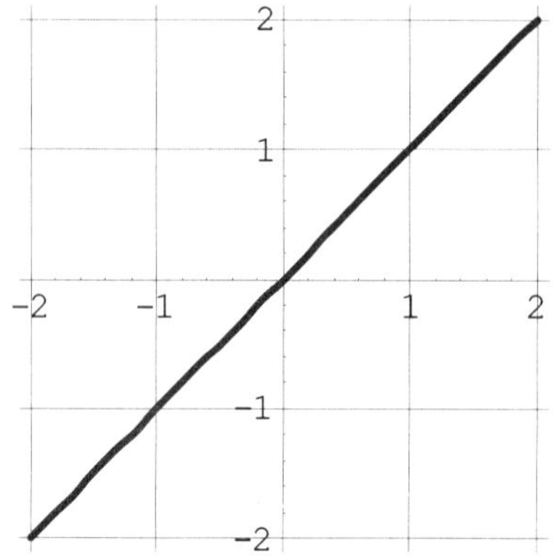

2.2.3 함수 $y=ax(a\neq 0)$의 그래프

예제 2.2.6 함수 $y=2x$에서 x 값이 -2, -1, 0, 1, 2일 때의 함숫값을 구하여보자.

풀이

```
alist = Table[ {x, 2x}, {x, -2, 2} ]
```

```
{{-2, -4}, {-1, -2}, {0, 0}, {1, 2}, {2, 4}}
```

예제 2.2.7 함수 $y=2x$의 그래프를 그려보자.

(1) 함수 $y=2x$의 그래프가 예제 2.2.6에서 구한 순서쌍들을 지나는지 살펴보자.

(2) 함수 $y=2x$의 그래프를 가장 간단하게 그릴 수 있는 방법을 생각해 보자.

풀이

```
Plot[ 2x, {x, -2, 2},
    PlotStyle -> {Hue[1], Thickness[0.02]},
    AspectRatio -> Automatic, ImageSize -> 150,
    Epilog -> {{PointSize[0.04], Point[{-2, -4}]},
               {PointSize[0.04], Point[{-1, -2}]},
               {PointSize[0.04], Point[{0, 0}]},
               {PointSize[0.04], Point[{1, 2}]},
               {PointSize[0.04], Point[{2, 4}]}},
  GridLines -> {{-2, -1, 1, 2}, Table[k, {k, -4, 4}]} ]
```

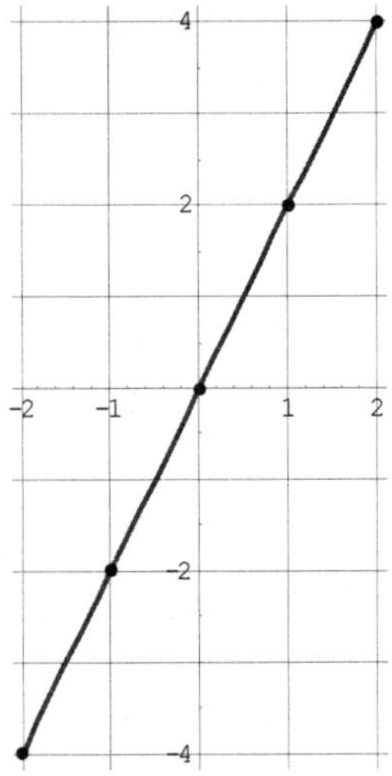

예제 2.2.8 함수 $y = ax \ (a \neq 0)$의 그래프가 a값에 따라 어떻게 변하는지 관찰하여 보자.

풀이 그래프의 관찰을 위해 파란색으로 함수 $y = x$의 그래프가 그려지고, 붉은색으로 함수 $y = ax$의 그래프가 a값에 따라 변하는 애니메이션 형태로 나타난다.

```
Table[ Plot[ {x, a x}, {x, -2, 2},
       PlotStyle -> {{Hue[0.6], Thickness[0.01]},
                     {Hue[1], Thickness[0.02]}},
       PlotRange -> {{-2, 2}, {-2, 2}},
       AspectRatio -> Automatic,
       ImageSize -> 200,
       GridLines -> Automatic,
       PlotLabel ->" y=(" <> ToString[a] <> ")x" ,
            {a, -5, 5, 0.5} ]
```

아래 결과는 실행된 그림 중 일부만 실었음.

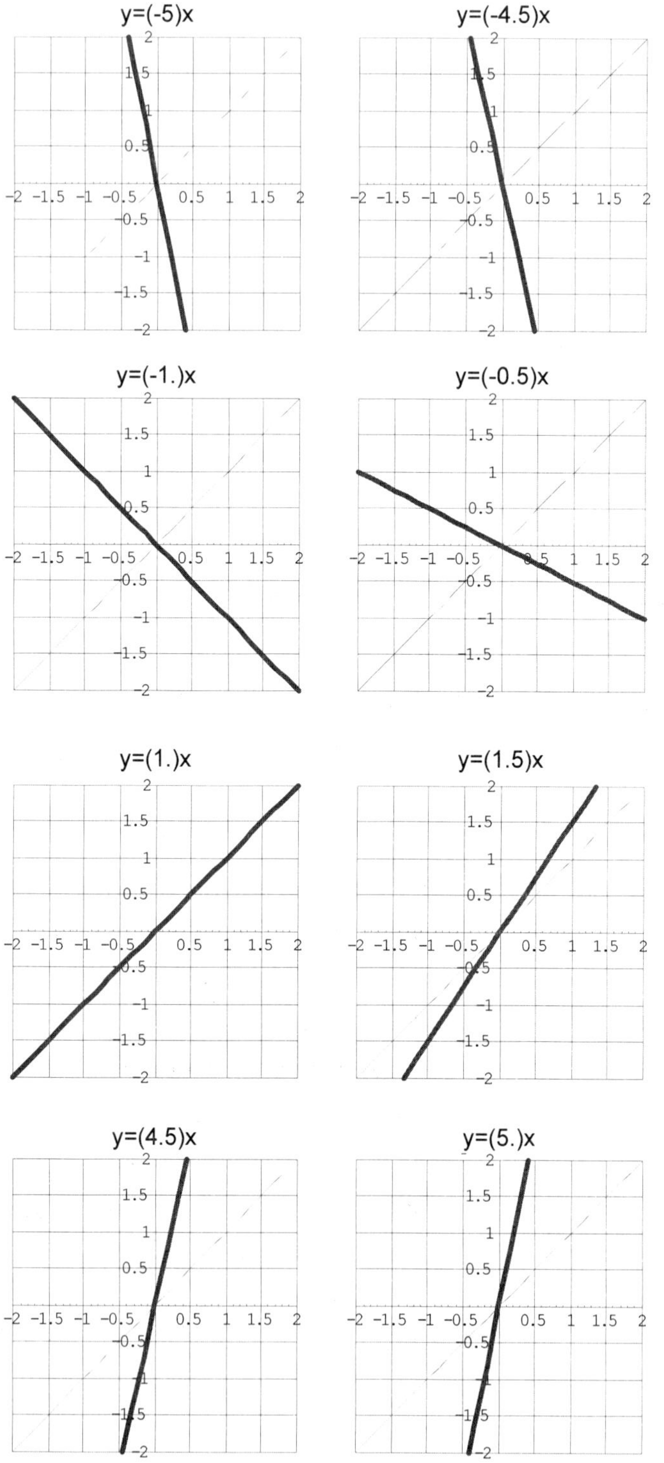
y=(-5)x
y=(-4.5)x
y=(-1.)x
y=(-0.5)x
y=(1.)x
y=(1.5)x
y=(4.5)x
y=(5.)x

주의 version 6.0 이상에서 그래프의 animation 구현하는 명령어 Table은 Manipulate로 변경되었다. Manipulate로 바꾸어 위의 프로그램을 실행해 보아라.

생각할 문제

(1) 위 그래프들의 특징은 무엇인가?

(2) 위 그래프들의 특징을 공통점과 차이점으로 나누어 정리해보자.

- 공통점 :
- 차이점 :

예제 2.2.9 함수 $y = ax(a \neq 0)$의 그래프를 a값이 양일 때와 음일 때로 나누어 관찰하여 보자. 함수 $y = ax$의 그래프와 함수 $y = -ax$의 그래프는 어떤 관계가 있는가?

풀이

```
Do[
  Plot[ {a*x, -a*x}, {x, -2, 2},
    PlotRange -> {{-2, 2}, {-2, 2}},
    PlotStyle -> {{Thickness[0.015], Hue[0.6]},
                  {Thickness[0.015], Hue[1]}},
    AspectRatio -> Automatic, ImageSize -> 200,
    AxesStyle -> Thickness[0.01],
    GridLines -> Automatic,
    Epilog -> {Text["a=" <> ToString[a], {1.2, 1.7}],
           Text["a=" <> ToString[-a], {-1.2, 1.7}]}] ,
             {a, 1, 5, 0.5} ]
```

주의 version 6.0 이상에서는 위에 사용한 명령어 Do를 Manipulate로 바꾸어 사용하여라.

실행된 그림 중 일부만 실었음.

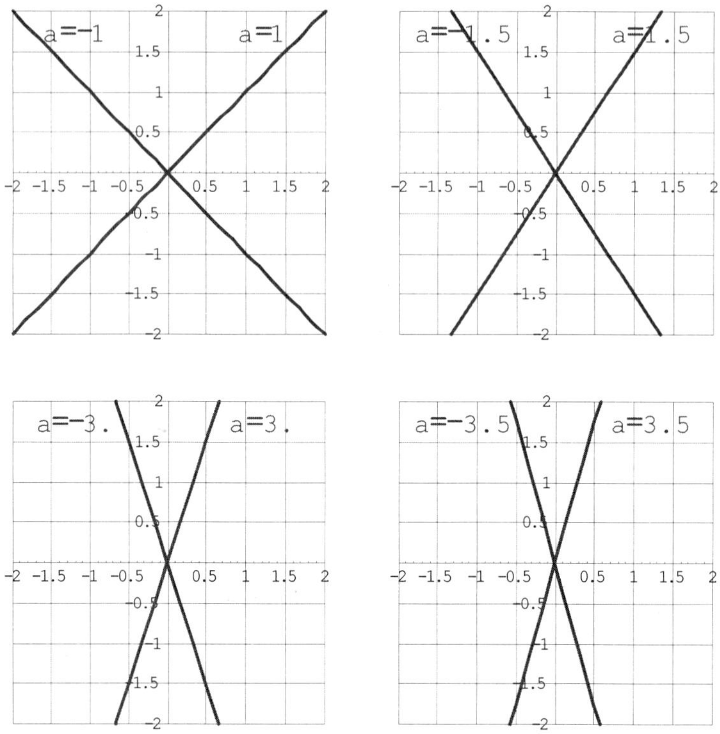

예제 2.2.10 함수 $y=ax$의 그래프의 특징을 정리하여 보자.

(1) 함수 $y=ax$의 그래프는 (　　)을 지나는 (　　)이다.

(2) $a>0$일 때, 함수 $y=ax$의 그래프는 오른쪽 (　　)로 향하는 직선이다.

$a<0$일 때, 함수 $y=ax$의 그래프는 오른쪽 (　　)로 향하는 직선이다.

(3) 함수 $y=ax$의 그래프와 $y=-ax$의 그래프는 서로 (　　) 대칭이다.

(4) a의 절대값이 클수록 그래프의 모양이 (　　)축에 가까워진다.

예제 2.2.11 0이 아닌 임의의 a에 대한 함수 $y=ax$의 그래프를 그려봄으로써 위 예제 2.2.10에서 관찰한 내용을 확인하여 보자.

풀이 ① 그래프의 관찰을 위해 파란색으로 함수 $y=x$의 그래프와 함수 $y=-x$의 그래프가 그려지고, 붉은색으로 a값이 주어진 함수 $y=ax$의 그래프가 그려진다.

```
g1[a_] := Plot[ {x, -x, a*x}, {x, -2, 2},
            PlotRange -> {{-2, 2}, {-2, 2}},
            PlotStyle -> {{Hue[0.6], Thickness[0.015]},
                         {Hue[0.6], Thickness[0.015]},
                         {Hue[1], Thickness[0.02]}},
            AspectRatio -> Automatic, ImageSize -> 200,
            AxesStyle -> Thickness[0.01],
            GridLines -> Automatic ]
```

② 함수 $y=x$, $y=-x$의 그래프와 비교하여 $y=\frac{2}{3}x$, $y=-\frac{5}{2}x$의 그래프를 예상해보자. $y=\frac{2}{3}x$, $y=-\frac{5}{2}x$의 그래프를 그려 예상한 결과를 확인해보아라.

```
g1[2/3]
```

```
g1[-5/2]
```

ⓐ

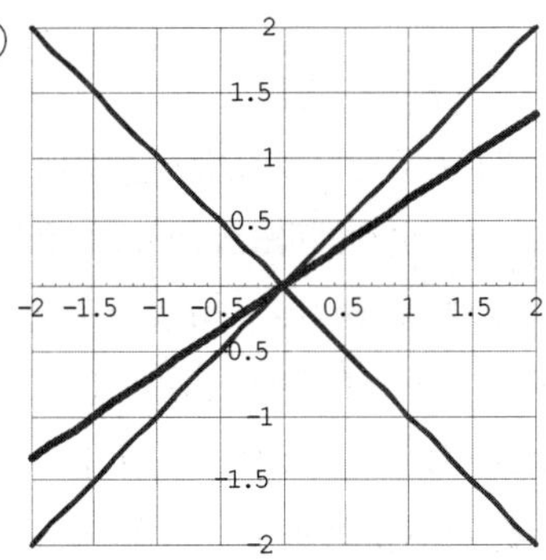

ⓑ

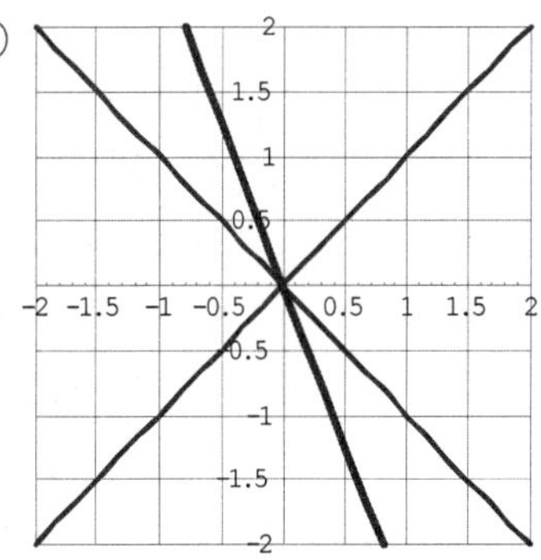

③ 함수 $y=\frac{2}{3}x$, $y=-\frac{5}{2}x$의 그래프를 위의 ⓐ, ⓑ에서 찾아보자.

2.2.4 일차함수 $y=ax+b$의 그래프

예제 2.2.12 일차함수 $y=2x$와 $y=2x+3$의 그래프 사이의 관계를 알아보자.

(1) 일차함수 $y=2x$와 $y=2x+3$의 대응표를 비교해보자.

① 일차함수 $y=2x$와 $y=2x+3$의 함숫값 사이에는 어떤 대응 관계가 있는가?

② 대응표로부터 두 함수의 그래프를 예상해보자.

풀이

```
TableForm[ Table[ {x, 2x, 2x + 3}, {x, -3, 3} ],
    TableHeadings -> {{""}, {"x의 값", "2x", "2x+3"}},
    TableAlignments -> Center ]
```

x의 값	2x	2x+3
-3	-6	-3
-2	-4	-1
-1	-2	1
0	0	3
1	2	5
2	4	7
3	6	9

(2) (1)에서 구한 순서쌍을 이용하여 일차함수 $y=2x$와 $y=2x+3$의 그래프를 그려보자.

```
Plot[ {2x, 2x + 3}, {x, -3, 3},
    PlotStyle -> {{Hue[0.6], Thickness[0.02]},
                  {Hue[1], Thickness[0.02]}},
    AspectRatio -> Automatic, ImageSize -> 150,
    Epilog -> {{PointSize[0.04], Point[{-3, -3}]},
        {PointSize[0.04], Point[{-2, -1}]},
        {PointSize[0.04], Point[{-1, 1}]},
        {PointSize[0.04], Point[{0, 3}]},
        {PointSize[0.04], Point[{1, 5}]},
        {PointSize[0.04], Point[{2, 7}]},
        {PointSize[0.04], Point[{3, 9}]},
        {PointSize[0.04], Point[{-3, -6}]},
```

```
    {PointSize[0.04], Point[{-2, -4}]},
    {PointSize[0.04], Point[{-1, -2}]},
    {PointSize[0.04], Point[{0, 0}]},
    {PointSize[0.04], Point[{1, 2}]},
    {PointSize[0.04], Point[{2, 4}]},
    {PointSize[0.04], Point[{3, 6}]}},
GridLines -> {{-3, -2, -1, 1, 2, 3}, {-6, -5, -4, -3,
              -2, -1, 1, 2, 3, 4, 5, 6, 7, 8, 9}} ]
```

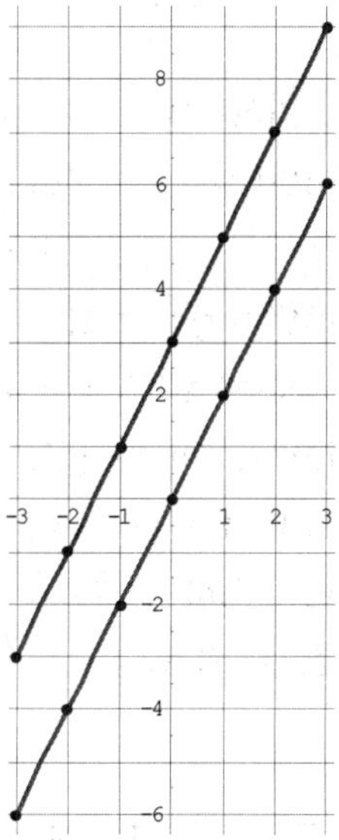

생각할 문제

(1) 일차함수 $y=2x$와 $y=2x+3$의 그래프는 어떤 관계가 있는가?

(2) 일차함수 $y=2x$와 $y=2x+3$의 그래프의 기울기는 어떠한가?

(3) 일차함수 $y=2x$와 $y=2x+3$의 그래프 위의 점들 사이에는 어떤 관계가 있는가?

(4) 일차함수 $y=2x+3$의 그래프는 $y=2x$의 그래프를 (　　) 방향으로 (　　)만큼 평행이동한 것이다.

실습문제 예제 2.2.12의 풀이에서 주어진 프로그램의 GridLines에 들어간 좌표를 Table문을 사용하여 표현해 보아라.

예제 2.2.13 일차함수 $y=x+b$의 그래프가 b값에 따라 어떻게 변하는지 관찰하여 보자.

풀이 그래프의 관찰을 위해 파란색으로 함수 $y=x$의 그래프가 그려지고, 붉은색으로 함수 $y=x+b$의 그래프가 b의 변화에 따라 애니메이션 형태로 나타난다.

```
Table[ Plot[ {x, x + b}, {x, -2, 2},
    PlotStyle -> {{Hue[0.6], Thickness[0.015]},
                  {Hue[1], Thickness[0.02]}},
    PlotRange -> {{-2, 2}, {-2, 2}},
    AspectRatio -> Automatic, ImageSize -> 200,
    PlotRange -> {-2, 2},
    GridLines -> Automatic,
    PlotLabel -> " y=x+(" <> ToString[b] <> ") " ,
 {b, -2, 2, 0.5} ]
```

실행된 그림 중 아래에 일부만 싣는다.

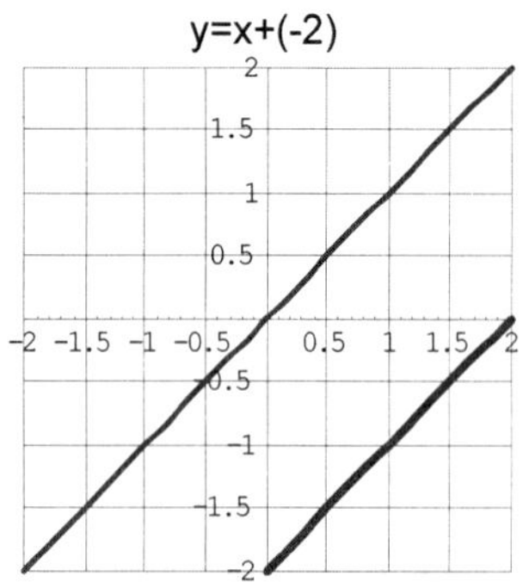

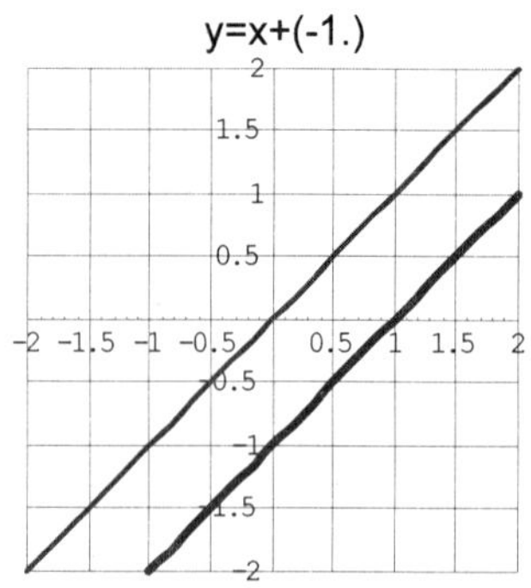

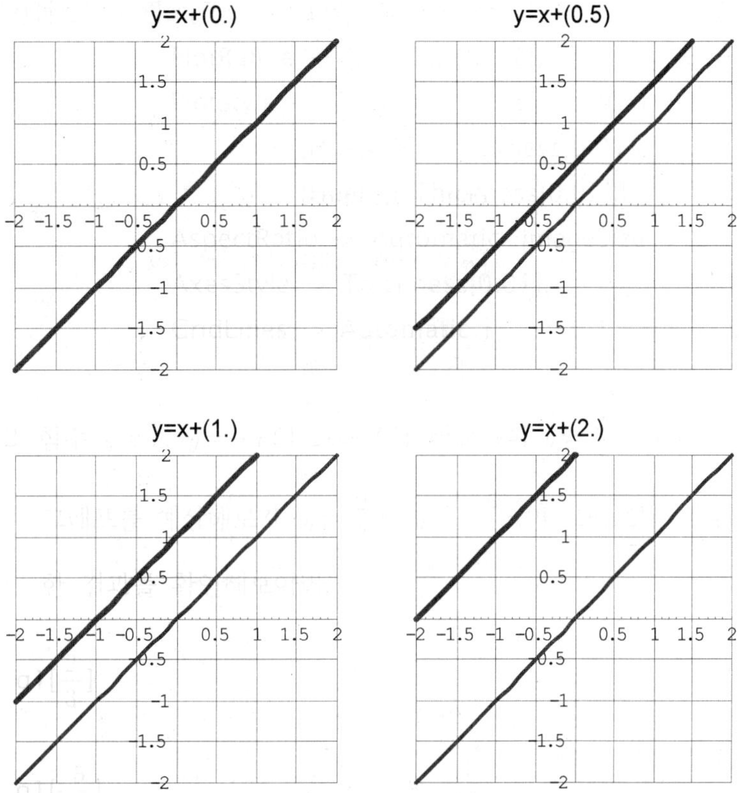

생각할 문제

(1) 위의 예제 2.2.13의 그래프를 보고 관찰한 내용을 정리해 보자.

(2) b의 값은 함수 $y=x+b$의 그래프에 어떤 영향을 미치는가?

예제 2.2.14 일차함수 $y=ax$와 $y=ax+b$의 그래프 사이의 관계를 확인하여 보자.

풀이 (1) 일차함수 $y=\frac{1}{2}x-3$의 그래프는 $y=\frac{1}{2}x$의 그래프와 어떤 관계가 있을지 예상해 보자.

(2) 일차함수 $y=\frac{1}{2}x$와 $y=\frac{1}{2}x-3$의 대응표를 살펴보자.

```
TableForm[ Table[ {x, 1/2 x, 1/2 x + 3}, {x, -3, 3} ],
    TableHeadings -> {{""}, {"x의 값", "1/2 x", "1/2 x-3"}},
    TableAlignments -> Center ]
```

x의 값	$\frac{1}{2}$ x	$\frac{1}{2}$ x-3
-3	-1.5	-4.5
-2	-1.	-4.
-1	-0.5	-3.5
0	0	-3
1	0.5	-2.5
2	1.	-2.
3	1.5	-1.5

① x의 각 값에 대하여 $y=\frac{1}{2}x-3$의 값과 $y=\frac{1}{2}x$의 값 사이에는 어떤 관계가 있는가?

(3) 일차함수 $y=\frac{1}{2}x$와 $y=\frac{1}{2}x-3$의 그래프를 살펴보자.

① 임의의 a, b에 대하여 $y=ax+b$의 그래프를 그려주는 함수 g2를 만든다.

```
g2[a_, b_] := Plot[ {a*x, a*x + b}, {x, -3, 3},
        PlotRange -> {{-3, 3}, {-5, 2}},
        PlotStyle -> {{Hue[0.6], Thickness[0.015]},
                 {Hue[1], Thickness[0.02]}},
        AspectRatio -> Automatic, ImageSize -> 200,
        AxesStyle -> Thickness[0.01],
        GridLines -> Automatic ]
```

② 그래프의 관찰을 위해 파란색으로 함수 $y=ax$의 그래프가 그려지고, 붉은색으로 함수 $y=ax+b$의 그래프가 그려진다.

```
g2[1/2, -3]
```

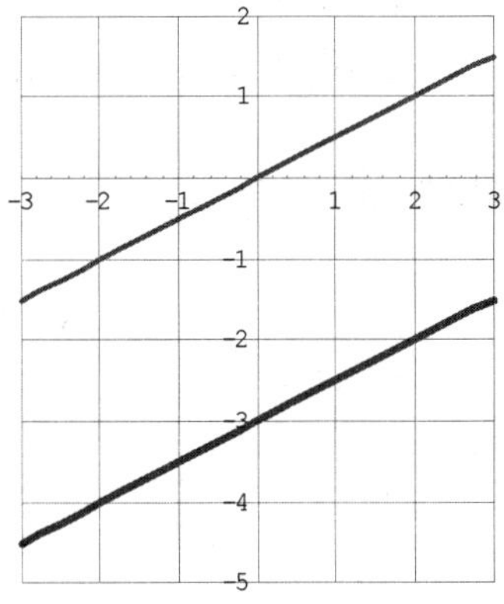

생각할 문제

(1) 일차함수 $y=\frac{1}{2}x-3$의 그래프와 $y=\frac{1}{2}x$의 그래프의 기울기는 어떠한가?

(2) 일차함수 $y=\frac{1}{2}x$와 $y=\frac{1}{2}x-3$의 그래프 위의 점들 사이에는 어떤 관계가 있는가?

(3) 일차함수 $y=\frac{1}{2}x-3$의 그래프는 $y=\frac{1}{2}x$의 그래프를 (　　)의 방향으로 (　　　)만큼 평행이동한 것이다.

예제 2.2.15 임의의 a,b에 대하여 일차함수 $y=ax+b$의 그래프를 그려보자.

풀이 (1) 임의의 a,b에 대하여 $y=ax+b$의 그래프를 그려주는 g3을 만든다.

```
g3[a_, b_] := Plot[ a x + b, {x, -4, 4},
    PlotRange -> {{-4, 4}, {-4, 4}},
    PlotStyle -> {Hue[1], Thickness[0.015]},
    AspectRatio -> Automatic, ImageSize -> 200,
    GridLines -> Automatic,
    PlotLabel -> " y=(" <> ToString[a] <> ")x+
       (" <> ToString[b] <> ") " ]
```

(2) 일차함수 $y=-2x+3$의 그래프를 그려보자.

① 일차함수 $y=-2x+3$의 그래프는 어떤 점들을 지날지 예상해보자.

② 일차함수 $y=-2x+3$의 그래프를 그려 확인해보자.

```
g3[-2, 3]
```

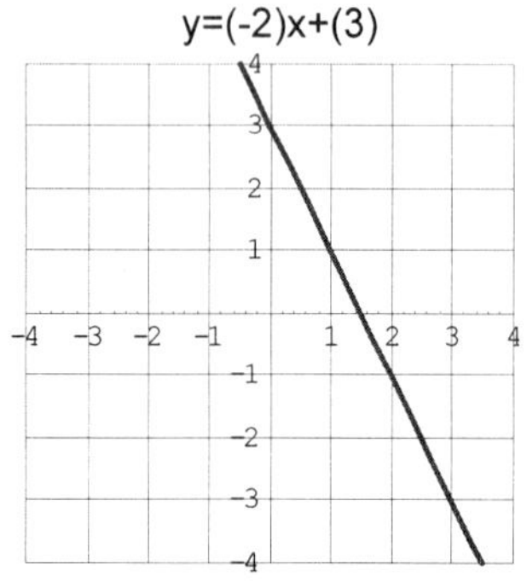

형성평가

1. 일차함수 $y=-2x+3$의 그래프에 대한 설명이다. 틀린 것을 모두 고르시오.

① 일차함수 $y=-2x-5$의 그래프의 그래프와 평행하다.

② 일차함수 $y=-2x+3$의 그래프는 $y=-2x$의 그래프를 y축 양의 방향으로 3만큼 평행이동한 그래프이다.

③ 점 (1, 1)을 지난다.

④ y축과 점 $(0, 3)$에서 만난다.

⑤ 제 3사분면을 지나지 않는다.

⑥ 일차함수 $y=-3x+3$의 그래프보다 y축에 더 가깝다.

⑦ 일차함수 $y=2x+3$의 그래프와 y축 대칭이다.

2. 일차함수 $y=-2x+3$의 그래프를 그려 확인해보자.

① 그래프의 관찰을 위해 붉은색으로 함수 $y=-2x+3$의 그래프, 파란색으로 함수 $y=2x+3$의 그래프, 초록색으로 함수 $y=-3x+3$의 그래프가 그려진다.

```
Plot[ {-2x + 3, -3x + 3, 2x + 3}, {x, -4, 4},
    PlotRange -> {{-4, 4}, {-2, 8}},
    PlotStyle -> {{Hue[1], Thickness[0.015]},
                  {Hue[0.4], Thickness[0.015]},
                  {Hue[0.6], Thickness[0.015]}},
    AspectRatio -> Automatic, ImageSize -> 200,
    GridLines -> {{-4, -3, -2, -1, 1, 2, 3, 4},
                  {-2, -1, 1, 2, 3, 4, 5, 6, 7, 8}} ]
```

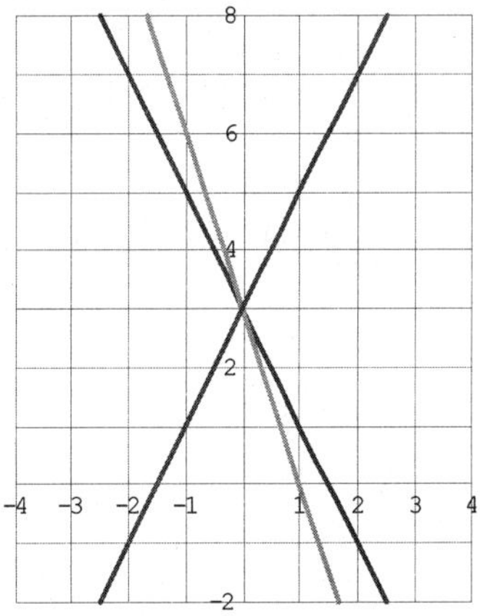

② ①에서 그린 세 그래프를 비교해 보고, ①에서 그린 그래프 외에도 다양한 일차함수의 그래프를 그려보아라.

나의 노트

2.3 연습문제

[1~2] 아래 그림은 일차함수 $y = ax$의 그래프들이다. 물음에 답하시오.

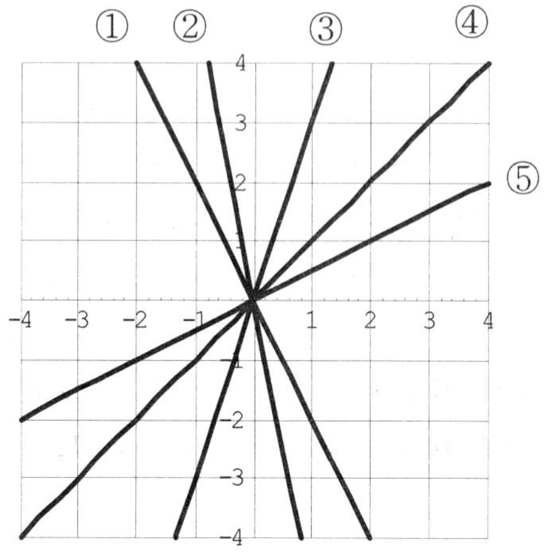

1. a의 절대값이 가장 큰 그래프는 어느 것인가?

2. 각 그래프의 함수식을 구하여보자.

3. 아래 그림 중에서 일차함수 $y = 2x + 3$과 평행한 그래프를 찾아라.

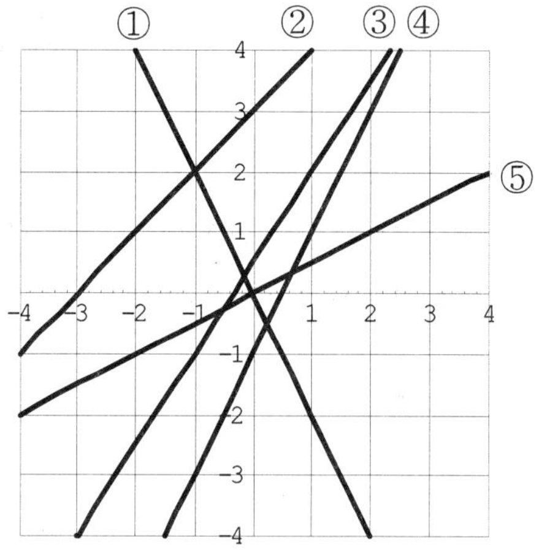

2.4 발전문제

아래 그림과 같이 좌표평면이 그려진 직사각형 모양의 당구대가 있다. 꼭짓점 B에서 변 BC와의 각도가 45°인 방향으로 당구공을 쳤을 때, 이 당구공이 직사각형 ABCD의 각 변과 만나는 점의 좌표를 구하는 것을 포함하여 아래 물음에 답하여라(단, 당구공은 당구대의 벽에 부딪히면 들어온 각도와 같은 각도로 튕겨 나간다).

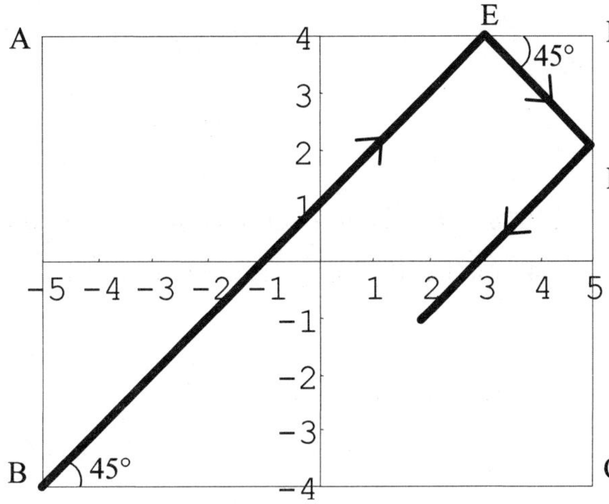

1. 점 E의 좌표를 구하여라.

2. 당구공이 움직이게 된 경로를 좌표평면 위에 그려 보아라.

3. 각 직선(BE, EF 등)의 함수식을 구하여라.

4. 당구공이 사각형 ABCD의 네 변과 만나는 점의 좌표(E, F 등)을 구하여라.

해답 1. $E(3, 4)$

2.

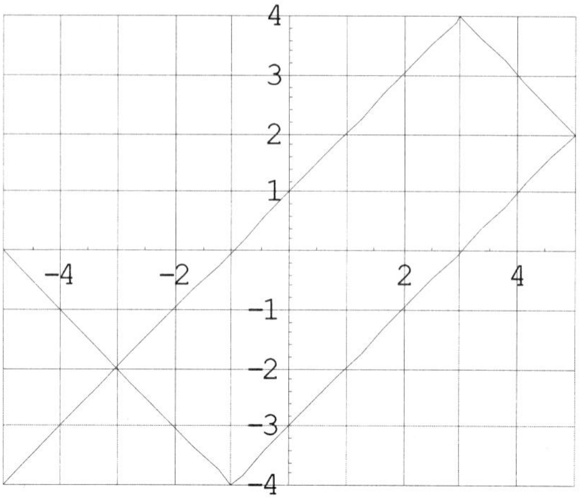

3. $y = x + 1$, $y = -x + 7$, $y = x - 3$, $y = -x - 5$

4. $(3, 4)$, $(5, 2)$, $(-1, -4)$, $(-5, 0)$

나의 노트

Chapter 3

이차함수

이 장에서는 이차함수를 학습하는데 도움이 되는 교수·학습 자료를 제공하기 위해 본문의 각 예제들을 워크시트 형태로 구성하여, 독자들이 직접 예제에서 제시하는 Mathematica 프로그램을 따라하며 다양한 그래프를 그려 봄으로써 이차함수에 대한 내용을 이해하게 하였다.

3.1 이차함수 $y=x^2$의 그래프

먼저, 대응표를 이용하여 이차함수 $y=x^2$의 성질을 알아보자.

예제 3.1.1 이차함수 $y=x^2$에 대하여 x의 값이 -2에서 2까지 1씩 증가하는 5개의 점의 좌표를 구하여 보자.

풀이

```
alist = Table[ {x, x^2}, {x, -2, 2} ]
```

$\{\{-2, 4\}, \{-1, 1\}, \{0, 0\}, \{1, 1\}, \{2, 4\}\}$

예제 3.1.2 위 예제 3.1.1에서 구한 순서쌍 (x,y)를 좌표로 하는 점들을 좌표평면에 나타내어보자.

풀이

```
ListPlot[ alist,
        PlotRange -> {{-3, 3}, {-2, 5}},
        PlotStyle -> {PointSize[0.03], Hue[1]},
        AspectRatio -> Automatic, ImageSize -> 200,
        AxesStyle -> Thickness[0.01],
        GridLines -> {{-3, -2, -1, 1, 2, 3},
                              {-2, -1, 1, 2, 3, 4, 5}} ]
```

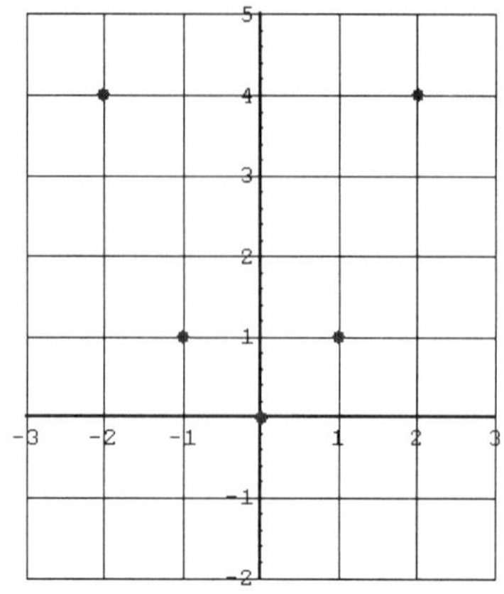

생각할 문제

(1) 위 그래프에서 나타난 점들은 함수식 $y = x^2$과 어떤 관계가 있는가?

(2) 위 그래프의 특징은 무엇인가?

예제 3.1.3 이차함수 $y=x^2$에 대하여 x의 값이 -2에서 2까지 점점 간격이 좁아지면서 변해갈 때의 x와 y 값을 순서쌍으로 하는 점을 좌표평면에 나타내 보자.

풀이

```
Table[ ListPlot[ Table[ {x, x^2}, {x, -2, 2, 0.5^i} ],
            PlotRange -> {{-3, 3}, {-2, 5}},
            PlotStyle -> {PointSize[0.02], Hue[1]},
            AspectRatio -> Automatic, ImageSize -> 300,
            AxesStyle -> Thickness[0.01],
            GridLines -> {{-3, -2, -1, 1, 2, 3},
                    {-2, -1, 1, 2, 3, 4, 5}} ],
    {i, 1, 4} ]
```

주의 6.0 이상의 버전에서는 Table 대신에 Manipulate를 사용한다.

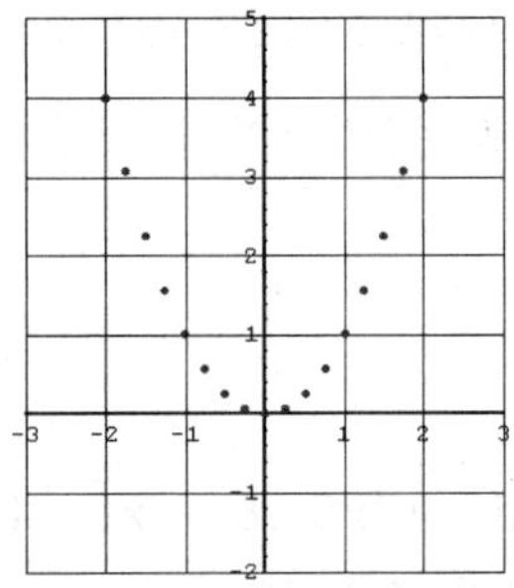

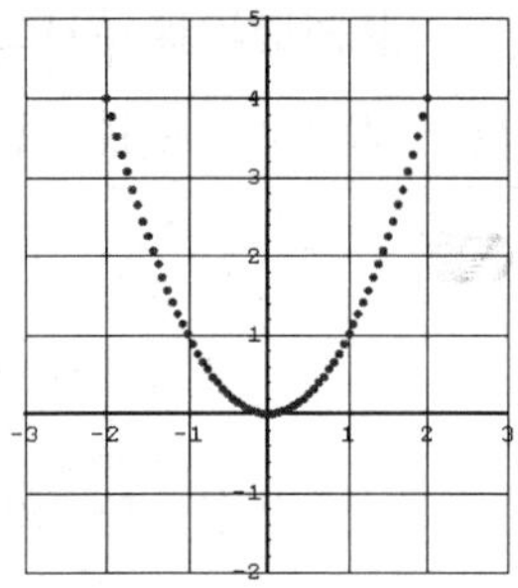

* 일부 그림이 생략되었음.

생각할 문제

(1) x의 값의 간격이 작아질 때 그래프의 모양은 어떻게 될까?

(2) x의 값 -2에서 2까지의 모든 실수에 관하여 이차함수 $y=x^2$의 그래프를 그린다면 그래프의 모양은 어떻게 나타날지 예상해보자.

예제 3.1.4 x의 값 -2에서 2까지의 모든 실수일 때 이차함수 $y=x^2$의 그래프를 그려보자.

풀이

```
Plot[ x^2, {x, -2, 2},
        PlotRange -> {{-3, 3}, {-2, 5}},
        PlotStyle -> {Thickness[0.013], Hue[1]},
        AspectRatio -> Automatic, ImageSize -> 200,
        AxesStyle -> Thickness[0.01],
        GridLines -> {{-3, -2, -1, 1, 2, 3},
                      {-2, -1, 1, 2, 3, 4, 5}} ]
```

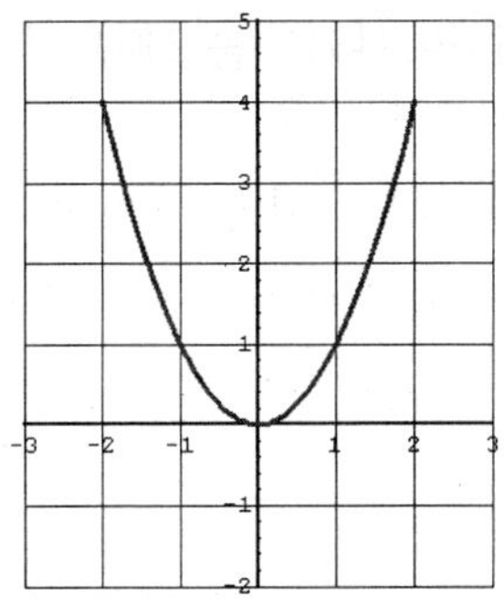

예제 3.1.5 이차함수 $y=x^2$에서 x의 값이 -5에서 5까지 1씩 증가할 때 각 (x, y)를 나타내는 대응표를 구해보자.

풀이

```
TableForm[ Table[ {x, x^2}, {x, -5, 5} ],
   TableHeadings -> {{""}, {"x의 값", "y의 값"}},
   TableAlignments -> Center ]
```

x의 값	y의 값
-5	25
-4	16
-3	9
-2	4
-1	1
0	0
1	1
2	4
3	9
4	16
5	25

생각할 문제

(1) 대응표를 보고 관찰되는 내용을 모두 말해보자.

(2) 그래프와 대응표에서 관찰한 내용을 이용하여 다음 괄호 안에 알맞은 단어를 넣어보자.

① 위 그래프는 (　　)을 지난다.

② 원점 이외의 부분은 모두 x축보다 (　　) 있다.

③ (　　)에 대하여 대칭이다.

④ $x<0$의 범위에서 x의 값이 증가할 때, y의 값은 (　　)한다.

⑤ $x>0$의 범위에서 x의 값이 증가할 때, y의 값은 (　　)한다.

참고

위 예제 3.1.4의 그래프 모양은 분수대의 물줄기, 공을 던졌을 때 공이 그리는 곡선 등에서 관찰할 수 있다. 이와 같은 꼴의 곡선을 **포물선**이라고 한다.

포물선은 선대칭도형으로 대칭축을 포물선의 **축**, 포물선과 축이 만나는 교점을 포물선의 **꼭짓점**이라고 한다.

위 참고에서 말한 포물선, 대칭축, 꼭짓점을 그래프 내에 나타나도록 그려 보자.

```
Plot[ x^2, {x, -5, 5},
        PlotRange -> {{-5, 5}, {-2, 5}},
        PlotStyle -> {Thickness[0.02], Hue[0]},
        Ticks -> None,
        AspectRatio -> Automatic,
        Epilog -> {{Thickness[0.02], RGBColor[1, 1, 0],
                Line[{{0, -5}, {0, 5}}]},
                {PointSize[0.03], RGBColor[0, 0, 1], Point[{0, 0}]},
                {Text["꼭짓점",  {0.5, -1}],
                Text["대칭축", {0, 4}],
                Text["포물선", {2, 1}]} } ]
```

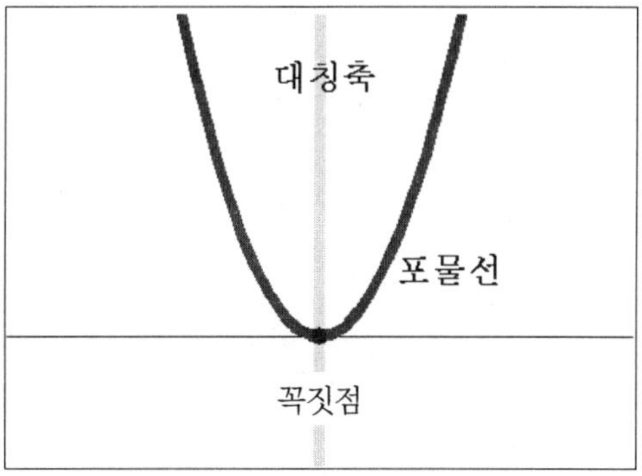

참고

$y = ax^2$에서 a의 변화에 따른 포물선의 모양을 관찰하기 위해 다음을 실행해 보자.(단, 6.0 이상의 버전에서는 Manipulate 명령어 사용)

```
Manipulate[ Plot[ a*x^2, {x, -5, 5}, PlotRange→{{-5, 5}, {-2, 2}}],
    {a, -10, 10} ]
```

형성평가

다음은 이차함수 $y = x^2$의 그래프에 관한 설명이다. 옳지 않은 것은?

① 아래로 볼록한 포물선이다.

② 꼭짓점은 원점이다.

③ x축에 대하여 대칭이다.

④ 점 $(1, 1)$을 지난다.

⑤ 치역은 $\{y | y \geq 0\}$이다.

⑥ $x > 0$일 때, x의 값이 증가하면, y의 값도 증가한다.

나의 노트

3.2 이차함수 $y=ax^2(a \neq 0)$의 그래프

예제 3.2.1 이차함수 $y = x^2$의 그래프를 이용하여 $y = 2x^2$의 그래프를 그려보자.

풀이 (1) 이차함수 $y = x^2$과 $y = 2x^2$의 각 대응표를 보고 그래프를 예상해보자.

```
TableForm[ Table[ {x, x^2, 2x^2}, {x, -5, 5} ],
    TableHeadings -> {{""}, {"x의 값", "x^2", "2x^2"}},
    TableAlignments -> Center ]
```

x의 값	x²	2x²
-5	25	50
-4	16	32
-3	9	18
-2	4	8
-1	1	2
0	0	0
1	1	2
2	4	8
3	9	18
4	16	32
5	25	50

생각할 문제

① 같은 x값에 대하여 $2x^2$의 함숫값은 x^2의 함숫값의 몇 배인가?

② 공통점은 무엇인가?

(2) 이차함수 $y = x^2$과 $y = 2x^2$의 그래프를 그려보자.

```
Plot[ {x^2, 2x^2}, {x, -5, 5},
        PlotRange -> {{-5, 5}, {-1, 10}},
        PlotStyle -> {{Thickness[0.01], Hue[0.8]},
                      {Thickness[0.01], Hue[1]}},
        AspectRatio -> Automatic, ImageSize -> 300,
        AxesStyle -> Thickness[0.01],
```

```
Epilog -> {Text["a=1", {2, 2.7}],
          Text["a=2", {1, 3.5}]},
GridLines -> {{-5, -4, -3, -2, -1, 1, 2, 3, 4, 5},
             {-1, 1, 2, 3, 4, 5, 6, 7, 8, 9, 10}} ]
```

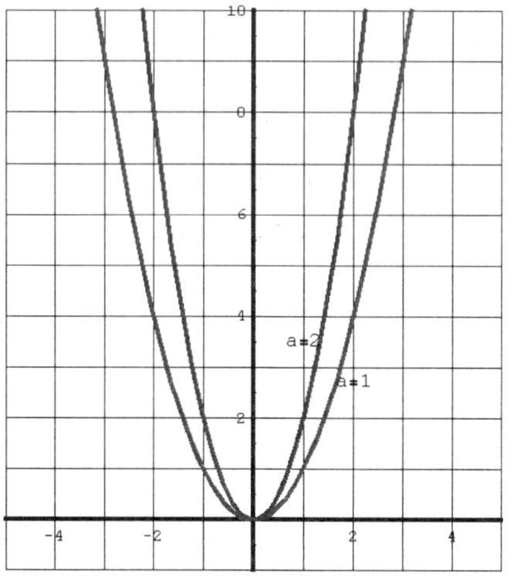

생각할 문제

① 이차함수 $y=x^2$과 $y=2x^2$의 꼭짓점의 좌표는?

② 이차함수 $y=x^2$과 $y=2x^2$의 축의 방정식은?

③ 이차함수 $y=x^2$과 $y=2x^2$의 그래프 중 어떤 것이 y축에 더 가까운가? 그 이유는 무엇인가?

(3) 위의 결과 (1)과 (2)를 이용하여 이차함수 $y=\frac{1}{2}x^2$의 그래프를 예측해보자.

```
Plot[ {1/2 x^2, x^2, 2x^2}, {x, -5, 5},
     PlotRange -> {{-5, 5}, {-5, 5}},
     PlotStyle -> {{Thickness[0.01], Hue[0.72]},
                  {Thickness[0.01], Hue[0.8]},
                  {Thickness[0.01], Hue[1]}},
```

```
AspectRatio -> Automatic,
ImageSize -> 300,
AxesStyle -> Thickness[0.01],
Epilog -> {Text["a=1/2", {2.3, 1.2}],
           Text["a=1", {2, 2.7}],
           Text["a=2", {1, 3.5}]},
GridLines -> {Table[k, {k, -5, 5}], Table[k, {k, -5, 5}]} ]
```

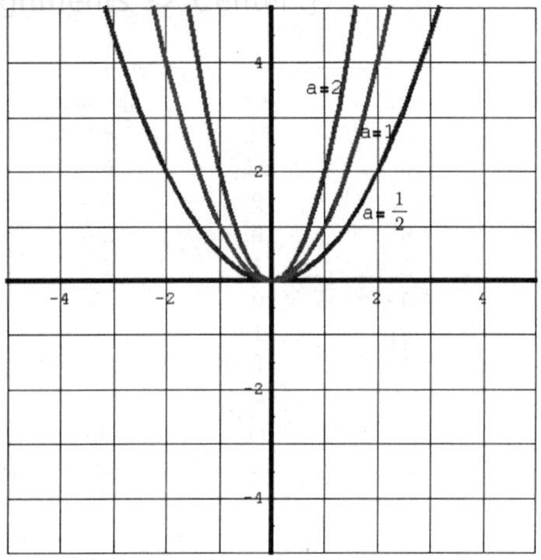

생각할 문제

① $a>0$일 때 이차함수 $y=ax^2$에서 a값은 그래프에 어떤 영향을 미치는가?

② $a<0$일 때 이차함수 $y=ax^2$에서 a값은 그래프에 어떤 영향을 미치는가?

예제 3.2.2 $a<0$일 때 이차함수 $y=ax^2$의 그래프는 어떤 위치에 있을까?

풀이 (1) 이차함수 $y=x^2$과 $y=-x^2$의 대응표를 보고 그래프를 예상해 보자.

```
TableForm[ Table[ {x, x^2, -x^2}, {x, -5, 5} ],
    TableHeadings -> {{""}, {"x의 값", "x^2", "-x^2"}},
    TableAlignments -> Center ]
```

x의 값	x^2	$-x^2$
−5	25	−25
−4	16	−16
−3	9	−9
−2	4	−4
−1	1	−1
0	0	0
1	1	−1
2	4	−4
3	9	−9
4	16	−16
5	25	−25

생각할 문제

① 이차함수 $y = x^2$과 $y =- x^2$의 함숫값은 서로 어떤 관계가 있는가?

② 이차함수 $y = x^2$의 그래프는 x축 위에 있다. 그렇다면 $y =- x^2$의 그래프는 어디에 존재할까?

(2) 이차함수 $y = x^2$과 $y =- x^2$의 그래프를 그려보자.

```
Plot[ {-x^2, x^2}, {x, -5, 5},
        PlotRange -> {{-5, 5}, {-5, 5}},
        PlotStyle -> {{Thickness[0.01], Hue[0.4]},
                      {Thickness[0.01], Hue[0.8]}},
        AspectRatio -> Automatic, ImageSize -> 300,
        AxesStyle -> Thickness[0.01],
        Epilog -> {Text["a=1", {2, 2.7}],
                   Text["a=-1", {2, -2.7}]},
        GridLines -> {{-5, -4, -3, -2, -1, 1, 2, 3, 4, 5},
                      {-5, -4, -3, -2, -1, 1, 2, 3, 4, 5}} ]
```

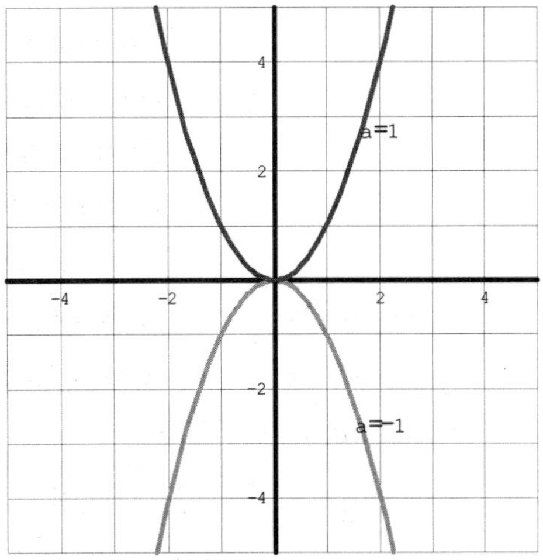

생각할 문제

① 이차함수 $y=x^2$과 $y=-x^2$의 그래프의 꼭짓점의 좌표는?

② 이차함수 $y=x^2$과 $y=-x^2$의 그래프의 축의 방정식은?

③ 이차함수 $y=x^2$과 $y=-x^2$의 그래프 중 어느 것이 y축에 더 가까운가?

④ 이차함수 $y=x^2$과 $y=-x^2$의 차이점은 무엇인가?

⑤ 그렇다면 이차함수 $y=-2x^2$과 $y=-\frac{1}{2}x^2$의 그래프를 예상해보자.

예제 3.2.3 이차함수 $y=-2x^2$, $y=-x^2$, $y=-\frac{1}{2}x^2$, $y=\frac{1}{2}x^2$, $y=x^2$, $y=2x^2$의 그래프를 그려보자.

풀이

```
Plot[ {-2x^2, -x^2, -(1/2)x^2, (1/2)x^2, x^2, 2x^2}, {x, -5, 5},
      PlotRange -> {{-5, 5}, {-5, 5}},
      PlotStyle -> {{Thickness[0.01], Hue[0.2]},
```

```
              {Thickness[0.01], Hue[0.4]},
              {Thickness[0.01], Hue[0.59]},
              {Thickness[0.01], Hue[0.72]},
              {Thickness[0.01], Hue[0.8]},
              {Thickness[0.01], Hue[1]}},
AspectRatio -> Automatic, ImageSize -> 300,
AxesStyle -> Thickness[0.01],
 Epilog -> {Text["a=-1/2", {2.3, -1.2}],
 Text["a= 1/2, {2.3, 1.2}],
          Text["a=1", {2, 2.7}],
          Text["a=-1", {2, -2.7}],
          Text["a=2", {1, 3.5}],
          Text["a=-2", {1, -3.5}]},
GridLines -> {{-5, -4, -3, -2, -1, 1, 2, 3, 4, 5},
             {-5, -4, -3, -2, -1, 1, 2, 3, 4, 5}} ]
```

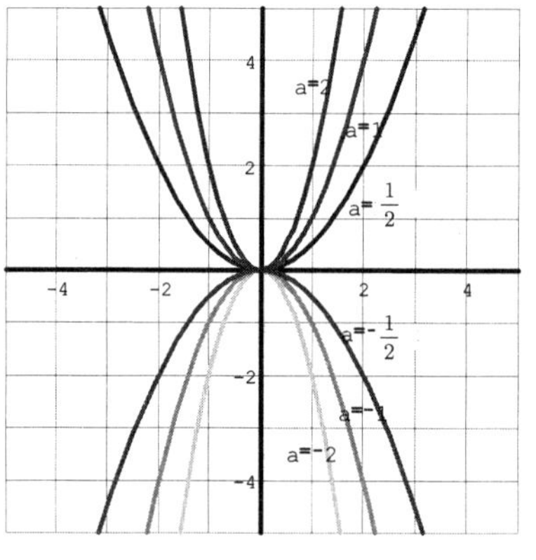

생각할 문제

① 위 그래프들의 공통점과 차이점을 찾아보자.

공통점 :

차이점 :

② 이차함수 $y = ax^2$에서 a값은 그래프에 어떤 영향을 미치는가?

(1) a값에 따른 이차함수 $y=ax^2$의 그래프를 확인하여 보자.

```
g1[a_, b_] := Plot[ {a*x^2, b*x^2}, {x, -5, 5},
        PlotRange -> {{-5, 5}, {-5, 5}},
        PlotStyle -> {{Thickness[0.01], Hue[1]},
                      {Thickness[0.01], Hue[0.6]}},
        AspectRatio -> Automatic, ImageSize -> 300,
        AxesStyle -> Thickness[0.01],
        Epilog -> {Text["a=" <> ToString[a], {4, 4.5}],
                   Text["b=" <> ToString[b], {4, 3.5}]},
        GridLines -> {{-5, -4, -3, -2, -1, 1, 2, 3, 4, 5},
                      {-5, -4, -3, -2, -1, 1, 2, 3, 4, 5}} ]
```

(2) 적당한 a, b 값을 입력하고, 그 그래프를 예측해 보자(단, $y=ax^2$의 그래프는 붉은색, $y=bx^2$의 그래프는 파란색으로 그려라).

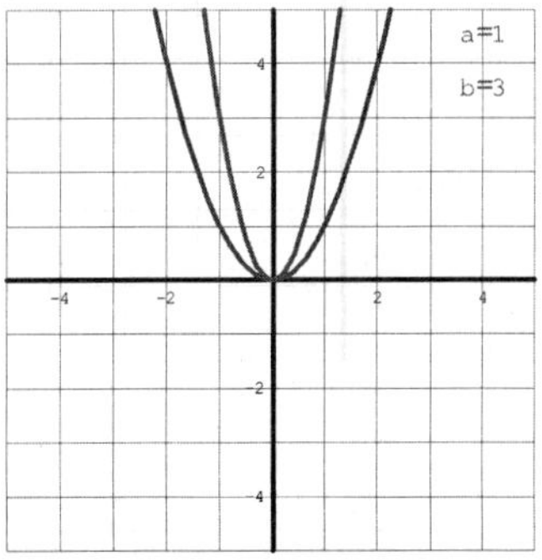


```
g1[1 , 3]
```

예제 3.2.4 이차함수 $y=ax^2$(단, $a \neq 0$)에서 a값에 따른 이차함수의 성질을 정리하여 보자.

(1) 이차함수 $y=ax^2$의 그래프는 ( )을 꼭짓점, ( )을 축으로 하는 ( )이다.

(2) $a>0$일 때는 ( ) 볼록하고, x축보다 ( )에 있다.
$a<0$일 때는 ( ) 볼록하다, x축보다 ( )에 있다.

(3) a의 절대값이 클수록 폭이 ( )

(4) 이차함수 $y=ax^2$의 그래프는 $y=-ax^2$의 그래프와 ( )에 대하여 대칭이다.

형성평가

1. 다음 보기의 이차함수의 그래프에 대하여 다음 물음에 답하여라.

〈보기〉

$y=-x^2$ $\quad$ $y=2x^2$ $\quad$ $y=\frac{3}{4}x^2$ $\quad$ $y=-3x^2$

$y=-\frac{1}{3}x^2$ $\quad$ $y=-\frac{3}{4}x^2$ $\quad$ $y=-2x^2$ $\quad$ $y=\frac{1}{2}x^2$

(1) 아래로 볼록한 그래프를 가지는 이차함수를 모두 고르시오.

(2) x축에 대하여 서로 대칭인 그래프를 가지는 이차함수들을 모두 고르시오.

(3) y축에 가장 가까운 그래프를 가지는 이차함수는?

나의 노트

3.3 이차함수 $y=ax^2+q$ $(a \neq 0)$의 그래프

예제 3.3.1 이차함수 $y=x^2$의 그래프를 이용하여 $y=x^2+1$의 그래프를 그려보자.

풀이 (1) 이차함수 $y=x^2$과 $y=x^2+1$의 대응표를 보고 그래프를 예상 해보자.

```
TableForm[ Table[ {x, x^2, x^2 + 1}, {x, -5, 5} ],
    TableHeadings -> {{""}, {"x의 값", "x^2", "x^2+1"}},
        TableAlignments -> Center ]
```

x의 값	x^2	x^2+1
−5	25	26
−4	16	17
−3	9	10
−2	4	5
−1	1	2
0	0	1
1	1	2
2	4	5
3	9	10
4	16	17
5	25	26

생각할 문제

① 같은 x의 값에 대해서 x^2+1은 x^2에 얼마씩 더했는가?

② x값이 1씩 변할 때, x^2과 x^2+1의 값은 얼마씩 변하는지 알아보자.

③ x값이 임의의 수만큼 변할 때, x^2과 x^2+1의 값의 변화량은 같은가?

④ 위 결과는 이차함수 $y=x^2$과 $y=x^2+1$의 그래프에서 무엇이 같다는 의미인가? 왜 같을까?

(2) 이차함수 $y=x^2$과 $y=x^2+1$의 대응표를 한 좌표평면에 같이 나타내어 보자.

```
<< Graphics`MultipleListPlot`
```

```
MultipleListPlot[ {Table[ {x, x^2}, {x, -5, 5} ],
    Table[{x, x^2 + 1}, {x, -5, 5}]},
        SymbolStyle -> {Hue[0.6], Hue[1]},
        SymbolShape -> PlotSymbol[Box],
        PlotRange -> {{-5, 5}, {-2, 10}},
        AspectRatio -> Automatic, ImageSize -> 300,
        AxesStyle -> Thickness[0.01],
        GridLines -> {Table[k, {k, -5, 5}], Table[k, {k, -2, 10}]} ]
```

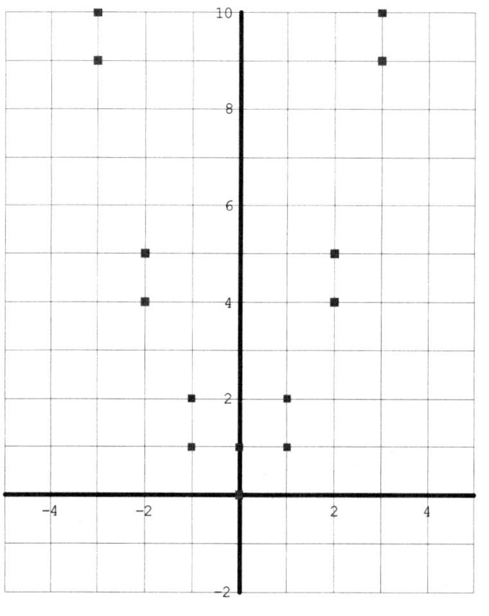

참고

(1) MultipleListPlot은 2개 이상의 리스트를 한 화면에 동시에 그려준다.

(2) MultipleListPlot은 위와 같이 패키지를 열어야 사용가능하다.

생각할 문제

① 이차함수 $y = x^2$과 $y = x^2 + 1$의 x와 y로 만든 순서쌍 (x, y)를 좌표로 하는 점들 사이에는 어떤 관계가 있는가?

② 이차함수 $y = x^2$과 $y = x^2 + 1$의 그래프 사이에는 어떤 관계가 있을까 생각해보자.

(3) 이차함수 $y = x^2$과 $y = x^2 + 1$의 그래프를 그려서 확인해 보자.

```
Plot[ {x^2, x^2 + 1}, {x, -5, 5},
        PlotRange -> {{-5, 5}, {-1, 10}},
        PlotStyle -> {{Thickness[0.01], Hue[0.6]},
                      {Thickness[0.01], Hue[1]}},
        AspectRatio -> Automatic, ImageSize -> 300,
        AxesStyle -> Thickness[0.01],
        Epilog -> {Text["q=0", {2, 2.7}],
                   Text["q=1", {1, 3.5}]},
        GridLines -> {{-5, -4, -3, -2, -1, 1, 2, 3, 4, 5},
                      {-1, 1, 2, 3, 4, 5, 6, 7, 8, 9, 10}} ]
```

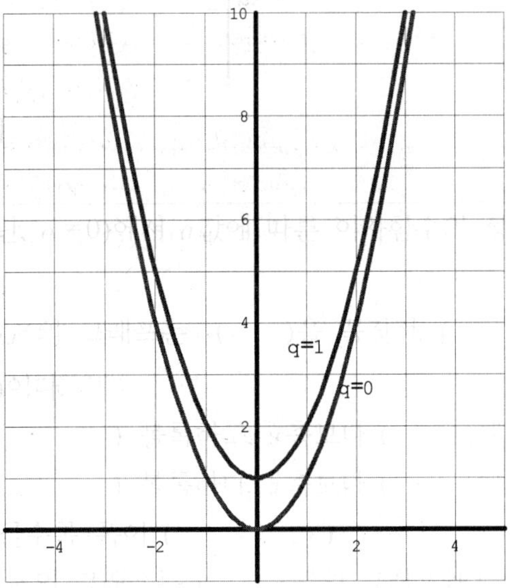

생각할 문제

① 이차함수 $y = x^2 + 1$의 그래프는 $y = x^2$의 그래프를 어떻게 평행이동한 것인가?

② 이차함수 $y = x^2 + 1$의 그래프가 $y = x^2$의 그래프를 평행이동한 것이라면 두 그래프의 무엇이 같아야 할까? 실제 그래프에서도 같은가?

③ 이차함수 $y = x^2 + 1$의 그래프의 축의 방정식을 말하여라.

④ 이차함수 $y = x^2 + 1$의 그래프의 꼭짓점을 말하여라.

⑤ 그렇다면, 이차함수 $y = ax^2 + q$ 에서 q값은 그래프에 어떤 영향을 미치는가?

예제 3.3.2 임의의 q값에 대하여 이차함수 $y = ax^2 + q$의 그래프를 그려 확인하여 보자.

풀이 (1) 적당한 a값과 q값을 입력하고, 그 그래프를 예측해 보자.

```
g2[a_, q_] :=
  Plot[ {a*x^2, a*x^2 + q}, {x, -5, 5},
        PlotRange -> {{-5, 5}, {-10, 10}},
        PlotStyle -> {{Thickness[0.01], Hue[0.6]},
                      {Thickness[0.01], Hue[1]}},
        AspectRatio -> Automatic, ImageSize -> 200,
        AxesStyle -> Thickness[0.01],
        Epilog -> {{Text["a=" <> ToString[a], {4, 9.5}]},
                   {Text["q=" <> ToString[q], {4, 8.5}]},
                   {PointSize[0.03], Point[{0, 0}]},
                   {PointSize[0.03], Point[{0, q}]}},
        GridLines -> {Table[j, {j, -5, 5} ], Table[k, {k, -10, 10}]}
  ]
g2[2, 3]
```

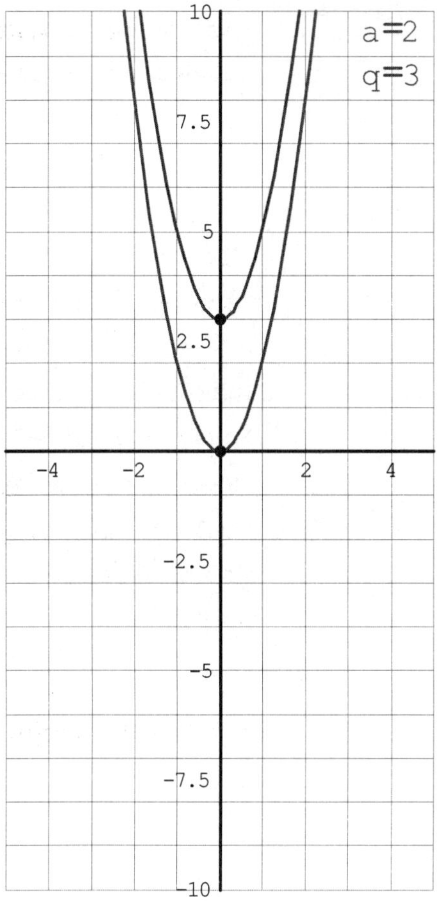

생각할 문제

① 각 그래프의 꼭짓점의 좌표를 구해보자.

② 위 결과로 볼 때, 이차함수 $y = ax^2 + q$의 그래프에서 꼭짓점의 좌표는 무엇인가?

(2) 주어진 q값이 양일 때와 음일 때를 나누어서 관찰하여 보자.

```
q :=3
    pos = Plot[ x^2 + q, {x, -5, 5},
          PlotRange -> {{-5, 5}, {-5, 5}},
          PlotStyle -> {Thickness[0.015], Hue[0.6]},
```

```
            AspectRatio -> Automatic, ImageSize -> 300,
            AxesStyle -> Thickness[0.01],
            Epilog -> Text["q=" <> ToString[q], {3, 2}],
            Ticks -> {{-4, -2, 2, 4}, {-4, -3, -2, -1, 1, 2, 3, 4}}];
neg = Plot[ x^2 - q, {x, -5, 5},
            PlotRange -> {{-5, 5}, {-5, 5}},
            PlotStyle -> {Thickness[0.015], Hue[1]},
            AspectRatio -> Automatic, ImageSize -> 300,
            AxesStyle -> Thickness[0.01],
            Epilog -> Text["q=" <> ToString[-q], {3, 2}],
            Ticks -> {{-4, -2, 2, 4}, {-4, -3, -2, -1, 1, 2, 3, 4}}];
Show[ GraphicsArray[ {pos, neg} ],
            GraphicsSpacing -> {0.2, 1}, ImageSize -> 450 ]
```

참고

위 예제의 (2)의 첫줄에서 q:=3 대신에 Clear[q]; q:=-3을 주고 (2)를 실행해 보아라.

형성평가

이차함수 $y = 3x^2$의 그래프를 y축 방향으로 -2만큼 평행이동하였다.

(1) 평행이동한 함수의 식은?

(2) 평행이동한 함수의 꼭짓점의 좌표는?

나의 노트

3.4 이차함수 $y=a(x-p)^2$ $(a \neq 0)$의 그래프

예제 3.4.1 대응표를 이용하여 이차함수 $y=x^2$과 $y=(x-1)^2$의 관계를 알아보자.

풀이 (1) $y=x^2$과 $y=(x-1)^2$의 대응표를 관찰해보자.

```
TableForm[ Table[ {x, x^2, (x - 1)^2}, {x, -5, 5} ],
    TableHeadings -> {{""}, {"x의 값", "x^2", "(x-1)^2"}},
    TableAlignments -> Center ]
```

x의 값	x^2	$(x-1)^2$
−5	25	36
−4	16	25
−3	9	16
−2	4	9
−1	1	4
0	0	1
1	1	0
2	4	1
3	9	4
4	16	9
5	25	16

생각할 문제

① 위 대응표에서 x^2과 $(x-1)^2$의 함숫값이 같을 때 x의 값은?

② 위 대응표에서 $x=-1$에서 x^2의 함숫값과 $(x-1)^2$의 함숫값이 같을 때 x의 값은?

③ 위 대응표에서 $x=0$에서 x^2의 함숫값과 $(x-1)^2$의 함숫값이 같을 때 x의 값은?

④ 위 대응표에서 $x=1$에서 x^2의 함숫값과 $(x-1)^2$의 함숫값이 같을 때 x의 값은?

⑤ 위 대응표에서 $x=2$에서 x^2의 함숫값과 $(x-1)^2$의 함숫값이 같을 때 x의 값은?

⑥ x^2과 $(x-1)^2$의 함숫값이 같을 때 x의 값 사이에는 어떤 관계가 있는가?

(2) 위 대응표에서 이차함수 $y = x^2$과 $y = (x-1)^2$의 x와 y로 만든 순서쌍 (x, y)를 좌표로 하는 점들을 좌표평면에 나타내어보자. 이 때 그래프의 관찰을 위해 붉은색으로 이차함수 $y = (x-1)^2$의 그래프, 파란색으로 $y = x^2$의 그래프를 그려서 붉은색 그래프의 변화를 관찰해보자.

```
<< Graphics`MultipleListPlot`
```

```
MultipleListPlot[ { Table[ {x, x^2}, {x, -5, 5} ],
    Table[ {x, (x - 1)^2}, {x, -4, 4} ] },
        SymbolStyle -> {Hue[0.6], Hue[1]},
        SymbolShape -> PlotSymbol[Box],
        PlotRange -> {{-5, 5}, {-2, 5}},
        AspectRatio -> Automatic, ImageSize -> 300,
        AxesStyle -> Thickness[0.01],
        GridLines -> {{-5, -4, -3, -2, -1, 1, 2, 3, 4, 5},
                      {-2, -1, 1, 2, 3, 4, 5}} ]
```

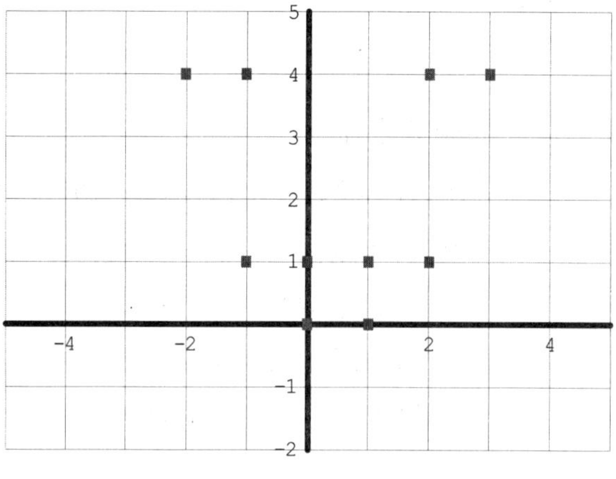

생각할 문제

① 이차함수 $y = x^2$과 $y = (x-1)^2$의 x와 y로 만든 순서쌍 (x, y)를 좌표로 하는 점들 사이에는 어떤 관계가 있는가?

② 이차함수 $y = x^2$과 $y = (x-1)^2$의 그래프 사이에는 어떤 관계가 있을까 생각해보자.

(3) 이차함수 $y = x^2$과 $y = (x-1)^2$의 그래프를 그려보자. 이 때 그래프의 관찰을 위해 붉은색으로 이차함수 $y = 2(x-1)^2$의 그래프, 파란색으로 $y = 2x^2$의 그래프가 그려지게 하고, 붉은색 그래프의 변화를 관찰해보자.

```
Plot[ {x^2, (x - 1)^2}, {x, -5, 5},
        PlotRange -> {{-4, 4}, {-1, 6}},
        PlotStyle -> {{Thickness[0.01], Hue[0.6]},
                      {Thickness[0.01], Hue[1]}},
        AspectRatio -> Automatic, ImageSize -> 300,
        AxesStyle -> Thickness[0.01],
        Epilog -> {Text["q=0", {2, 2.7}],
                   Text["q=1", {1, 3.5}]},
        GridLines -> {{-5, -4, -3, -2, -1, 1, 2, 3, 4, 5},
                   {-1, 1, 2, 3, 4, 5, 6, 7, 8, 9, 10}} ]
```

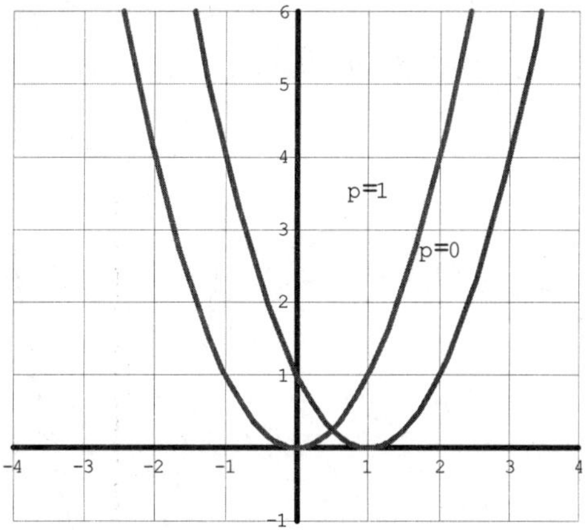

생각할 문제

① 이차함수 $y = (x-1)^2$의 그래프는 $y = x^2$의 그래프를 어떻게 평행이동한 것인가?

② 이차함수 $y = (x-1)^2$의 그래프의 축의 방정식을 말하여라.

③ 이차함수 $y = (x-1)^2$의 그래프의 꼭짓점을 말하여라.

예제 3.4.2 p값이 -4에서 4까지 0.1간격으로 변할 때, 이차함수 $y=a\,(x-p)^2$의 그래프를 예상하여보자.

풀이 그래프의 관찰을 위해 붉은색으로 이차함수 $y=2\,(x-p)^2$의 그래프, 파란색으로 $y=2x^2$의 그래프를 그린 후 붉은색 그래프의 변화를 관찰해보자.

```
Do[
    Plot[ {2*(x - p)^2, 2*x^2}, {x, -5, 5},
      PlotRange -> {{-5, 5}, {-1, 6}},
      PlotStyle -> {{Thickness[0.015], Hue[1]},
                    {Thickness[0.01], Hue[0.6]}},
      AspectRatio -> Automatic, ImageSize -> 300,
      AxesStyle -> Thickness[0.01],
      PlotLabel -> " y=2(x- " <> ToString[p] <> ")^2",
      GridLines -> {Table[k, {k, -5, 5}],
                 {-1, 1, 2, 3, 4, 5, 6, 7, 8, 9, 10}} ],
    {p, -4, 4, 0.1} ]
```

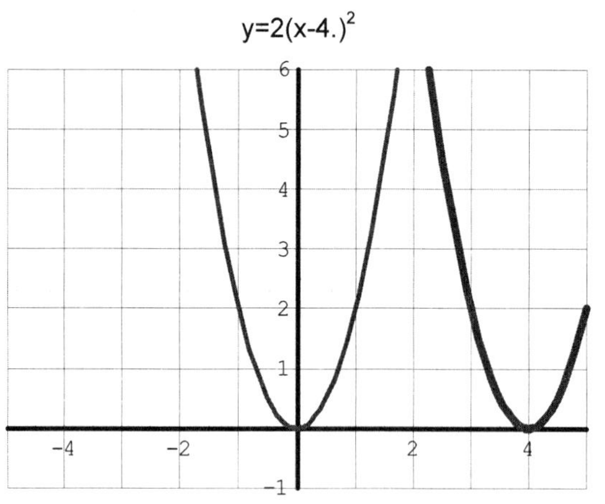

주의 업그레이드 버전에서는 Do를 Manipulate로 바꾸어라.

생각할 문제

① 변하는 것과 변하지 않는 것을 찾아보자.

② 이차함수 $y=a(x-p)^2$에서 p값은 그래프에 어떤 영향을 미치는지 알아보자.

예제 3.4.3 임의의 p값에 대하여 이차함수 $y=a(x-p)^2$의 그래프를 그려 그 변화를 확인하여 보자.

풀이 (1) 적당한 a값과 p값을 입력하고, 그 그래프를 예측해 보자.

```
g3[a_, p_] :=
  Plot[ {a*x^2, a*(x - p)^2}, {x, -10, 10},
    PlotRange -> {{-10, 10}, {-2, 10}},
    PlotStyle -> {{Thickness[0.005], Hue[0.6]},
                  {Thickness[0.005], Hue[1]}},
    AspectRatio -> Automatic, ImageSize -> 400,
    AxesStyle -> Thickness[0.01],
    Epilog -> {{Text["a=" <> ToString[a], {4, 9.5}]},
               {Text["p=" <> ToString[p], {4, 8.5}]},
               {PointSize[0.02], Point[{0, 0}]},
               {PointSize[0.02], Point[{p, 0}]}},
    GridLines -> {Table[k, {k, -10, 10}],
                  {-2, -1, 1, 2, 3, 4, 5, 6, 7, 8, 9, 10}} ]
```

```
g3[2, 3]
```

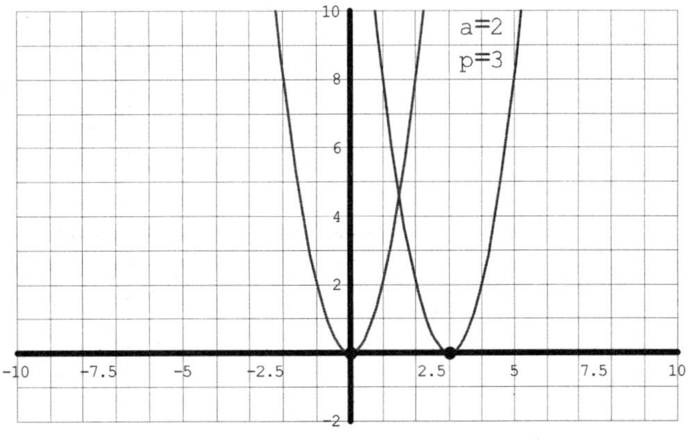

생각할 문제

① 각 그래프의 꼭짓점의 좌표를 구해보자.

② 위 결과로 볼 때, 이차함수 $y = a(x-p)^2$의 그래프에서 꼭짓점의 좌표는 무엇인가?

(2) p값이 양일 때와 음일 때를 나누어서 관찰하여 보자.

```
g4[a_, p_] :=
  Plot[ {a*(x + p)^2, a*x^2, a*(x - p)^2}, {x, -10, 10},
    PlotRange -> {{-10, 10}, {-6, 6}},
    PlotStyle -> {{Thickness[0.01], Hue[0.6]},
                  {Thickness[0.007], Hue[0.3]},
                  {Thickness[0.01], Hue[1]}},
    AspectRatio -> Automatic, ImageSize -> 400,
    AxesStyle -> Thickness[0.01],
    PlotLabel ->
        " y=" <> ToString[a] <>
                "(x+ " <> ToString[p] <> " )^2,
         y=" <> ToString[a] <>
                "(x- " <> ToString[p] <> ")^2"
    Epilog -> {Text["x=-" <> ToString[p] <> " ", {-p, -1.5}],
        Text["x=" <> ToString[p] <> " ", {p, -1.5}]},
GridLines -> {Table[k, {k, -6, 6}], Table[j, {j, -10, 10}]} ]
```

```
g4[2, 3]
```

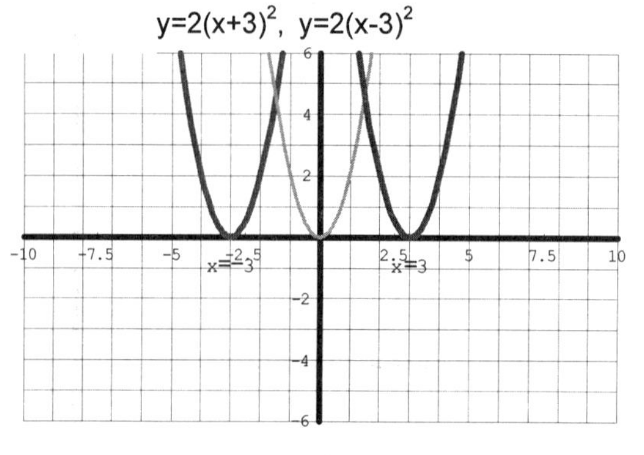

3.5 이차함수 $y=a(x-p)^2+q\ (a \neq 0)$의 그래프

예제 3.5.1 이차함수 $y=2x^2$의 그래프를 x축의 방향으로 4만큼, y축의 방향으로 3만큼 평행이동한 그래프를 그려보자.

풀이 (1) 이차함수 $y=2x^2$의 그래프를 x축 방향으로 4만큼 평행이동한 그래프를 그려보자.

① 이차함수 $y=2x^2$의 그래프를 x축의 방향으로 4만큼 평행이동한 그래프의 함수식을 구하여라.

② 그래프를 그려 확인해보자(단, $y=2x^2$의 그래프는 초록색, $y=2(x-4)^2$의 그래프는 파란색으로 그려라).

```
Plot[ {2*x^2, 2*(x - 4)^2}, {x, -5, 8},
      PlotRange -> {{-4, 7}, {-1, 7}},
      PlotStyle -> {{Thickness[0.01], Hue[0.4]},
                    {Thickness[0.01], Hue[0.6]}},
      AspectRatio -> Automatic, ImageSize -> 300,
      AxesStyle -> Thickness[0.01],
      Epilog -> {Text["p=0", {1, 2}],
                 Text["p=-4",  {4, 2}]},
      GridLines -> {Table[j, {j, -5, 7}], Table[k, {k, -1, 7}]} ]
```

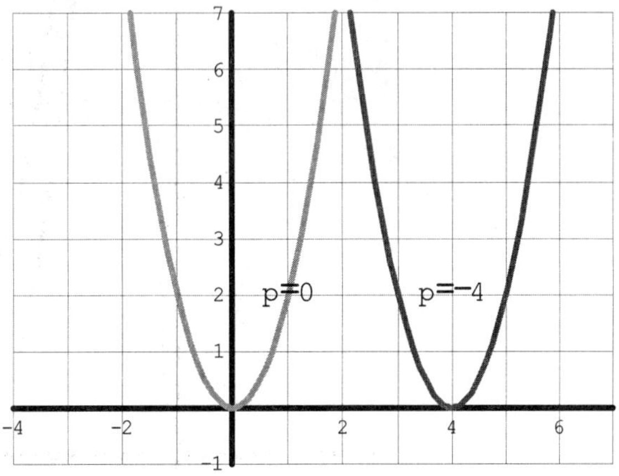

③ 이차함수 $y=2x^2$의 그래프를 x축 방향으로 4만큼, y축의 방향으로 3만큼 평행이동한 그래프의 함수식을 구하여라.

④ 그래프를 그려 확인해보자(단, $y=2x^2$의 그래프는 초록색, $y=2(x-4)^2$의 그래프는 파란색, $y=2(x-4)^2+3$의 그래프는 붉은색으로 나타난다).

```
Plot[ {2x^2, 2(x - 4)^2, 2(x - 4)^2 + 3}, {x, -5, 8},
        PlotRange -> {{-4, 7}, {-1, 10}},
        PlotStyle -> {{Thickness[0.01], Hue[0.4]},
                          {Thickness[0.01], Hue[0.6]},
                          {Thickness[0.01], Hue[1]}},
        AspectRatio -> Automatic,
        ImageSize -> 300,
        AxesStyle -> Thickness[0.01],
        Epilog -> {Text["y=2x^2", {0, 2.5}],
                      Text["y=2(x-4)^2", {4.8, 2.5}],
                      Text["y=2(x-4)^2+3", {4.5, 7.5}]},
        GridLines -> {Table[j, {j, -5, 7}], Table[k, {k, -1, 10}]} ]
```

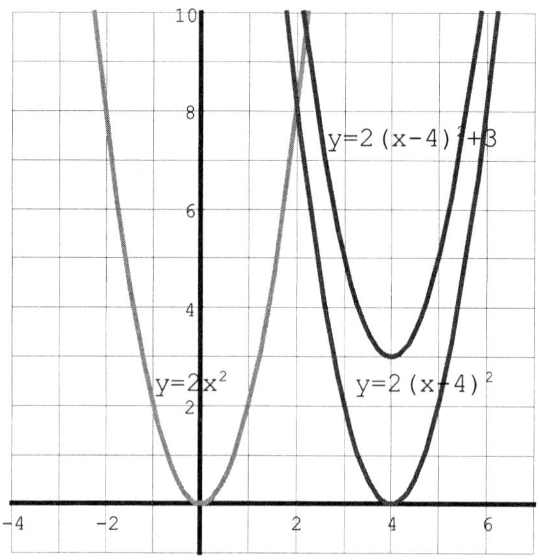

예제 3.5.2 이차함수 $y=a(x-p)^2+q$의 그래프가 나타내는 여러 가지 성질을 정리하여 보자(단, $a \neq 0$).

풀이 (1) $y=a(x-p)^2+q$의 그래프는 $y=ax^2$의 그래프를 x축의 방향으로 p만큼, y축의 방향으로 q만큼 평행이동한 것이다.

(2) $y=a(x-p)^2+q$의 그래프는 직선 $x=p$를 축으로 하고 점 (p, q)를 꼭짓점으로 하는 포물선이다.

(3) $y=x^2$과 $y=(x-3)^2+2$의 그래프를 비교하여 보자.

```
Plot[ {x^2, (x - 3)^2 + 2}, {x, -5, 5},
      PlotRange -> {{-4, 9}, {-2, 6}},
      PlotStyle -> {{Thickness[0.015], RGBColor[0, 0, 0]},
                    {Thickness[0.015], RGBColor[1, 0, 0]}},
      Ticks -> None, AspectRatio -> Automatic,
      Epilog -> { {Thickness[0.015], RGBColor[1, 1, 0],
                   Line[{{3, -1}, {3, 6}}]},
         {PointSize[0.03], RGBColor[0, 0, 1], Point[{3, 2}]},
         {Text["꼭짓점", {4, 1.5}],
         Text["y=ax^2", {-0.5, 4.5}],
         Text["y=a(x-p)^2+q", {6, 4.5}],
         Text["(p, q)", {4.2, 0.8}],
         Text["대칭축", {3, -0.7}],
         Text["x=p", {3, -1.5}],
         Text["0", {-0.3, -0.4}],
         Text["x", {8.7, -0.4}],
         Text["y", {-0.5, 5.8}]} } ]
```

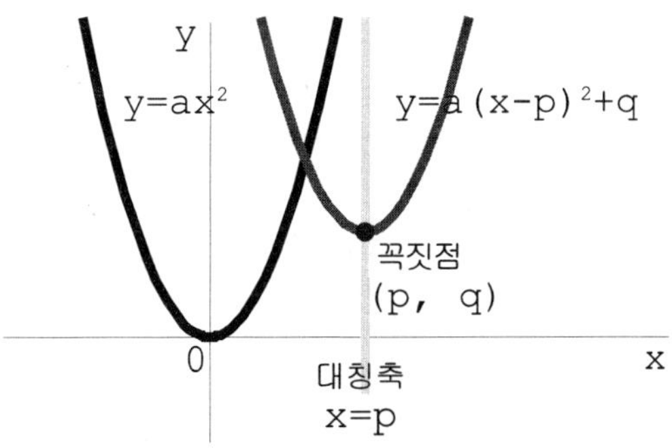

예제 3.5.3 이차함수 $y=a(x-p)^2+q$의 그래프에서 a의 값에 따른 그래프의 변화를 살펴보자.

풀이 이차항의 계수 a의 값이 0.5씩 증가할 때, 이차함수 $y=a(x-3)^2+2$의 그래프를 관찰해보자.

주의 그래프의 관찰을 위해 붉은색으로 이차함수 $y=a(x-3)^2+2$의 그래프, 파란색으로 $y=a(x-3)^2+2$의 그래프가 그려진다. 붉은색 그래프의 변화를 관찰해보자.

```
Do[
    Plot[ {(x - 3)^2 + 2, a*(x - 3)^2 + 2}, {x, -1, 6},
        PlotStyle -> {{Hue[0.6], Thickness[0.015]},
                      {Hue[1], Thickness[0.02]}},
        PlotRange -> {{-1, 6}, {-2, 6}},
        AspectRatio -> Automatic,
        AxesLabel -> {"x", "y"}, ImageSize -> 200,
        GridLines -> {{-1, 1, 2, 3, 4, 5, 6},
                      {-2, -1, 1, 2, 3, 4, 5, 6}},
        PlotLabel -> " y=" <> ToString[a] <> "(x-3)^2+2"],
    {a, -5, 5, 0.1} ]
```

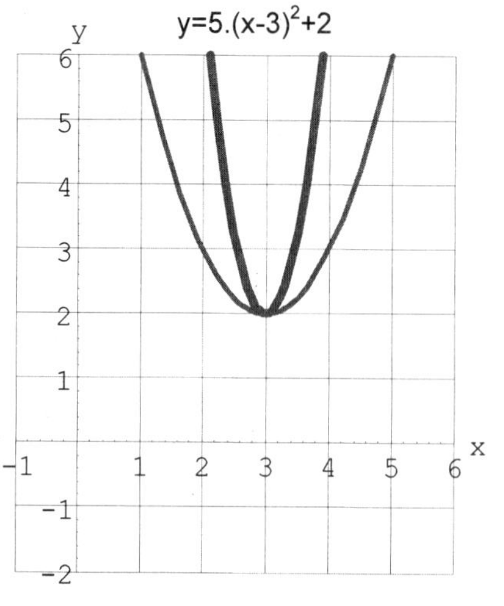

주의 업그레이드 버전에서는 위의 명령어 Do를 Manipulate로 바꾸어라.

생각할 문제

① 변하는 것과 변하지 않는 것을 찾아보자.
② 그 이유를 생각해보자.

예제 3.5.4 이차함수 $y = a(x-p)^2 + q$의 그래프에서 p, q 값의 변화에 따른 그래프의 변화를 살펴보자.

풀이 그래프의 관찰을 위해 붉은색으로 이차함수 $y = a(x-p)^2 + q$의 그래프, 파란색으로 $y = ax^2$의 그래프를 그린 다음에 붉은색 그래프의 변화를 관찰해보자.

```
g5[a_, p_, q_] :=
  Plot[ {a*x^2, a*(x - p)^2 + q}, {x, -10, 10},
    PlotRange -> {{-10, 10}, {-10, 10}},
    PlotStyle -> {{Thickness[0.01], Hue[0.6]},
                  {Thickness[0.01], Hue[1]}},
    AspectRatio -> Automatic,
    ImageSize -> 400,
    AxesStyle -> Thickness[0.01],
    Epilog -> { {Text["y=" <> ToString[a] <> "x^2",
            {5, -1.5}]},
        {Text[ "y=" <> ToString[a] <> "(x-" <> ToString[p]
                <> ")^2+" <> ToString[q],
            {p + 5, q - 1.5}]},
        {PointSize[0.02], Point[{0, 0}]},
        {PointSize[0.02], Point[{p, q}]} },
    GridLines -> {Table[j, {j, -10, 10}], Table[k, {k, -10, 10}]} ]
```

```
g5[-2, 1, 3]
```

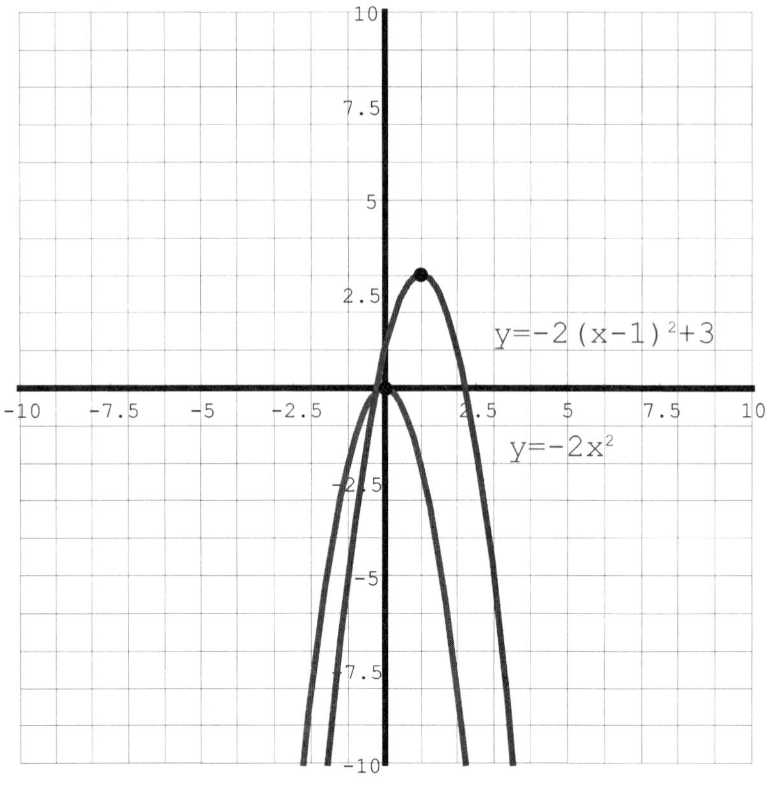

생각할 문제

① 꼭짓점의 좌표를 관찰하여보자.

② 이차함수 $y=ax^2$의 그래프 위의 점 몇 개를 선택하여 이차함수 $y=a(x-p)^2+q$의 그래프 위의 대응점으로 옮겨보자. 일정한 규칙을 가지고 이동할 수 있는가?

③ 위에서 관찰한 내용을 바탕으로 변하는 것과 변하지 않는 것을 구분해보자.

④ ③의 이유를 생각해보자.

예제 3.5.5 이차함수 $y=a\,(x-p)^2+q$의 그래프에서 p, q의 값은 고정하고 a의 값의 변화에 따른 그래프의 변화를 살펴보자.

풀이

```
g6[a_, b_, p_, q_] :=
   Plot[ {a*(x - p)^2 + q, b*(x - p)^2 + q}, {x, -10, 10},
        PlotRange -> {{-10, 10}, {-10, 10}},
        PlotStyle -> {{Thickness[0.01], Hue[0.6]},
                      {Thickness[0.01], Hue[1]}},
        AspectRatio -> Automatic, ImageSize -> 400,
        AxesStyle -> Thickness[0.01],
        PlotLabel -> "y=" <> ToString[a]
            <> "(x-" <> ToString[p] <> ")^2+"
            <> ToString[q] <>",  y=" <> ToString[b] <>
            "(x-" <> ToString[p] <>")^2+" <> ToString[q],
        Epilog -> { Text["x=" <> ToString[p],
                    {p + 1.5, q - 0.5}],
                    {Thickness[0.005], Hue[0.8],
                    Line[{{p, -10}, {p, 10}}]}},
        GridLines -> {Table[j, {j, -10, 10}], Table[k, {k, -10, 10}] } ]
```

```
g6[2, 3, 4, 5]
```

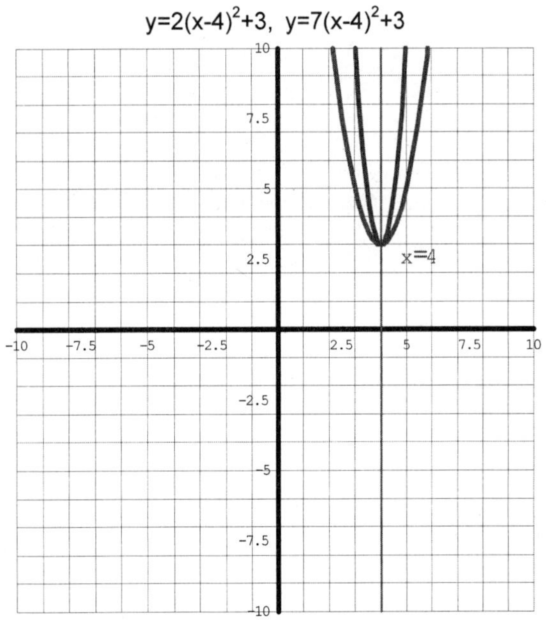

생각할 문제

① 꼭짓점의 좌표를 관찰하여보자.

② 이차함수 $y=ax^2$의 그래프 위의 점 몇 개를 선택하여 이차함수 $y=a(x-p)^2+q$의 그래프 위의 대응점으로 옮겨보자. 일정한 규칙을 가지고 이동할 수 있는가?

③ 위에서 관찰한 내용을 바탕으로 변하는 것과 변하지 않는 것을 구분해보자.

④ ③의 이유를 생각해보자.

⑤ 그렇다면, 이차함수 $y=a(x-p)^2+q$의 그래프에서 a, p, q는 각각 무엇을 결정하는가?

나의 노트

3.6 이차함수 $y=ax^2+bx+c\ (a\neq 0)$의 그래프

예제 3.6.1 이차함수 $y=x^2$과 $y=x^2-2x+3$의 그래프를 그려보자.

풀이

```
Plot[ {x^2, x^2 - 2x + 3}, {x, -3, 4},
  PlotRange -> {{-3, 6}, {-1, 6}},
  PlotStyle -> {{Thickness[0.01], Hue[0.6]},
               {Thickness[0.01], Hue[1]}},
  AspectRatio -> Automatic,
  GridLines -> {{-3, -2, -1, 1, 2, 3, 4, 5, 6, 7},
               {-1, 1, 2, 3, 4, 5, 6}} ]
```

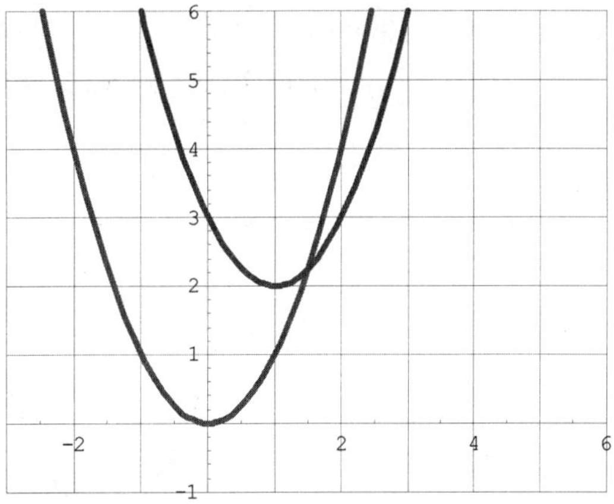

생각할 문제

① 이차함수 $y=x^2$과 $y=x^2-2x+3$의 그래프의 폭을 비교하여보자.

② 이차함수 $y=x^2-2x+3$의 그래프의 꼭짓점의 좌표를 구하여라.

③ 그렇다면 이차함수 $y=x^2-2x+3$의 식을 $y=a(x-p)^2+q$로 표현해보자.

①에서 관찰한 내용에 의하여 $a=$☐ 이고

②에서 관찰한 내용에 의하여 $p=$☐, $q=$☐

이므로 이차함수식은 ☐

④ ③에서 구한 식을 전개하여 보자.

(1) ③에서 구한 이차함수 $y=(x-1)^2+2$와 $y=x^2-2x+3$의 그래프를 그려보자.

이 때 그래프의 관찰을 위해 붉은 색으로 이차함수 $y=x^2-2x+3$의 그래프, 파란색으로 ③에서 구한 이차함수 $y=(x-1)^2+2$의 그래프를 그려라.

```
Plot[ {x^2 - 2x + 3, (x - 1)^2 + 2}, {x, -3, 4},
    PlotRange -> {{-3, 6}, {-1, 6}},
    PlotStyle -> {{Thickness[0.01], Hue[0.6]},
                 {Thickness[0.01], Hue[1]}},
    AspectRatio -> Automatic,
    GridLines -> {{-3, -2, -1, 1, 2, 3, 4, 5, 6, 7},
          {-1, 1, 2, 3, 4, 5, 6}} ]
```

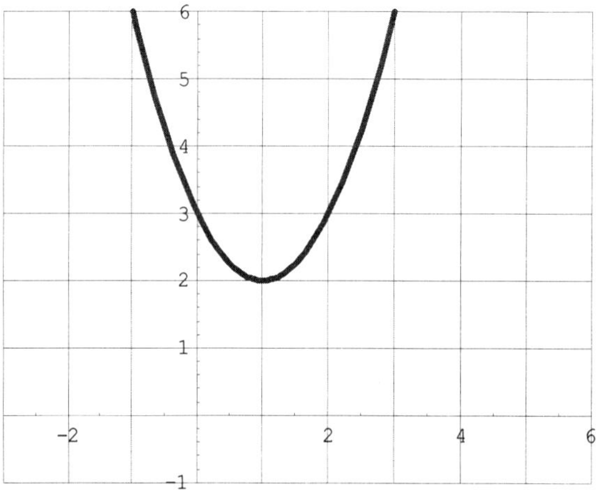

생각할 문제

① 몇 개의 그래프가 보이나요?

② 그 이유는 무엇입니까?

예제 3.6.2 위에서 관찰한 내용을 정리해 보자.
이차함수 $y = ax^2 + bx + c$의 식을 완전제곱꼴 $y = a(x-p)^2 + q$로 고치는 과정이다. 네모 안에 알맞은 숫자를 적어라.

예1) $y = x^2 - 2x + 3$

$y = (x^2 - 2x + \quad - \square) + 3$

$y = (x^2 - 2x + \square) + \square$

$y = (x - \square)^2 + \square$

예2) $y = -x^2 - 4x - 2$

$y = -(x^2 + 4x + \square - \square) - 2$

$y = -(x^2 + 4x + \square) + \square$

$y = -(x + \square)^2 + \square$

예3) $y = 3x^2 - 12x + 2$

$y = 3(x^2 - 4x + \square - \square) + 2$

$y = 3(x^2 - 4x + \square) - \square$

$y = 3(x - \square)^2 - \square$

나의 노트

3.7 a, b, c의 값에 따른 이차함수 $y=ax^2+bx+c(a\neq 0)$의 그래프

예제 3.7.1 이차함수 $y = 2x^2 - 4x + 1$과 $y = 2x^2 + 4x + 1$의 그래프를 그려보자.

풀이

```
Plot[ {2x^2 - 4x + 1, 2x^2 + 4x + 1}, {x, -6, 8},
    PlotRange -> {{-6, 6}, {-4, 6}},
    PlotStyle -> {{Thickness[0.01], Hue[1]},
                  {Thickness[0.01], Hue[0.6]}},
    AxesStyle -> Thickness[0.005],
    AspectRatio -> Automatic,
    GridLines -> {{-6, -5, -4, -3, -2, -1, 1, 2, 3, 4, 5, 6},
                  {-4, -3, -2, -1, 1, 2, 3, 4, 5, 6}} ]
```

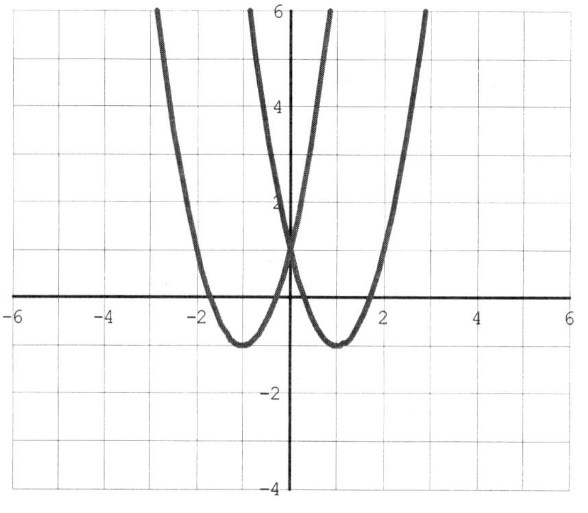

생각할 문제

① 두 함수식의 공통점을 찾아보자.

② 두 그래프의 공통점을 찾아보자.

두 그래프는 모두 (   )로 볼록한 그래프이다.

두 그래프의 축의 방정식은 $x=$(   )이다.

두 그래프의 y절편은 (   )이다.

③ 이차함수 $y=ax^2+bx+c$의 그래프에 a, b, c가 결정하는 것은 무엇인가?

④ 그 이유는 무엇인가?

예제 3.7.2 이차함수 $y=x^2-6x+1$, $y=x^2-4x+1$, $y=x^2+4x+1$, $y=x^2+6x$의 그래프를 그려보고, 다음 물음에 답하여라.

풀이

```
Plot[{x^2 - 6x + 1, x^2 - 4x + 1, x^2 + 4x + 1,
   x^2 + 6x + 1}, {x, -6, 8},
  PlotRange -> {{-6, 6}, {-9, 5}},
  PlotStyle -> { {Thickness[0.01], Hue[0.8]},
                 {Thickness[0.01], Hue[1]},
  {Thickness[0.01], Hue[0.6]}, {Thickness[0.01], Hue[0.8]} },
  GridLines -> { Table[j, {j, -6, 6}], Table[k, {k, -9, 5}] },
  AspectRatio -> Automatic, ImageSize -> 250 ]
```

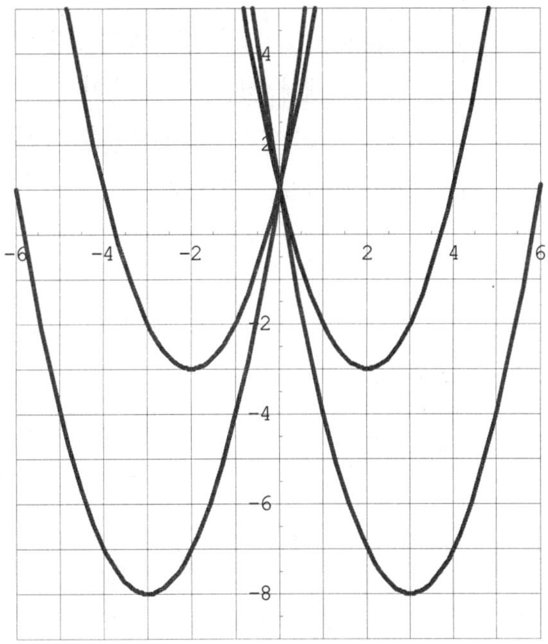

생각할 문제

(1) ① 두 개의 보라색 그래프 중 어느 것이 x^2-6x+1의 그래프인가?

② 왜 그렇게 생각하는가?

(2) ① x^2-6x+1의 그래프는 x^2-4x+1의 그래프를 (,)만큼 평행이동시킨 그래프이다.

② 임의의 점들에 대하여 확인해 보자.

③ 그렇다면 x^2-6x+1의 그래프는 x^2-4x+1의 그래프의 폭은 같다고 할 수 있겠는가?

④ 이유는 무엇인가?

⑤ 다른 그래프들에 대해서도 생각하여보자.

(3) 다음 함수들의 꼭짓점의 좌표를 적어보자.

① x^2-6x+1의 꼭짓점의 좌표는 (　　,　　)이다.

② x^2-4x+1의 꼭짓점의 좌표는 (　　,　　)이다.

③ x^2+4x+1의 꼭짓점의 좌표는 (　　,　　)이다.

④ x^2+6x+1의 꼭짓점의 좌표는 (　　,　　)이다.

⑤ $y=ax^2+bx+c$에서 b가 꼭짓점의 어떤 좌표와 어떤 관계가 있는 것 같은가?

(4) ① 위 그래프들의 y절편을 구하여 보자.

② 이유는 무엇인가?

나의 노트

3.8 이차함수의 최댓값과 최솟값

예제 3.8.1 이차함수 $y = ax^2$의 최댓값과 최솟값을 구하여보자.

풀이 (1) 이차함수 $y = x^2$의 최댓값과 최솟값을 알아보자.

```
Plot[ x^2, {x, -3, 3},
        PlotRange -> {{-3, 3}, {-2, 5}},
        PlotStyle -> {Thickness[0.013], Hue[1]},
        AspectRatio -> Automatic, ImageSize -> 200,
        AxesStyle -> Thickness[0.01],
        GridLines -> {{-3, -2, -1, 1, 2, 3},
                    {-2, -1, 1, 2, 3, 4, 5}} ]
```

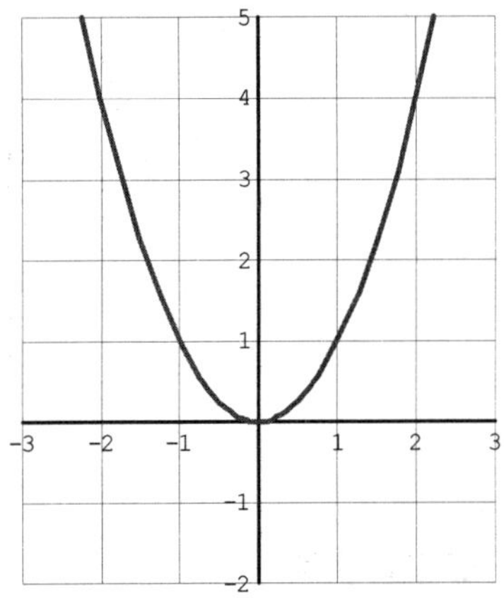

생각할 문제

① 이차함수 $y = x^2$의 그래프가 어떻게 변하는지 말해보자.

② x축을 기준으로 이차함수 $y = x^2$의 그래프 위치는 어디에 있는가?

③ 이차함수 $y = x^2$의 함숫값이 음수가 될 수 있는가?

④ 가장 작은 y의 값은 얼마인가?

⑤ 가장 큰 y의 값은 얼마인가?

⑥ 함숫값 중 가장 작은 값 또는 가장 큰 값을 가질 때의 위치는 어디인가?

(2) 이차함수 $y=-x^2$의 최댓값과 최솟값을 구하여보자.

```
Plot[ -x^2, {x, -3, 3},
      PlotRange -> {{-3, 3}, {-5, 2}},
      PlotStyle -> {Thickness[0.013], Hue[1]},
      AspectRatio -> Automatic,
      AxesStyle -> Thickness[0.01],
      GridLines -> {{-3, -2, -1, 1, 2, 3},
                    {-5, -4, -3, -2, -1, 1, 2}} ]
```

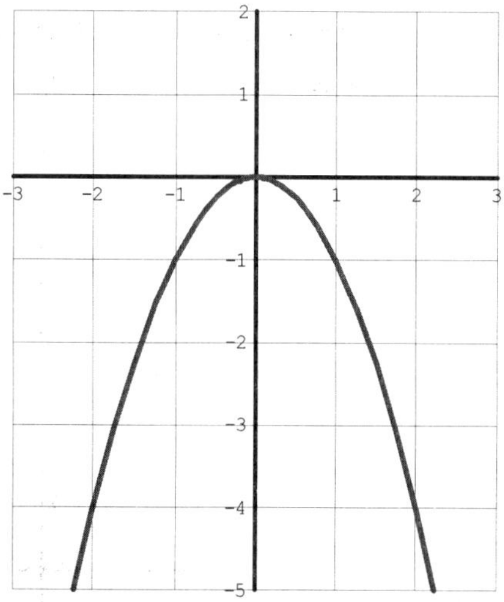

생각할 문제

① 이차함수 $y=-x^2$의 그래프가 어떻게 변하는지 말해보자.

② x축을 기준으로 이차함수 $y=-x^2$의 그래프 위치는 어디에 있는가?

③ 이차함수 $y=-x^2$의 함숫값이 양수가 될 수 있는가?

④ 가장 작은 y의 값은 얼마인가?

⑤ 가장 큰 y의 값은 얼마인가?

⑥ 함숫값 중 가장 작은 값 또는 가장 큰 값을 가질 때의 위치는 어디인가?

(3) 이차함수 $y = ax^2$의 최댓값과 최솟값을 구하여보자.

```
p1 = Plot[ {1/3 x^2, 4x^2}, {x, -3, 3},
        PlotRange -> {{-3, 3}, {-5, 5}},
        PlotStyle -> {{Thickness[0.013], Hue[1]},
                      {Thickness[0.013], Hue[0.6]}},
        AspectRatio -> Automatic,
        AxesStyle -> Thickness[0.01],
        PlotLabel -> "a>0" ];
p2 = Plot[ {-1/3 x^2, -4x^2}, {x, -3, 3},
        PlotRange -> {{-3, 3}, {-5, 5}},
        PlotStyle -> {{Thickness[0.013], Hue[1]},
                      {Thickness[0.013], Hue[0.6]}},
        AspectRatio -> Automatic,
        AxesStyle -> Thickness[0.01],
        PlotLabel -> "a<0" ];
Show[ GraphicsArray[{p1, p2}], GraphicsSpacing -> {0.5, 1},
        ImageSize -> 450
   ]
```

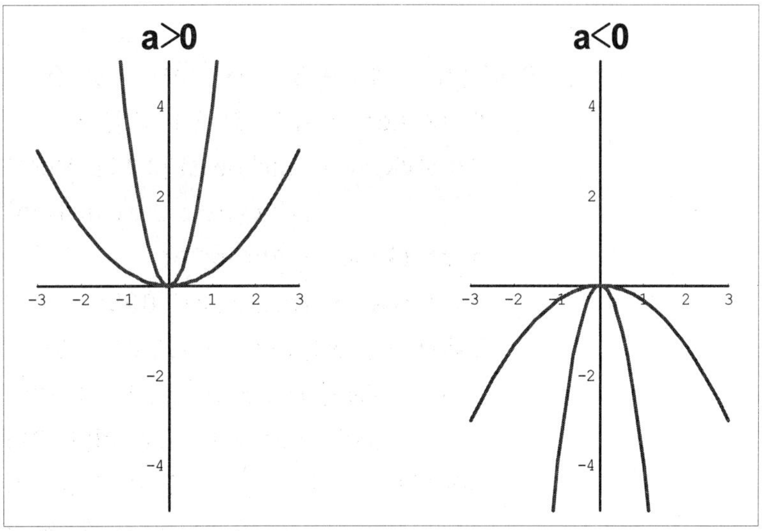

생각할 문제

(1) $a>0$일 때, 이차함수 $y=ax^2$의 그래프를 정리하여 보자.

① $a>0$일 때, 이차함수 $y=ax^2$의 그래프는 모두 x축 (　　)에 있다.

② 최댓값과 최솟값 중 어느 것을 가지는가?

③ 최댓값 또는 최솟값은 그래프의 어느 위치에서 갖는가?

④ 그 이유를 말하여 보자.

(2) $a<0$일 때, 이차함수 $y=ax^2$의 그래프를 정리하여 보자.

① $a<0$일 때, 이차함수 $y=ax^2$의 그래프는 모두 x축 (　　)에 있다.

② 최댓값과 최솟값 중 어느 것을 가지는가?

③ 최댓값 또는 최솟값은 그래프의 어느 위치에서 갖는가?

④ 그 이유를 말하여 보자.

예제 3.8.2 이차함수 $y=a(x-p)^2+q$의 최댓값과 최솟값에 대해 알아보아라.

풀이 이차함수 $y=2(x-4)^2+3$와 $y=-2(x-4)^2+3$의 최댓값 또는 최솟값을 각각 구하기 위해 두 그래프를 그린다.

```
Plot[ {2(x - 4)^2 + 3, -2(x - 4)^2 + 3}, {x, -1, 8},
    PlotRange -> {{-1, 8}, {-1, 7}},
    PlotStyle -> {{Thickness[0.013], Hue[1]},
                 {Thickness[0.013], Hue[0.6]}},
    AspectRatio -> Automatic,
    AxesStyle -> Thickness[0.005],
    Epilog -> {{Text["y=2(x-4)^2+3", {6, 5.5}],
              Text["y=-2(x-4)^2+3", {6, 1.5}]},
              {PointSize[0.02], Point[{4, 3}]} },
    GridLines -> {{-1, 1, 2, 3, 4, 5, 6, 7, 8},
                 {-1, 1, 2, 3, 4, 5, 6, 7, 8}} ]
```

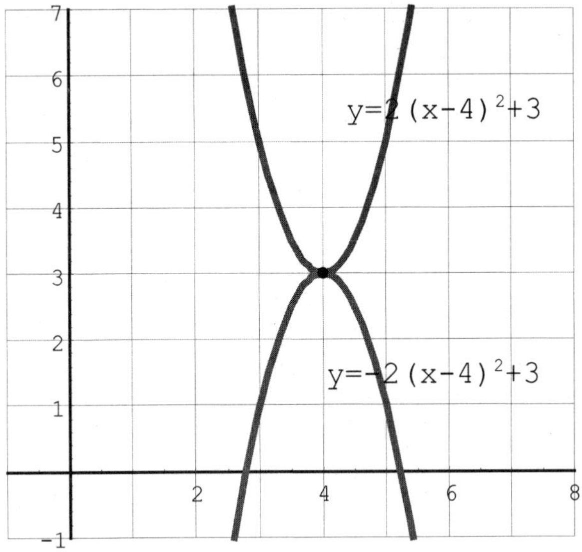

생각할 문제

① 이차함수 $y = 2(x-4)^2 + 3$가 최댓값을 갖는 이유는 무엇인가?

② 이차함수 $y = -2(x-4)^2 + 3$가 최솟값을 갖는 이유는 무엇인가?

③ 이차함수 $y = 2(x-4)^2 + 3$와 $y = -2(x-4)^2 + 3$의 꼭짓점의 좌표를 각각 구하여 보자.

④ 이차함수 $y = 2(x-4)^2 + 3$와 $y = -2(x-4)^2 + 3$의 최댓값 또는 최솟값을 각각 구하여 보자.

⑤ 꼭짓점의 좌표와 최댓값(최솟값) 사이에는 어떤 관계가 있는가?

예제 3.8.3 이차함수 $y = ax^2 + bx + c$의 최댓값과 최솟값에 대해 정리해 보아라.

풀이 (1) 위에서 관찰한 내용을 바탕으로 이차함수의 최댓값 또는 최솟값은 그래프에서 무엇과 관계가 있는가?

(2) 그렇다면 이차함수 $y = ax^2 + bx + c$의 최댓값 또는 최솟값은 어떻게 구해야 할까?

(3) 이차함수 $y = 3x^2 + 6x + 4$의 최댓값 또는 최솟값을 구한 뒤 그래프를 그려 확인해보자.

① 이차함수 $y = 3x^2 + 6x + 4$의 최댓값 또는 최솟값을 구하여보자.

$$y = 3(x^2 + \square + \square - \square) + 4$$
$$y = 3(x^2 + \square + \square) - \square + 4$$
$$y = 3(x + \square)^2 + \square$$

그러므로 이차함수 $y = 3x^2 + 6x + 4$는 $x = \square$ 일 때, (최댓값, 최솟값) $\square$ 을 갖는다.

② 그래프를 그려 확인해보자.

```
Plot[ 3x^2 + 6x + 4, {x, -4, 2},
      PlotRange -> {{-4, 2}, {-1, 6}},
      PlotStyle -> {Thickness[0.013], Hue[1]},
      AspectRatio -> Automatic,
      AxesStyle -> Thickness[0.01], ImageSize -> 200,
      Epilog -> {PointSize[0.02], Point[{-1, 1}]},
      GridLines -> {{-4, -3, -2, -1, 1, 2},
                    {-1, 1, 2, 3, 4, 5, 6}} ]
```

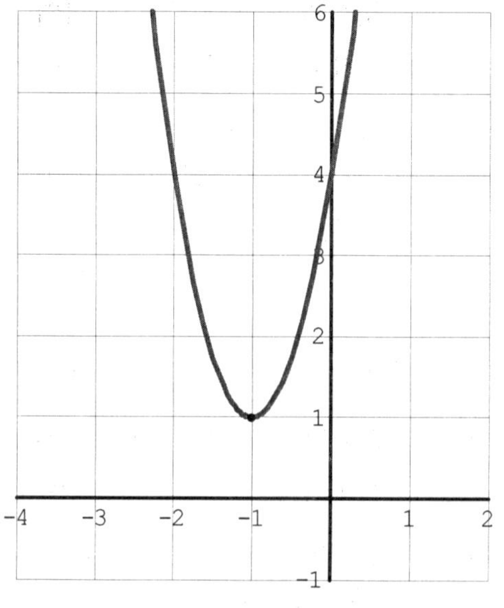

3.9 연습문제

1. 아래 그래프의 함수식을 구하여라.

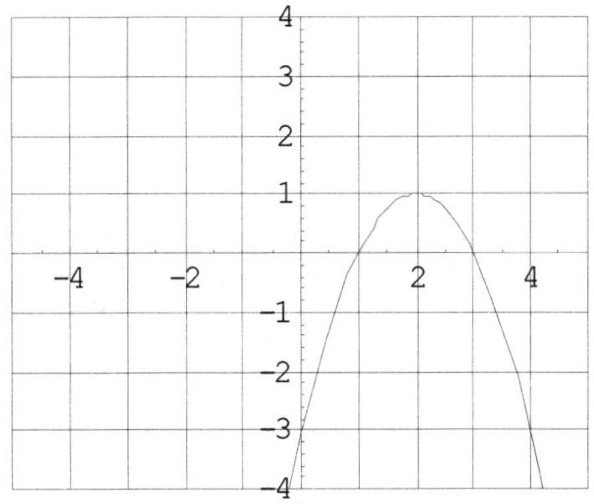

2. 직선 $y = ax + b$의 그래프가 아래 그림과 같을 때, 이차함수 $y = ax^2 + bx - 3$의 꼭짓점은 제 몇 사분면에 있는지 구하여라.

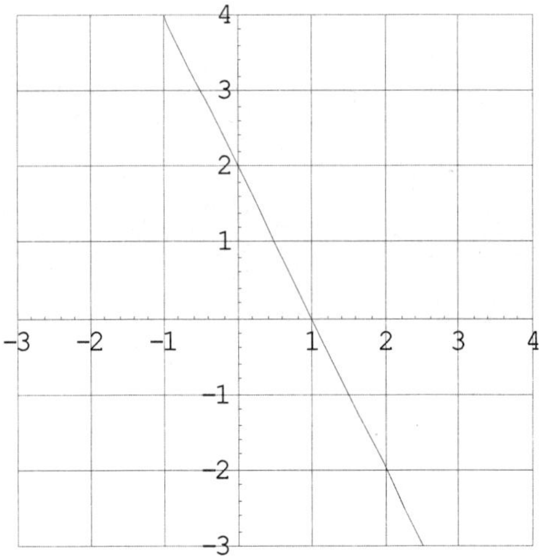

3. 아래 그림은 이차함수 $y=\frac{1}{2}x^2+ax+b$의 그래프이다. a, b의 값을 구하여라.

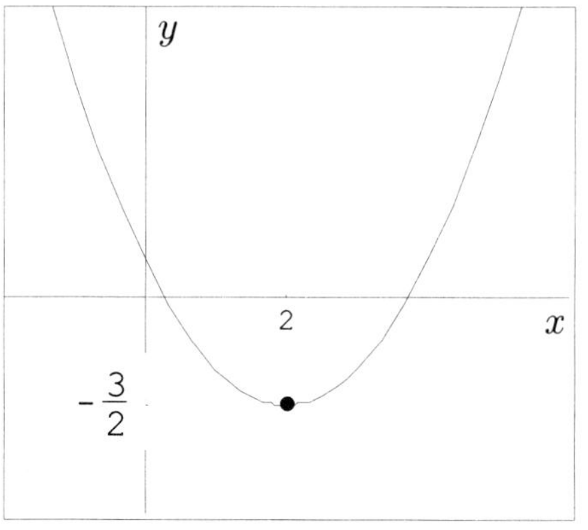

나의 노트

3.10 발전문제

체르노빌 원전의 방사능 유출량을 사고일로부터 9일 동안 조사한 결과 사고 발생 후 x일의 방사능 유출량을 y백만 퀴리라 할 때,

$$y = 0.4x^2 - 3.6x + 10$$

의 관계식을 얻었다. 물음에 답하여라.

1. 2일 후의 방사능 유출량을 구하여라.

2. 아래 그림은 함수 $y = 0.4x^2 - 3.6x + 10$의 그래프이다. 물음에 답하여라.

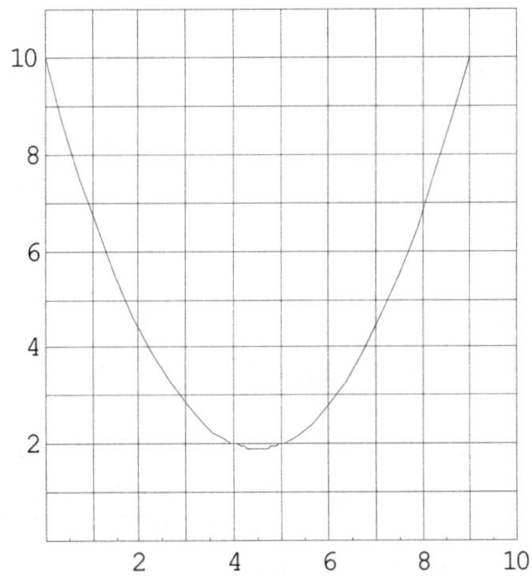

(1) 방사능 유출량의 변화를 말하여보자.
(2) 방사능 유출량이 최고일 때는 사고일로부터 며칠 후인가?
(3) (2)의 내용을 이용하여 방사능 유출량이 최소일 때는 사고일로부터 며칠 후인가?
(4) 방사능이 가장 적게 유출된 날의 방사능 유출량을 구하여보자.

Chapter 4

대칭이동

이 장에서는 Mathematica를 활용하여 여러 가지 대칭이동에 대해 실습하고 이를 활용해 여러 가지 교수·학습 자료를 만들어 보고자 한다.

4.1 직선의 대칭이동

먼저, 이 절에서는 직선의 대칭이동에 대해 알아본다.

한 직선을 x축, y축, 원점, 직선 $y = x$에 대하여 대칭이동 시킴으로써 나타나는 직선의 식의 변화를 살펴보며 그 각 식에서의 x, y의 부호의 변화를 알아보자.

예제 4.1.1 직선 $y = 3x$를 그려보자.

풀이

```
Plot[ 3x, {x, -5, 5},
    PlotStyle -> {{Thickness[0.01], RGBColor[1, 0, 0]}},
    PlotRange -> {{-5, 5}, {-5, 5}},
    GridLines -> {{-5, -4, -3, -2, -1, 0, 1, 2, 3, 4, 5},
                 {-5, -4, -3, -2, -1, 0, 1, 2, 3, 4, 5}},
    Ticks -> {{-4, -3, -2, -1, 0, 1, 2, 3, 4},
             {-4, -3, -2, -1, 0, 1, 2, 3, 4}},
    ImageSize -> 300, AspectRatio -> Automatic,
    PlotLabel -> "직선 y=3x의 그래프",
    Epilog -> Text["y=3x", {2, 2}] ]
```

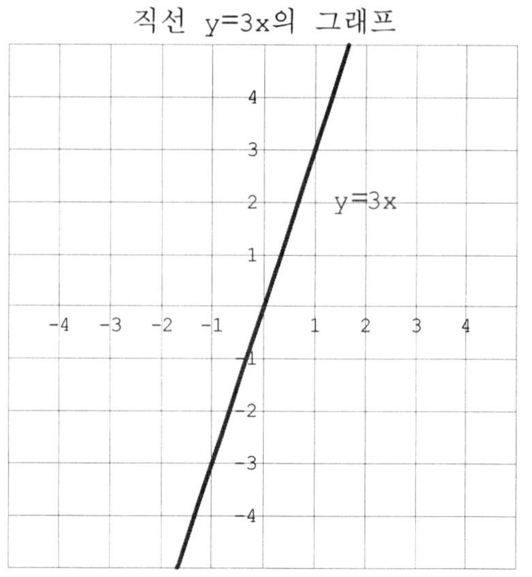

실습문제 **(절편과 원점과의 관계)**

직선 $y = 3x$는 y절편이 (　　,　　)이므로 점 (　　,　　)을 지나는 직선이다.

예제 4.1.2 **(x축, y축 대칭)**

직선 $y =- 3x$와 직선 $y = 3x$를 비교하여 보자.

풀이

```
Plot[ {3x, -3x}, {x, -5, 5},
        PlotStyle -> {{Thickness[0.01], RGBColor[1, 0, 0]},
                      {Thickness[0.008], RGBColor[0, 1, 0]}},
        GridLines -> {{-5, -4, -3, -2, -1, 0, 1, 2, 3, 4, 5},
                      {-5, -4, -3, -2, -1, 0, 1, 2, 3, 4, 5}},
        Ticks -> {{-5, -4, -3, -2, -1, 0, 1, 2, 3, 4, 5},
                  {-5, -4, -3, -2, -1, 0, 1, 2, 3, 4, 5}},
        PlotRange -> {{-5, 5}, {-5, 5}},
        ImageSize -> 300, AspectRatio -> Automatic,
        PlotLabel -> "직선 y=3x와 직선 y=-3x 그래프의 비교",
        Epilog -> {Text["y=3x", {2, 2.5}],
                  Text["y=-3x", {-2, 2.5}]} ]
```

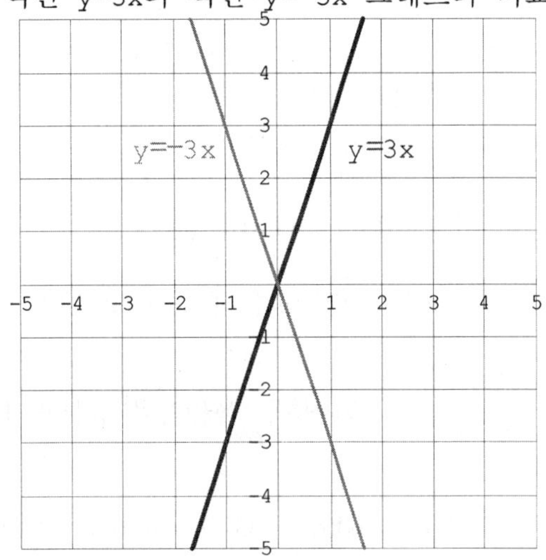

실습문제 **(직선의 대칭과 y축과의 관계)**
직선 $y=-3x$은 직선 $y=3x$와 (　　　　)축 또는 (　　　　)축에 대칭이다.

실습문제 직선 $y=3x$는 이 직선의 x축 대칭인 직선 및 y축 대칭인 직선과 어떤 차이가 있을까?

예제 4.1.3 **(원점에 대한 대칭)** 직선 $y=3x$을 원점에 대하여 대칭이동시켜보자.

풀이

```
<<Graphics`ImplicitPlot`
ImplicitPlot[ {y=3x, -y=-3x}, {x, -5, 5},
        PlotStyle -> {{Thickness[0.01], RGBColor[1, 0, 0]},
                {Thickness[0.008], RGBColor[0, 1, 0]}},
        GridLines -> {Table[k, {k, -5, 5}], Table[k, {k, -5, 5}]},
        Ticks -> {Table[k, {k, -5, 5}], Table[k, {k, -5, 5}]},
        PlotRange -> {{-5, 5}, {-5, 5}},
        ImageSize -> 300, AspectRatio -> Automatic,
        PlotLabel -> "직선 -y=-3x의 그래프",
        Epilog -> Text["-y=-3x", {2, 2.5}] ]
```

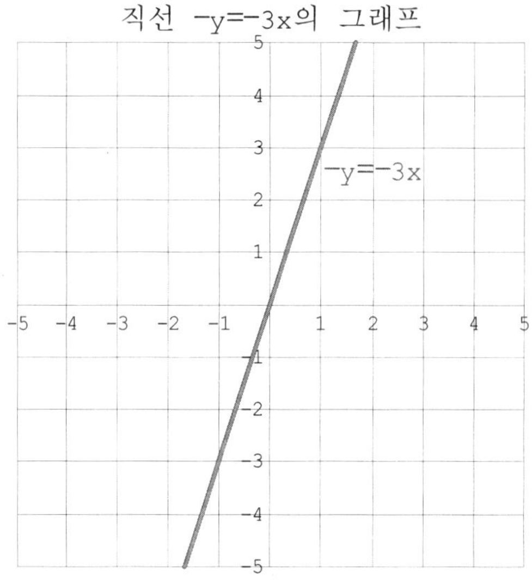

참고

① $y=3x$를 원점에 관하여 대칭하면 $y/.\ (y\ \to -y)$==$3x/.\ (x\ \to -x)$인 직선 $-y=-3x$이다. 여기에서 "수식"/. $a \to b$는 주어진 "수식" 안의 a를 b로 바꾸어 계산하라는 명령어이다.

② version 6.0 이상에서는 음함수 그래프를 그리는 Implicitplot은 Package를 열지 않고 편리하게 사용가능한 명령어 ContourPlot으로 대체되었다.

실습문제 **(원점을 지나는 직선과 원점에 대한 대칭과의 관계)**
직선 $y=3x$를 원점에 대하여 대칭이동 시키면 (   )이다.

실습문제 직선 $y=3x$와 이 직선의 원점에 대한 대칭인 직선과는 어떤 차이가 있을까?

예제 4.1.4 **(직선 $y=x$에 대한 대칭)** 직선 $y=3x$와 직선 $y=\frac{1}{3}x$의 그래프를 비교하여 보자.

풀이

```
Plot[ {3x, x, 1/3 x}, {x, -3, 3},
        PlotStyle -> { {Thickness[0.01], RGBColor[0, 1, 0]},
                       {Thickness[0.01], RGBColor[1, 0, 0]},
                       {Thickness[0.008], RGBColor[0, 1, 0]} },
        GridLines -> { {-4, -3, -2, -1, 0, 1, 2, 3, 4},
                        {-4, -3, -2, -1, 0, 1, 2, 3, 4} },
        Ticks -> { {-4, -3, -2, -1, 0, 1, 2, 3, 4},
                    {-4, -3, -2, -1, 0, 1, 2, 3, 4} },
        PlotRange -> { {-3, 3}, {-3, 3} },
        AspectRatio -> Automatic,
        ImageSize -> 300,
        Epilog -> {Text["y=x", {2, 2}],
                    Text["y=1/3 x", {2, 0.5}],
                    Text["y=3x", {0.5, 2.5}]},
        PlotLabel -> "직선 y=1/3 x와 직선 y=3x의 비교"]
```

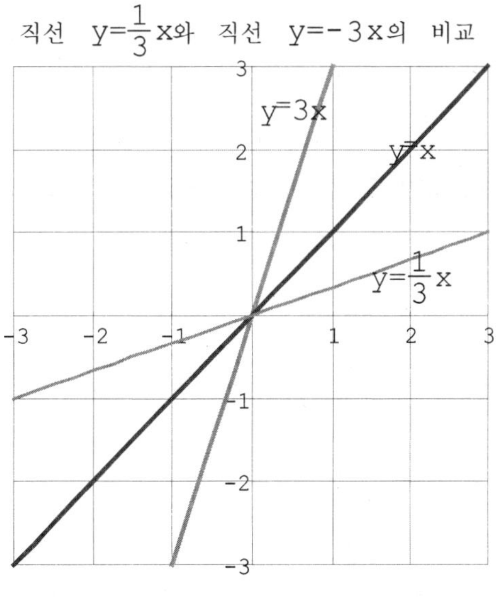

실습문제 직선 $y = 3x$와 직선 $y = \frac{1}{3}x$는 (　　　　　)에 대한 대칭이다.

실습문제 직선 $y = 3x$와 직선 $y = x$에 대칭인 직선의 식은 어떤 차이가 있을까?

실습문제 위의 내용을 종합하여 정리해 보면, 원점을 지나는 직선 $y = ax$는 원점에 대한 대칭이동에서는 (　　)하고, x축 대칭이동과 y축 대칭이동은 서로 (　　)한다.

나의 노트

형성평가

아래의 프로그래밍은 마름모를 그리는 과정을 나타낸다. 이것을 참고하여 마지막 그래프의 식을 만들어 보자.

```
Plot[ {-3/2x + 3, 3/2x + 3, -3/2x - 3}, {x, -2, 2},
        PlotStyle -> {{Thickness[0.01], RGBColor[1, 0, 0]},
                      {Thickness[0.01], RGBColor[1, 0, 0]},
                      {Thickness[0.01], RGBColor[1, 0, 0]}},
        GridLines -> {{-4, -3, -2, -1, 0, 1, 2, 3, 4},
                      {-3, -2, -1, 0, 1, 2, 3}},
        Ticks -> {{-4, -3, -2, -1, 0, 1, 2, 3, 4},
                  {-3, -2, -1, 0, 1, 2, 3}},
        PlotRange -> {{-4, 4}, {-3, 3}},
        AspectRatio -> Automatic,
        ImageSize -> 300,
        PlotLabel -> "직선의 그래프를 이용한 마름모 작도"]
```

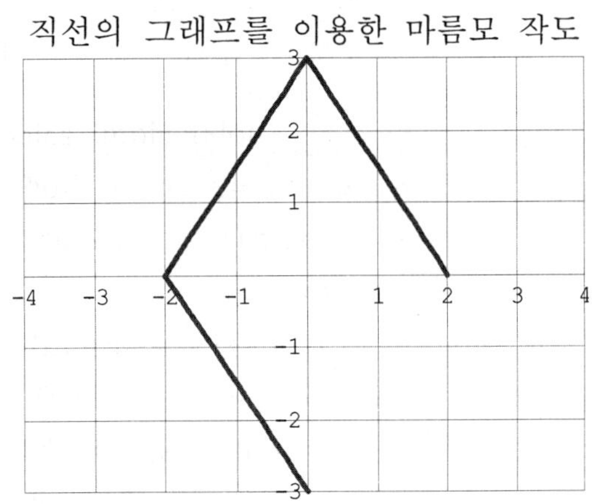

4.2 원의 대칭이동

이 절에서는 원의 대칭이동에 대해 알아보자.

주어진 원을 x 축, y 축, 원점, 직선 $y = x$ 에 대하여 대칭이동 시킴으로써 나타나는 각 원의 중심의 좌표 변화를 살펴보며, 그 각 중심 좌표 x, y 의 부호 변화에 대해 알아보자.

예제 4.2.1 중심의 좌표가 $(2, 1)$ 이고 반지름의 길이가 1인 원 $(x-2)^2 + (y-1)^2 = 1$ 을 그려보자.

풀이

```
<< Graphics`ImplicitPlot`
 ImplicitPlot[ (x - 2)^2 + (y - 1)^2 ==1, {x, -5, 5},
    PlotStyle -> {Thickness[0.01], RGBColor[1, 0, 0]},
    GridLines -> {{-5, -4, -3, -2, -1, 0, 1, 2, 3, 4, 5},
                  {-5, -4, -3, -2, -1, 0, 1, 2, 3, 4, 5}},
    Ticks -> {{-5, -4, -3, -2, -1, 0, 1, 2, 3, 4, 5},
              {-5, -4, -3, -2, -1, 0, 1, 2, 3, 4, 5}},
    PlotLabel -> "원 (x−2)^2+(y−1)^2=1의 그래프",
    PlotRange -> {{-4, 4}, {-4, 4}} ]
```

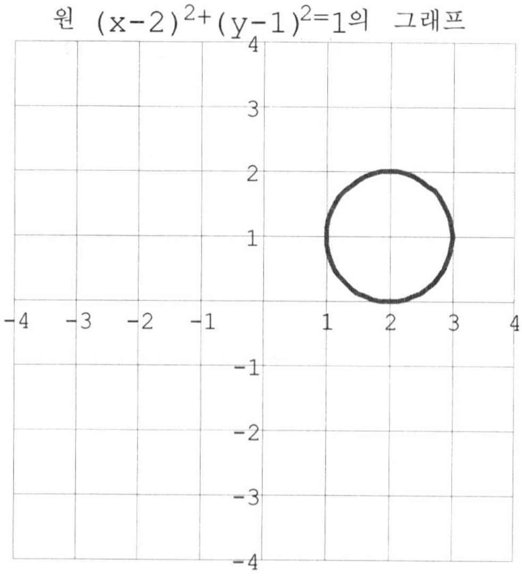

실습문제 예제 4.2.1의 원의 식을 자세히 관찰하여 중심의 좌표와 반지름의 길이를 변화시켜가며 원을 그려보아라.

주의 version 6.0 이상에서 패키지를 열어야 사용가능했던 음함수 그래프를 그리는 명령어인 ImplicitPlot의 기능은 패키지를 열지 않고도 사용가능한 명령어 ContourPlot이 대신하고 있다.

예제 4.2.2 (**x축에 대한 대칭이동**) 예제 4.2.1의 원과 원 $(x-2)^2+(y+1)^2=1$을 그려보자.

풀이

```
ImplicitPlot[ {(x - 2)^2 + (y - 1)^2 ==1 ,
              (x - 2)^2 + (y + 1)^2 ==1} , {x, -3, 3},
   PlotStyle -> {{Thickness[0.01], RGBColor[1, 0, 0]},
                 {Thickness[0.01], RGBColor[0, 1, 0]}},
   GridLines -> {{-4, -3, -2, -1, 0, 1, 2, 3, 4},
                 {-4, -3, -2, -1, 0, 1, 2, 3, 4}},
   Ticks -> {{-4, -3, -2, -1, 0, 1, 2, 3, 4},
             {-4, -3, -2, -1, 0, 1, 2, 3, 4}},
   PlotLabel ->"원 (x - 2)^2 + (y + 1)^2 = 1의 그래프",
   PlotRange -> {{-4, 4}, {-4, 4}} ]
```

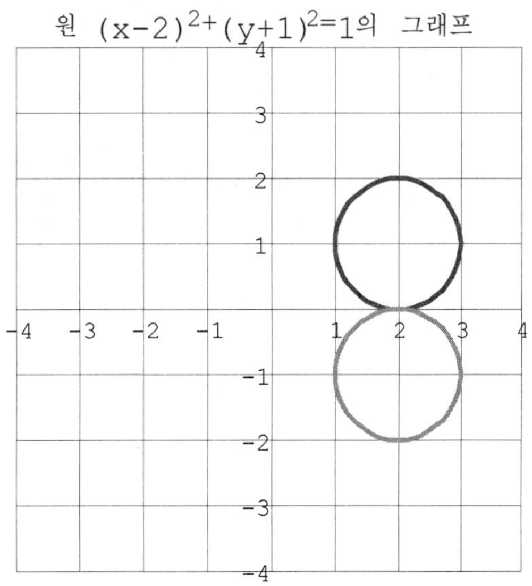

실습문제 예제 4.2.2의 원 $(x-2)^2+(y+1)^2=1$은 예제 4.2.1의 원 $(x-2)^2+(y-1)^2=1$과 어떤 위치관계에 있는가?

실습문제 원 $(x-2)^2+(y+1)^2=1$은 이 원의 x 축 대칭인 원의 식과 어떤 차이가 있을까?

예제 4.2.3 (y축 대칭이동) 예제 4.2.1의 원과 원 $(x+2)^2+(y-1)^2=1$을 그려보자.

풀이

```
ImplicitPlot[ {(x - 2)^2 + (y - 1)^2 ==1 ,
        (x + 2)^2 + (y - 1)^2 ==1} , {x, -3, 3},
    PlotStyle -> {{Thickness[0.01], RGBColor[1, 0, 0]},
            {Thickness[0.01], RGBColor[0, 1, 0]}},
    GridLines -> {{-4, -3, -2, -1, 0, 1, 2, 3, 4},
            {-4, -3, -2, -1, 0, 1, 2, 3, 4}},
    Ticks -> {{-4, -3, -2, -1, 0, 1, 2, 3, 4},
          {-4, -3, -2, -1, 0, 1, 2, 3, 4}},
    PlotLabel ->"원 (x + 2)^2 + (y - 1)^2 = 1의 그래프",
    PlotRange -> {{-4, 4}, {-4, 4}} ]
```

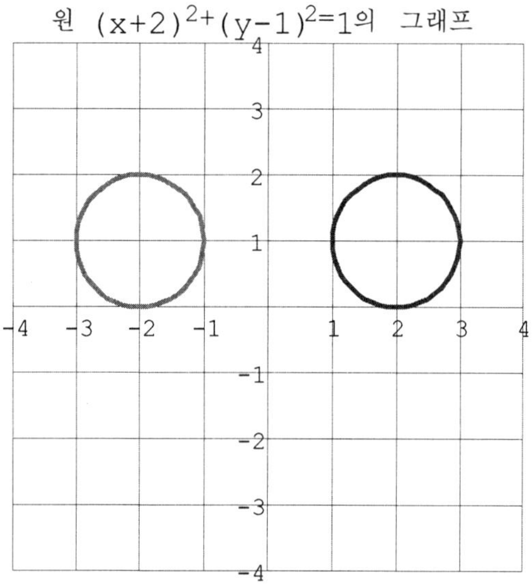

실습문제 예제 4.2.3의 원 $(x+2)^2+(y-1)^2=1$은 예제 4.2.1의 원 $(x-2)^2+(y-1)^2=1$과 어떤 위치관계에 있는가?

실습문제 원 $(x-2)^2+(y+1)^2=1$과 이 원의 y 축 대칭인 원의 식과는 어떤 차이가 있을까?

예제 4.2.4 예제 4.2.1의 원과 원 $(x+2)^2+(y+1)^2=1$을 그려보자.

풀이

```
ImplicitPlot[ {(x - 2)^2 + (y - 1)^2 ==1 ,
               (x + 2)^2 + (y + 1)^2 ==1 }, {x, -3, 3},
   PlotStyle -> {{Thickness[0.01], RGBColor[1, 0, 0]},
                 {Thickness[0.01], RGBColor[0, 1, 0]}},
   GridLines -> {{-4, -3, -2, -1, 0, 1, 2, 3, 4},
                 {-4, -3, -2, -1, 0, 1, 2, 3, 4}},
   Ticks -> {{-4, -3, -2, -1, 0, 1, 2, 3, 4},
             {-4, -3, -2, -1, 0, 1, 2, 3, 4}},
   PlotLabel ->"원 (x + 2)^2 + (y + 1)^2 = 1의 그래프",
   PlotRange -> {{-4, 4}, {-4, 4}} ]
```

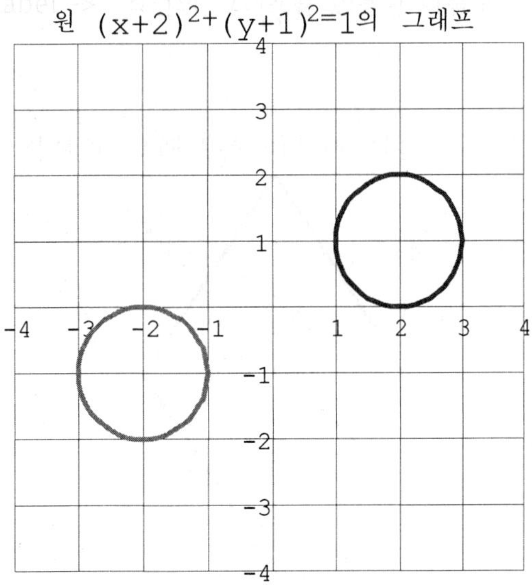

실습문제 예제 4.2.4의 원 $(x+2)^2+(y+1)^2=1$은 예제 4.2.1의 원 $(x-2)^2+(y-1)^2=1$과 어떤 위치관계를 가지는가?

실습문제 원 $(x-2)^2+(y+1)^2=1$을 원점 대칭이동한 원의 방정식을 구하여라.

예제 4.2.5 **(직선 $y=x$에 대칭이동)** 원 $(x-1)^2+(y-2)^2=1$을 그려보자.

풀이

```
ImplicitPlot[ {y == x, (x - 2)^2 + (y - 1)^2 ==1 ,
          (x - 1)^2 + (y - 2)^2 ==1} , {x, -4, 4},
   PlotStyle -> {{Thickness[0.007], RGBColor[0, 0, 0]},
                 {Thickness[0.01], RGBColor[1, 0, 0]},
                 {Thickness[0.01], RGBColor[0, 1, 0]}},
   GridLines -> {{-4, -3, -2, -1, 0, 1, 2, 3, 4},
                 {-4, -3, -2, -1, 0, 1, 2, 3, 4}},
   Ticks -> {{-4, -3, -2, -1, 0, 1, 2, 3, 4},
             {-4, -3, -2, -1, 0, 1, 2, 3, 4}},
   PlotLabel ->"원 (x - 1)^2 + (y - 2)^2 = 1의 그래프",
   PlotRange -> {{-4, 4}, {-4, 4}} ]
```

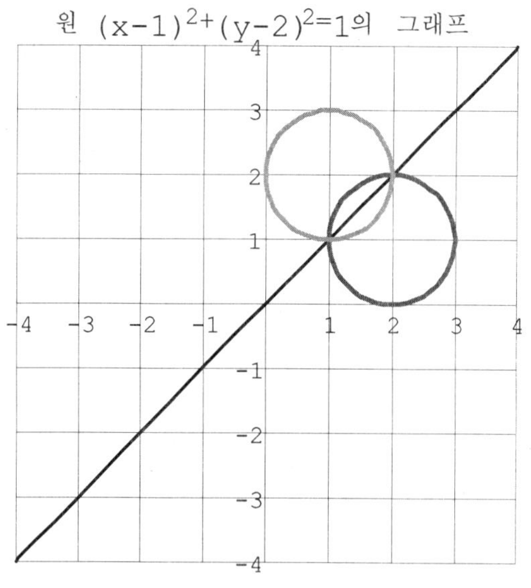

실습문제 원 $(x-2)^2+(y+1)^2=1$을 x 축 대칭이동한 원의 방정식을 구하여라.

형성평가

아래의 프로그래밍은 올림픽의 상징인 오륜기를 만든다. 마지막 노란색의 원의 방정식을 구하여 오륜기를 완성시켜 보아라.

```
ImplicitPlot[ {x^2 + (y - 2)^2 ==1,
              (x - 1)^2 + (y - 1)^2 ==1,
              (x - 2)^2 + (y - 2)^2 ==1,
              (x + 2)^2 + (y - 2)^2 ==1} , {x, -3, 3},
    PlotStyle -> { {Thickness[0.01], RGBColor[0, 0, 0]},
                   {Thickness[0.01], RGBColor[0, 1, 0]},
                   {Thickness[0.01], RGBColor[1, 0, 0]},
                   {Thickness[0.01], RGBColor[0, 0, 1]} },
    GridLines -> {{-4, -3, -2, -1, 0, 1, 2, 3, 4},
                  {-4, -3, -2, -1, 0, 1, 2, 3, 4}},
    Ticks -> {{-4, -3, -2, -1, 0, 1, 2, 3, 4},
              {-4, -3, -2, -1, 0, 1, 2, 3, 4}},
    PlotLabel -> "원의 그래프를 이용한 오륜기",
    PlotRange -> {{-4, 4}, {-4, 4}} ]
```

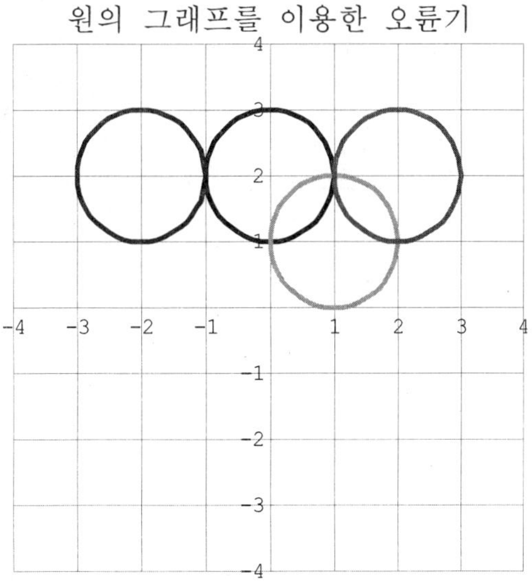

4.3 포물선의 대칭이동

이 절에서는 포물선의 대칭이동에 대해 알아본다.

한 포물선을 x 축, y 축, 원점, 직선 $y=x$에 대하여 대칭이동 시킴으로써 나타나는 포물선의 식의 각 변화를 살펴보며, 그 각 식에서의 x, y에 대한 부호의 변화를 알아보자.

예제 4.3.1 포물선 $y=(x-3)^2+2$를 그려보자.

풀이

```
Plot[ (x - 3)^2 + 2, {x, -5, 5},
      PlotStyle -> {{Thickness[0.01], RGBColor[1, 0, 0]}},
      ImageSize -> 300,
      GridLines -> {{-5, -4, -3, -2, -1, 0, 1, 2, 3, 4, 5},
                    {-5, -4, -3, -2, -1, 0, 1, 2, 3, 4, 5}},
      Ticks -> {{-5, -4, -3, -2, -1, 0, 1, 2, 3, 4, 5},
                {-5, -4, -3, -2, -1, 0, 1, 2, 3, 4, 5}},
      AspectRatio -> Automatic,
      PlotRange -> {{-5, 5}, {-5, 5}},
      Epilog -> Text["y = (x - 3)^2 + 2", {3, 1.5}],
      PlotLabel -> "y = (x - 3)^2 + 2의 그래프"]
```

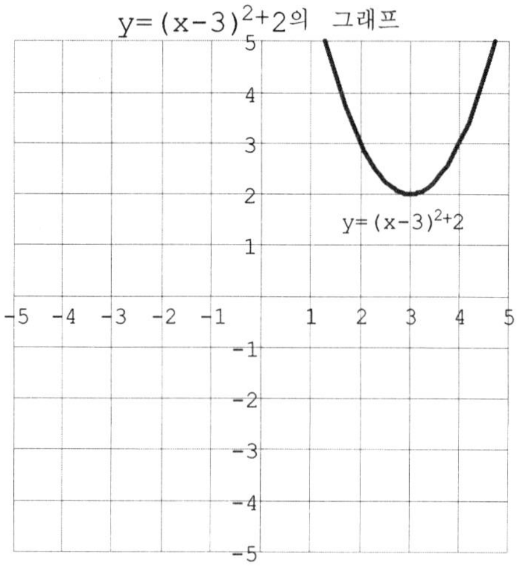

예제 4.3.2 (x축에 에 대한 대칭) 포물선 $y=-(x-3)^2-2$를 그려보자.

풀이

```
Plot[ {(x - 3)^2 + 2, -(x - 3)^2 - 2}, {x, -5, 5},
      PlotStyle -> { {Thickness[0.01], RGBColor[1, 0, 0]},
                     {Thickness[0.01], RGBColor[0, 1, 0]} },
      GridLines -> {Table[k, {k, -5, 5}], Table[k, {k, -5, 5}]},
      Ticks -> { Table[k, {k, -5, 5}], Table[k, {k, -5, 5}] },
      ImageSize -> 300, AspectRatio -> Automatic,
      PlotRange -> {{-5, 5}, {-5, 5}},
      Epilog -> { Text["y = (x - 3)^2 + 2", {3, 1.5}],
                  Text["y = -(x - 3)^2 - 2", {3, -1.5}] },
      PlotLabel -> "-(x - 3)^2 - 2의 그래프"]
```

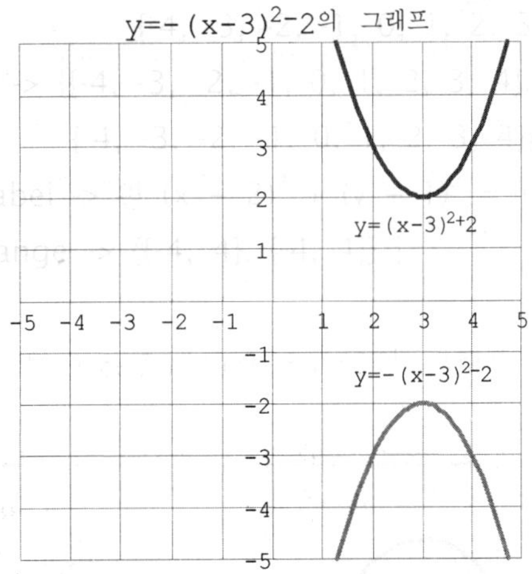

예제 4.3.3 (y축에 대한 대칭) 포물선 $y=(-x-3)^2+2$를 그려보자.

풀이

```
Plot[ {(x - 3)^2 + 2, (-x - 3)^2 + 2}, {x, -5, 5},
   PlotStyle -> {{Thickness[0.01], RGBColor[1, 0, 0]},
                 {Thickness[0.01], RGBColor[0, 1, 0]}},
      GridLines -> {Table[k, {k, -5, 5}], Table[k, {k, -5, 5}]},
      Ticks -> {Table[k, {k, -5, 5}], Table[k, {k, -5, 5}]},
      ImageSize -> 300, AspectRatio -> Automatic,
```

```
        PlotRange -> {{-5, 5}, {-5, 5}},
        Epilog -> {Text["y = (x - 3)^2 + 2", {3, 1.5}],
                   Text["y = (-x - 3)^2 + 2", {-3, 1.5}]},
        PlotLabel -> "y = (-x - 3)^2 + 2의 그래프"]
```

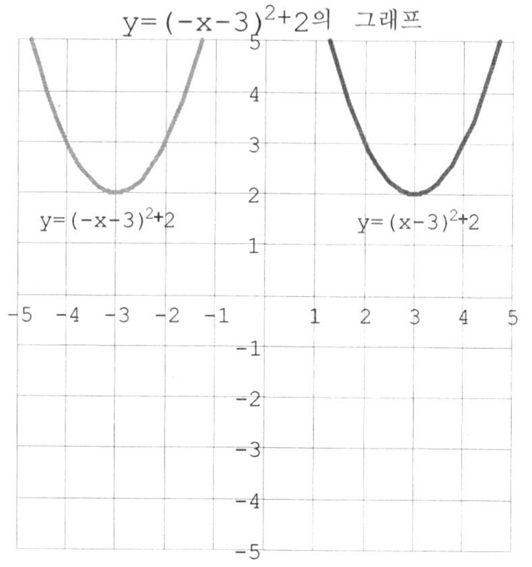

예제 4.3.4 (원점에 대칭) 포물선 $y=-(-x-3)^2-2$를 그려보자.

풀이

```
Plot[{(x - 3)^2 + 2, -(-x - 3)^2 - 2}, {x, -5, 5},
        PlotStyle -> {{Thickness[0.01], RGBColor[1, 0, 0]},
                      {Thickness[0.01], RGBColor[0, 1, 0]}},
        GridLines -> { Table[k, {k, -5, 5}], Table[k, {k, -5, 5}] },
        Ticks -> { Table[k, {k, -5, 5}], Table[k, {k, -5, 5}] },
        ImageSize -> 300,
        AspectRatio -> Automatic,
        PlotRange -> {{-5, 5}, {-5, 5}},
        Epilog -> {Text["y = (x - 3)^2 + 2", {3, 1.5}],
                   Text["y = -(-x - 3)^2 - 2", {-3, -1.5}]},
        PlotLabel -> "y = -(-x - 3)^2 - 2의 그래프" ]
```

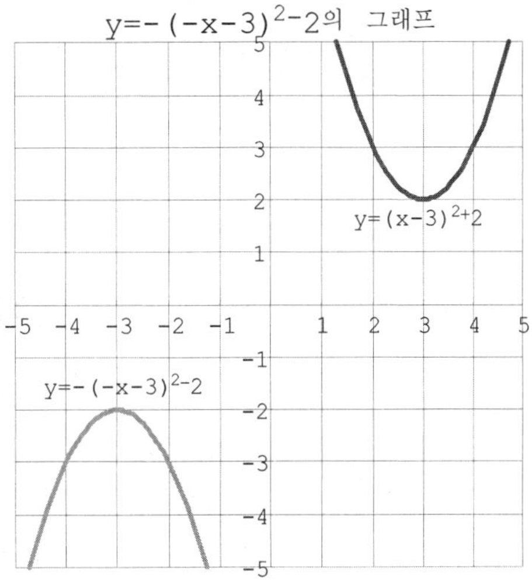

예제 4.3.5 **(직선 $y=x$에 대한 대칭)** 무리함수 $y=\sqrt{x-2}+3$과 $y=-\sqrt{x-2}+3$를 그려보자.

풀이

```
<< Graphics`ImplicitPlot`
ImplicitPlot[ {y==(x-3)^2 + 2, y==√(x-2) + 3,
            y==√(x-2)+3, y==x}, {x, -1, 5},
      PlotStyle -> {{Thickness[0.01], RGBColor[1, 0, 0]},
                    {Thickness[0.01], RGBColor[0, 1, 0]},
                    {Thickness[0.01], RGBColor[0, 0, 1]},
                    {Thickness[0.01], RGBColor[0, 0, 0]}},
      GridLines -> {Table[k, {k, -5, 5}], Table[k, {k, -5, 5}]},
      Ticks -> {Table[k, {k, -5, 5}], Table[k, {k, -5, 5}]},
      ImageSize -> 300, AspectRatio -> Automatic,
      PlotRange -> {{-1, 5}, {-1, 5}},
      Epilog -> {Text["y = (x - 3)^2 + 2", {1.5, 3.5}],
                 Text["y = √(x-2) + 3", {3, 4.5}],
                 Text["y = -√(x-2) + 3", {3, 1.5}]},
      PlotLabel -> "y = √(x-2) + 3와 y = -√(x-2) + 3의
      그래프"]
```

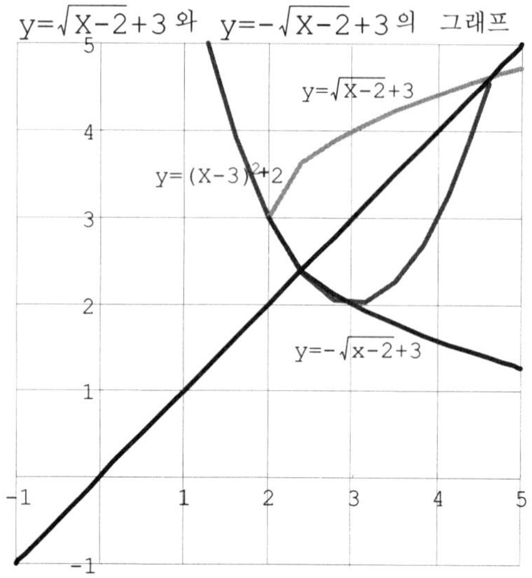

참고

위 예제 4.3.5에서 곡선이 꺾인 것처럼 나타나는 것을 부드러운 곡선으로 나타내기 위해서는 선택사항 'PlotPoints → **숫자**'가 필요하다. PlotPoints → 50이라는 옵션을 추가해서 위의 그래프를 다시 그려보아라. 또한 숫자의 크기를 바꾸어 가며 이 옵션을 실습해 보아라.

나의 노트

형성평가

4개의 포물선을 한 곳에 그리면 아름다운 문양이 만들어지는데 아래에 주어진 문양을 완성하기 위해 필요한 나머지 포물선의 식과 정의역의 범위를 구하여 보아라.

```
a=Plot[ {x^2 - 3, -x^2 + 3}, {x, -1.5, 1.5},
          PlotStyle -> {{Thickness[0.01], RGBColor[1, 0, 0]},
             x + 3       x∓3ickness[0.01], RGBColor[1, 0, 0]}}];
b=Plot[ { √(x+3), -√(x+3) }, {x, -3, -0.5},
          PlotStyle -> {{Thickness[0.01], RGBColor[1, 0, 0]},
                           {Thickness[0.01], RGBColor[1, 0, 0]}}];
Show[ {a, b},
          GridLines -> { Table[k, {k, -5, 5}], Table[k, {k, -5, 5}] },
          Ticks -> { Table[k, {k, -5, 5}], Table[k, {k, -5, 5}] },
          ImageSize -> 300, AspectRatio -> Automatic,
          PlotRange -> {{-5, 5}, {-5, 5}},
          PlotLabel -> "포물선을 이용한 아름다운 모양" ]
```

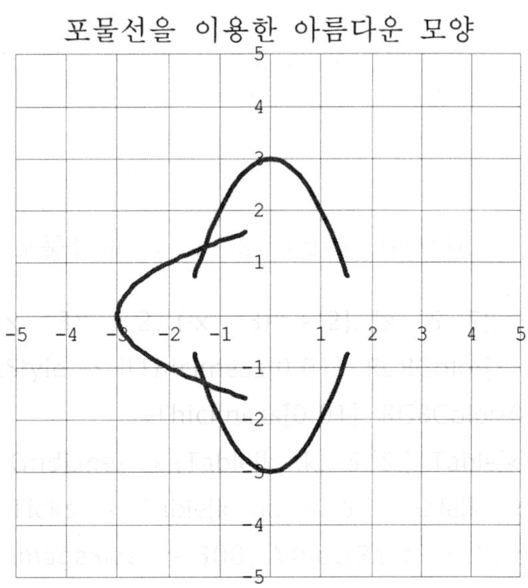

4.4 유리함수의 대칭이동

이 절에서는 유리함수에 대한 대칭이동에 대해 알아본다.

주어진 한 유리함수를 x 축, y 축, 원점, 직선 $y=x$에 대하여 대칭이동 시킴으로써 나타나는 유리함수의 식의 각 변화를 살펴보며 그 각 식에서의 x, y에 대한 부호 변화를 알아보자.

예제 4.4.1 유리함수 $y=\dfrac{1}{x}$을 그려보자.

풀이

```
Plot[ 1/x, {x, -8, 8},
    PlotRange -> { {-8, 8}, {-4, 4} },
    PlotStyle -> { {Thickness[0.01], RGBColor[1, 0, 0]} },
    GridLines -> { Table[j, {j, -8, 8}], Table[k, {k, -4, 4}] },
    Ticks -> { Table[j, {j, -8, 8}], Table[k, {k, -4, 4}] },
    AspectRatio -> Automatic, ImageSize -> 400,
    PlotLabel -> "유리함수 y = 1/x 의 그래프",
    Epilog -> Text["y = 1/x", {3, 2}] ]
```

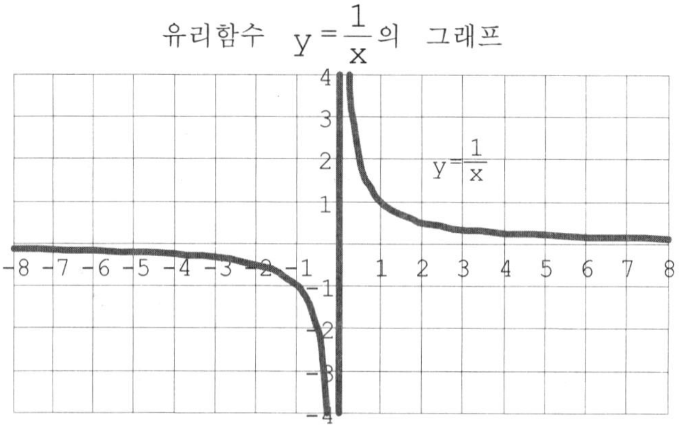

예제 4.4.2 (x축에 대한 대칭이동) 유리함수 $y=-\dfrac{1}{x}$을 그려보자.

풀이

```
Plot[ -1/x, {x, -8, 8},
    PlotRange -> {{-8, 8}, {-4, 4}},
    PlotStyle -> {Thickness[0.01], RGBColor[1, 0, 0]},
    GridLines -> {Table[j, {j, -8, 8}], Table[k, {k, -4, 4}]},
    Ticks -> {Table[j, {j, -8, 8}], Table[k, {k, -4, 4}]},
    AspectRatio -> Automatic, ImageSize -> 400,
    PlotLabel -> "유리함수 y = -1/x의 그래프",
    Epilog -> Text["y = -1/x", {3, 2.5}] ]
```

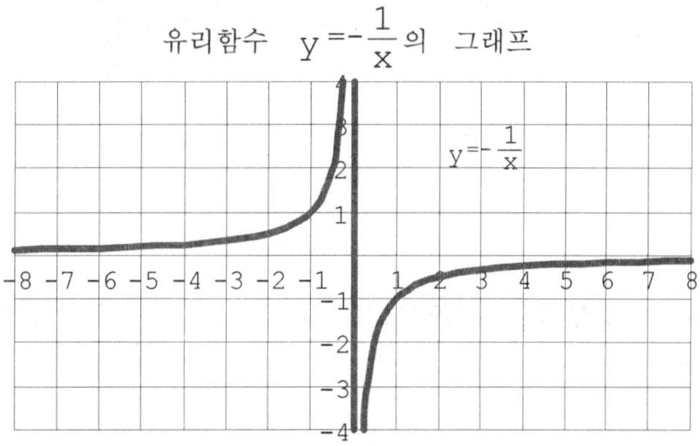

예제 4.4.3 (y에 대한 대칭이동) 유리함수 $y=\dfrac{1}{-x}$을 그려보자.

풀이

```
Plot[1/-x, {x, -8, 8},
    PlotRange -> {{-8, 8}, {-4, 4}},
    PlotStyle -> {Thickness[0.01], RGBColor[1, 0, 0]},
    GridLines -> {Table[j, {j, -8, 8}], Table[k, {k, -4, 4}]},
    Ticks -> {Table[j, {j, -8, 8}], Table[k, {k, -4, 4}]},
    AspectRatio -> Automatic, ImageSize -> 400,
```

```
    PlotLabel -> "유리함수 y = -1/-x 의 그래프",
    Epilog -> Text["y = 1/-x", {3, 2}] ]
```

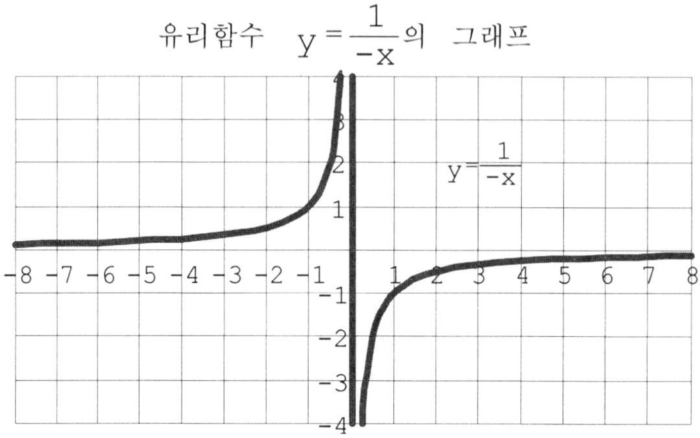

예제 5.4.4 (원점에 대한 대칭이동) 유리함수 $y = \frac{-1}{-x}$ 을 그려보자.

풀이

```
Plot[-1/-x, {x, -8, 8},
    PlotRange -> {{-8, 8}, {-4, 4}},
    PlotStyle -> {Thickness[0.01], RGBColor[1, 0, 0]},
    GridLines -> {Table[j, {j, -8, 8}], Table[k, {k, -4, 4}]},
    Ticks -> {Table[j, {j, -8, 8}], Table[k, {k, -4, 4}]},
    AspectRatio -> Automatic,
    ImageSize -> 400,
    PlotLabel -> "유리함수 y = -1/-x 의 그래프",
    Epilog -> Text["y = -1/-x", {3, 2}] ]
```

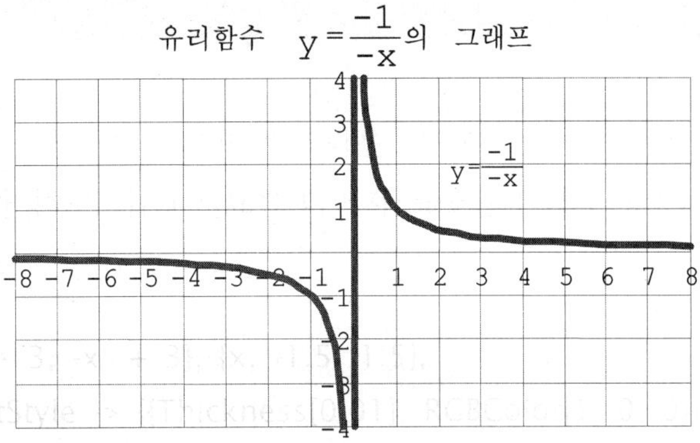

예제 4.4.5 (직선 $y=x$에 대한 대칭이동) 유리함수 $x=\dfrac{1}{y}$를 그려보자.

풀이

```
Plot[ {1/y, y}, {y, -8, 8},
   PlotRange -> {{-8, 8}, {-4, 4}},
   PlotStyle -> {Thickness[0.01], RGBColor[1, 0, 0]},
   GridLines -> {Table[j, {j, -8, 8}], Table[k, {k, -4, 4}]},
   Ticks -> {Table[j, {j, -8, 8}], Table[k, {k, -4, 4}]},
   AspectRatio -> Automatic, ImageSize -> 400,
   PlotLabel -> "유리함수 x = 1/y의 그래프",
   Epilog -> {Text["x = 1/y", {3, -2}],
          Text["x = y", {3, 2}]} ]
```

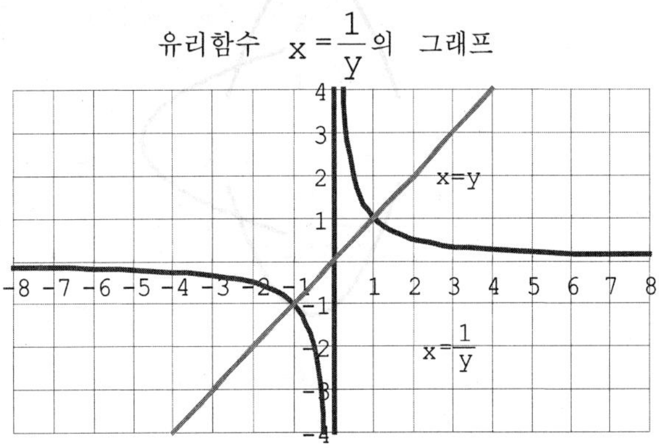

실습문제 유리함수 $y=\frac{1}{x}$는 원점과 직선 $y=x$에 대한 대칭에서는 (   )하고, y 축 대칭과 x 축 대칭에서는 서로 (   )하지 않는다.

형성평가

아래 프로그래밍은 유리함수 $\frac{1}{x}$과 $-\frac{1}{x}$을 한 좌표평면에 함께 그린다. 그림에 나타난 가운데 세로선 즉, y 축의 선은 무엇을 말하는가?

```
Plot[ {1/x, -1/x}, {x, -8, 8},
    PlotRange -> {{-8, 8}, {-4, 4}},
    PlotStyle -> {{Thickness[0.01], RGBColor[1, 0, 0]},
                  {Thickness[0.01], RGBColor[1, 0, 0]}},
    GridLines -> {Table[j, {j, -8, 8}], Table[k, {k, -4, 4}]},
    Ticks -> {Table[j, {j, -8, 8}], Table[k, {k, -4, 4}]},
    AspectRatio -> Automatic, ImageSize -> 400,
    PlotLabel -> "유리함수를 이용한 다양한 모양"]
```

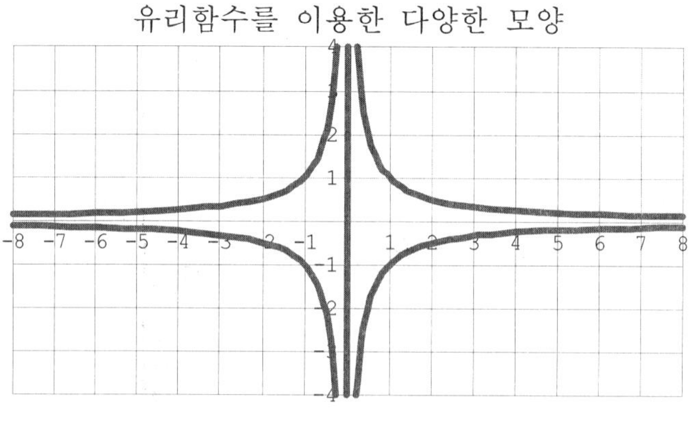

4.5 무리함수의 대칭이동

이 절에서는 무리함수의 대칭이동에 대해 알아본다.

주어진 한 무리함수를 x 축, y 축, 원점, 직선 $y=x$ 에 대하여 대칭이동시킴으로써 나타나는 무리함수의 식의 각 변화를 살펴보며, 그 각 식에서의 x, y 에 대한 부호의 변화를 알아보자.

예제 4.5.1 무리함수 $y=\sqrt{x}$ 를 그려보자.

풀이

```
Plot[ √x , {x, 0, 8},
    PlotRange -> {{-8, 8}, {-4, 4}},
    PlotStyle -> {{Thickness[0.01], RGBColor[1, 0, 0]}},
    GridLines -> {Table[j, {j, -8, 8}], Table[k, {k, -4, 4}]},
    Ticks -> {Table[j, {j, -8, 8}], Table[k, {k, -4, 4}]},
    AspectRatio -> Automatic,
    ImageSize -> 400,
    PlotLabel -> "무리함수 y = √x 의 그래프",
    Epilog -> Text["y = √x ", {3, 2.5}] ]
```

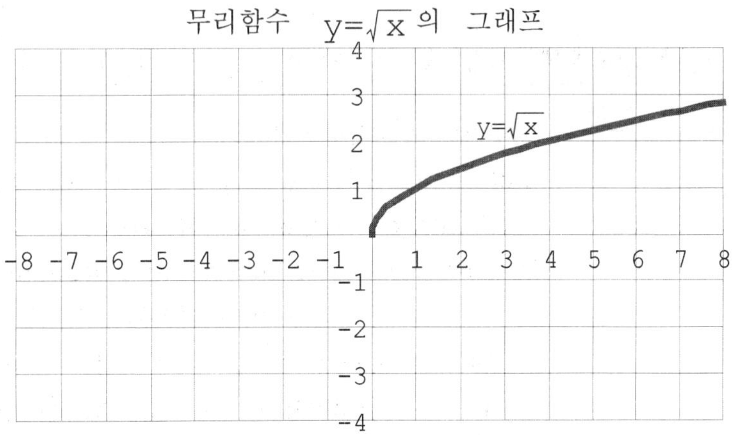

예제 4.5.2 (x축에 대한 대칭이동) 무리함수 $y=-\sqrt{x}$를 그려보자.

풀이

```
Plot[ {√x , − √x }, {x, 0, 8},
    PlotRange -> {{-8, 8}, {-4, 4}},
    PlotStyle -> {{Thickness[0.01], RGBColor[1, 0, 0]},
                  {Thickness[0.01], RGBColor[0, 1, 0]}},
    GridLines -> {Table[j, {j, -8, 8}], Table[k, {k, -4, 4}]},
    Ticks -> {Table[j, {j, -8, 8}], Table[k, {k, -4, 4}]},
    AspectRatio -> Automatic, ImageSize -> 400,
    PlotLabel -> "무리함수 y = -√x 의 그래프",
    Epilog -> {Text["y = √x ", {3, 2.5}],
              Text["y = -√x ", {3, -2.5}]} ]
```

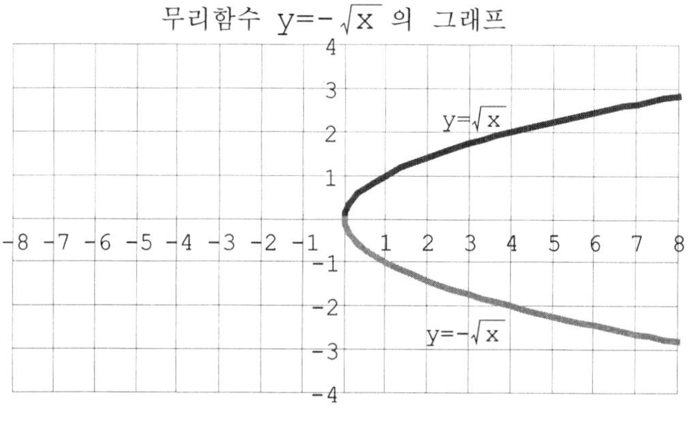

예제 4.5.3 (y축에 대한 대칭이동) 무리함수 $y=\sqrt{-x}$를 그려보자.

풀이

```
<<Graphics`ImplicitPlot`
ImplicitPlot[ {y == √x , y == √-x , {x, -8, 8},
    PlotRange -> {{-8, 8}, {-4, 4}},
    PlotStyle -> {{Thickness[0.01], RGBColor[1, 0, 0]},
                  {Thickness[0.01], RGBColor[0, 1, 0]}},
    GridLines -> {Table[j, {j, -8, 8}], Table[k, {k, -4, 4}]},
    Ticks -> {Table[j, {j, -8, 8}], Table[k, {k, -4, 4}]},
    AspectRatio -> Automatic, ImageSize -> 400,
```

```
    PlotLabel -> "무리함수 y = √-x 의 그래프",
    Epilog -> {Text["y = √x ", {3, 2.5}],
               Text["y = √-x ", {-3, 2.5}]} ]
```

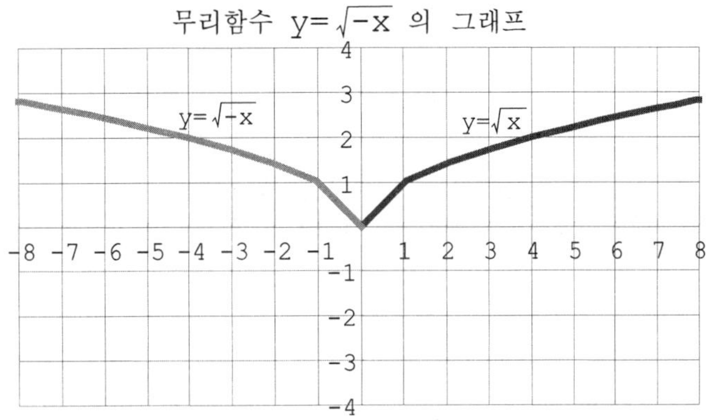

참고

그래프의 모양이 꺽인 선처럼 나타나는 것을 부드러운 곡선으로 표현하기 위해서 PlotPoints → 50이라는 옵션을 추가할 수 있다.

예제 4.5.4 **(원점에 대한 대칭이동)** 무리함수 $y=-\sqrt{-x}$ 를 그려보자.

풀이

```
Plot[ {y == √x , y == - √-x }, {x, -8, 8},
    PlotRange -> {{-8, 8}, {-4, 4}},
    PlotStyle -> {{Thickness[0.01], RGBColor[1, 0, 0]},
                  {Thickness[0.01], RGBColor[0, 1, 0]}},
    GridLines -> {Table[j, {j, -8, 8}], Table[k, {k, -4, 4}]},
    Ticks -> {Table[j, {j, -8, 8}], Table[k, {k, -4, 4}]},
    AspectRatio -> Automatic, ImageSize -> 400,
    PlotLabel -> "무리함수 y = - √-x 의 그래프",
    Epilog -> {Text["y = √x ", {3, 2.5}],
               Text["y = - √-x ", {-3, -2.5}]} ]
```

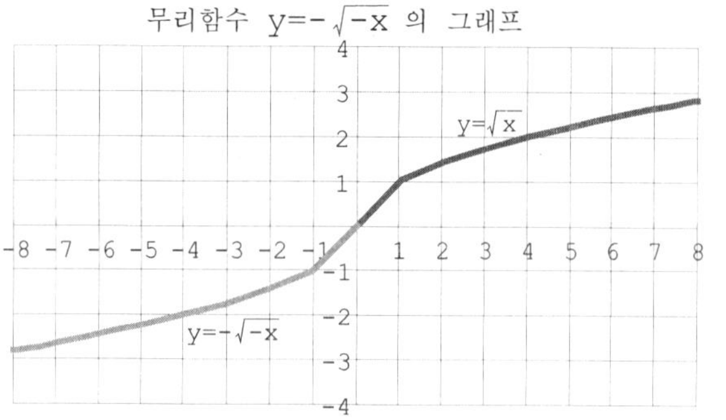

실습문제 (**직선 $y=x$에 대한 대칭이동**) 무리함수 $x=\sqrt{y}$를 그려보자.

예제 4.5.5 $y=x^2$, $y=\sqrt{x}$, $y=x$의 그래프를 한 평면에 그려보자.

풀이

```
Plot[ {√x , x^2, x}, {x, 0, 8},
    PlotRange -> {{-1, 8}, {-1, 4}},
    PlotStyle -> {{Thickness[0.01], RGBColor[1, 0, 0]},
                  {Thickness[0.01], RGBColor[0, 1, 0]},
                  {Thickness[0.001], RGBColor[0, 0, 1]}},
    GridLines -> {Table[j, {j, -8, 8}], Table[k, {k, -4, 4}]},
    Ticks -> {Table[j, {j, -8, 8}], Table[k, {k, -4, 4}]},
    AspectRatio -> Automatic, ImageSize -> 400,
    PlotLabel -> "무리함수 y = √x 의 그래프",
    Epilog -> {Text["y = √x", {3, 2}],
        Text["y=x", {3, 3}], Text["y = x^2", {2, 3}]} ]
```

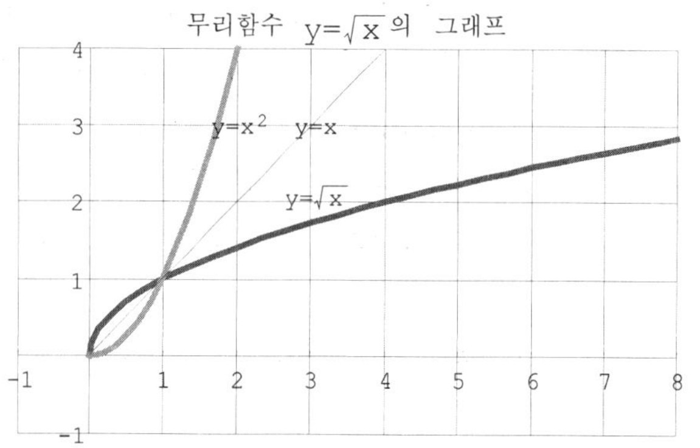

형성평가

다음을 프로그래밍해서 실행해 보아라. 또 타원 형태를 완성시키기 위하여 나머지 부분을 그래프로 그려보아라.

```
a=Plot[ {√(x+3), - √(x+3)}, {x, -3, 0},
    PlotStyle -> {{Thickness[0.01], RGBColor[1, 0, 0]},
                  {Thickness[0.01], RGBColor[1, 0, 0]}}
    ];
b=Plot[ √(-x+3), {x, 0, 3},
    PlotStyle -> {Thickness[0.01], RGBColor[1, 0, 0]}
    ];
Show[ {a, b},
    GridLines -> {Table[k, {k, -5, 5}], Table[k, {k, -5, 5}]},
    Ticks -> {Table[k, {k, -5, 5}], Table[k, {k, -5, 5}]},
    AspectRatio -> Automatic, ImageSize -> 400,
    PlotLabel -> "무리함수를 이용한 아름다운 타원"
    ]
```

무리함수를 이용한 아름다운 타원

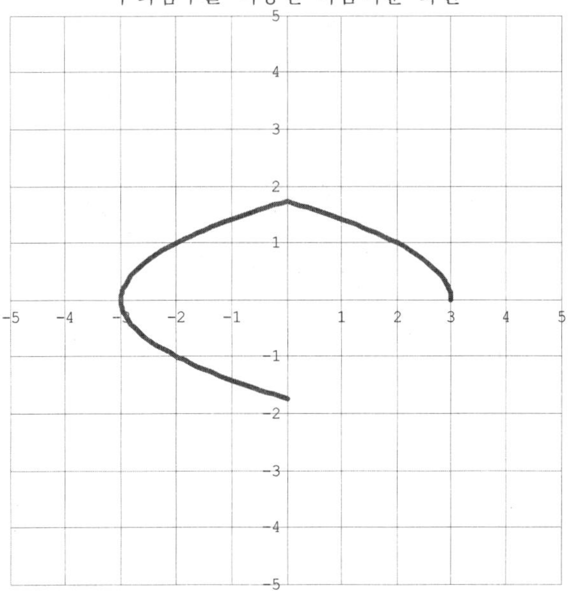

4.6 지수함수의 대칭이동

이 절에서는 지수함수의 대칭이동에 대해 알아본다.

주어진 한 지수함수를 x 축, y 축, 원점, 직선 $y=x$ 에 대하여 대칭이동시킴으로써 나타나는 지수함수의 식의 각 변화를 살펴보며 그 각 식에서의 x, y 의 부호의 변화를 알아보자.

예제 4.6.1 지수함수 $y=2^x$ 를 그려보자.

풀이

```
Plot[ 2^x, {x, -5, 5},
   PlotRange -> { {-5, 5}, {-5, 5} },
   PlotStyle -> { Thickness[0.01], RGBColor[1, 0, 0] },
   GridLines -> { Table[k, {k, -5, 5}], Table[j, {j, -5, 5}] },
   Ticks -> { Table[k, {k, -5, 5}], Table[j, {j, -5, 5}] },
   AspectRatio -> Automatic, ImageSize -> 300,
   PlotLabel -> "지수함수 y = 2^x의 그래프",
   Epilog -> Text[ "y = 2^x", {2, 2.5} ] ]
```

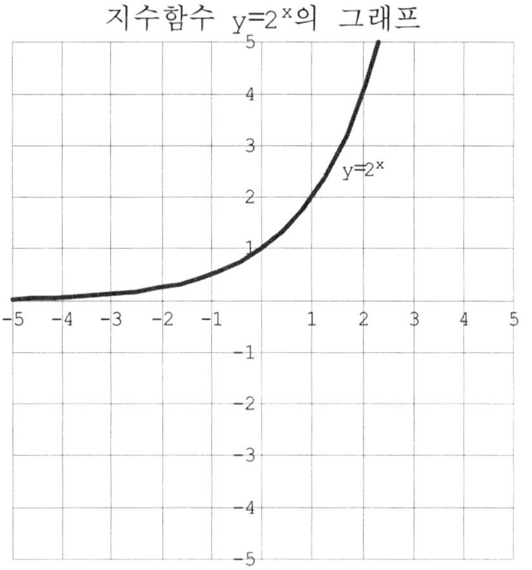

예제 4.6.2 (**x축에 대한 대칭이동**) 지수함수 $y = -2^x$를 그려보자.

풀이

```
Plot[ {2^x, -2^x}, {x, -5, 5},
   PlotRange -> {{-5, 5}, {-5, 5}},
   PlotStyle -> {{Thickness[0.01], RGBColor[1, 0, 0]},
                 {Thickness[0.01], RGBColor[0, 1, 0]}},
   GridLines -> {Table[k, {k, -5, 5}], Table[j, {j, -5, 5}]},
   Ticks -> {Table[k, {k, -5, 5}], Table[j, {j, -5, 5}]},
   AspectRatio -> Automatic,
   ImageSize -> 300,
   PlotLabel -> "지수함수 y = -2^x의 그래프",
   Epilog -> {Text["y = 2^x", {2, 2.5}],
              Text["y = -2^x", {2, -2.5}]} ]
```

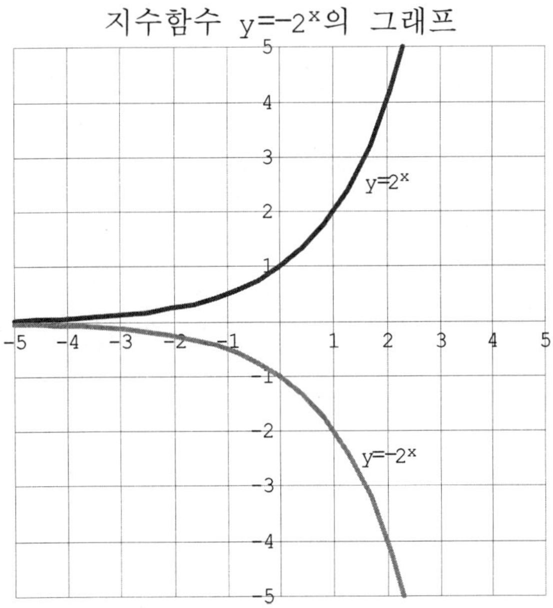

예제 4.6.3 (y축에 대한 대칭이동) 지수함수 $y=2^{-x}$를 그려보자.

풀이

```
Plot[ {2^x, 2^-x}, {x, -5, 5},
   PlotRange -> {{-5, 5}, {-5, 5}},
   PlotStyle -> {{Thickness[0.01], RGBColor[1, 0, 0]},
                 {Thickness[0.01], RGBColor[0, 1, 0]}},
   GridLines -> {Table[k, {k, -5, 5}], Table[j, {j, -5, 5}]},
   Ticks -> {Table[k, {k, -5, 5}], Table[j, {j, -5, 5}]},
   AspectRatio -> Automatic,
   ImageSize -> 300,
   PlotLabel -> "지수함수 y = 2^-x의 그래프",
   Epilog -> {Text["y = 2^x", {2, 2.5}],
              Text["y = 2^-x", {-2, 2.5}]} ]
```

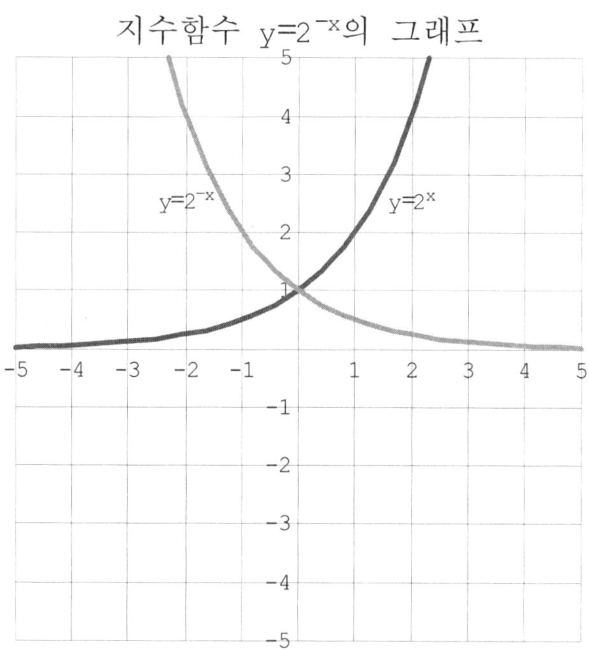

주의 업그레이드 버전에서는 Package를 열지 않고 사용할 수 있는 명령어 ContourPlot으로 음함수 그래프를 그린다. 위의 예제를 Plot 대신 ContourPlot으로 그려보아라.

예제 4.6.4 **(원점에 대한 대칭이동)** 지수함수 $y=-2^{-x}$를 그려보자.

풀이

```
Plot[ {2^x, -2^-x}, {x, -5, 5},
    PlotRange -> {{-5, 5}, {-5, 5}},
    PlotStyle -> {{Thickness[0.01], RGBColor[1, 0, 0]},
                  {Thickness[0.01], RGBColor[0, 1, 0]}},
    GridLines -> {Table[k, {k, -5, 5}], Table[j, {j, -5, 5}]},
    Ticks -> {Table[k, {k, -5, 5}], Table[j, {j, -5, 5}]},
    AspectRatio -> Automatic,
    ImageSize -> 300,
    PlotLabel -> "지수함수 y = -2^-x의 그래프",
    Epilog -> {Text["y = 2^x", {2, 2.5}],
               Text["y = -2^-x", {-2, -2.5}]} ]
```

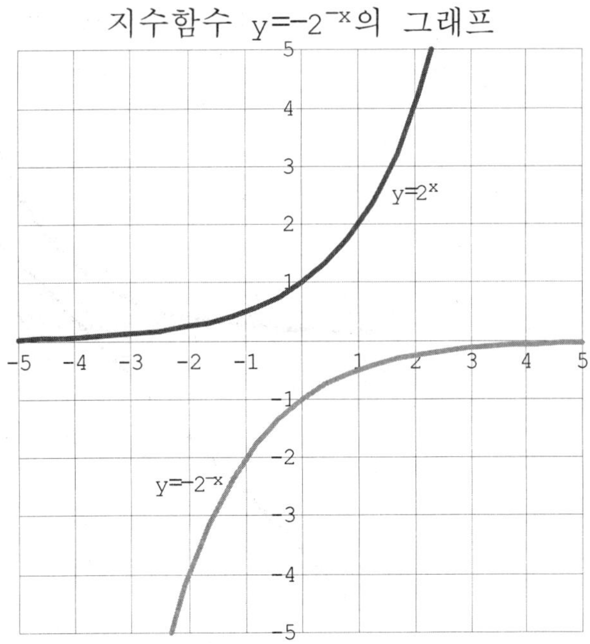

예제 4.6.5 **(직선 $y = x$에 대한 대칭이동)** 지수함수 $x = 2^y$를 그려보자.

풀이

```
<<Graphics`ImplicitPlot`
 ImplicitPlot[ {y==2^x, x==2^y, y==x}, {x, -5, 5},
    PlotRange -> {{-5, 5}, {-5, 5}},
    PlotStyle -> {{Thickness[0.01], RGBColor[1, 0, 0]},
                  {Thickness[0.01], RGBColor[0, 1, 0]},
                  {Thickness[0.01], RGBColor[0, 0, 1]}},
    GridLines -> {Table[k, {k, -5, 5}], Table[j, {j, -5, 5}]},
    Ticks -> {Table[k, {k, -5, 5}], Table[j, {j, -5, 5}]},
    AspectRatio -> Automatic, ImageSize -> 300,
    PlotLabel -> "지수함수 x =2^y의 그래프",
    Epilog -> {Text["y = 2^x", {2, 2.5}],
               Text["x =2^y", {3, 2}]} ]
```

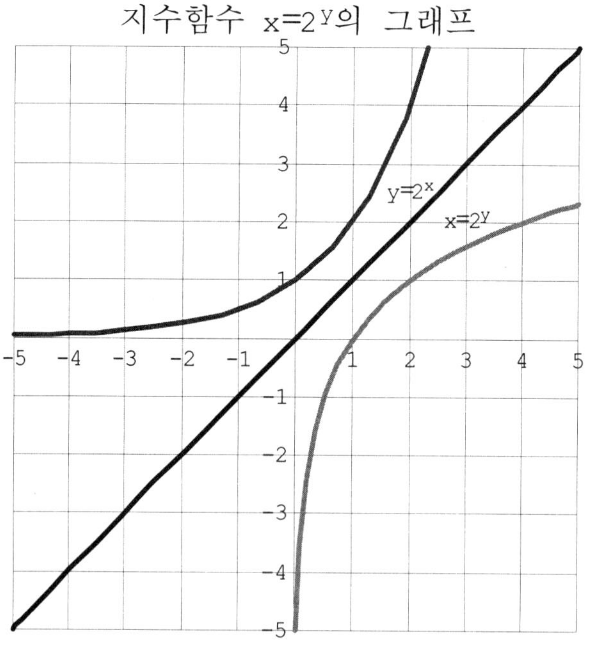

주의 업그레이드 버전에서는 Package를 열지 않고 사용할 수 있는 명령어 ContourPlot으로 음함수 그래프를 그린다.

형성평가

아래의 프로그램으로 그려진 문양은 상하대칭 구조이다. 문양을 완성시키기 위하여 □ 안에 들어갈 마지막 함수의 식을 구하고, 그 식을 □ 안에 넣어서 다음을 실행하여라.

```
Plot[ {2^x, 2^-x, -2^x, □}, {x, -5, 5},
    PlotRange -> {{-5, 5}, {-5, 5}},
    PlotStyle -> {{Thickness[0.01], RGBColor[0, 1, 0]},
                  {Thickness[0.01], RGBColor[0, 1, 0]},
                  {Thickness[0.01], RGBColor[0, 0, 1]},
                  {Thickness[0.01], RGBColor[1, 1, 0]}},
    GridLines -> {Table[k, {k, -5, 5}], Table[j, {j, -5, 5}]},
    Ticks -> {Table[k, {k, -5, 5}], Table[j, {j, -5, 5}]},
    AspectRatio -> Automatic,
    ImageSize -> 300,
    PlotLabel -> "지수함수로 만든 아름다운 문양"]
```

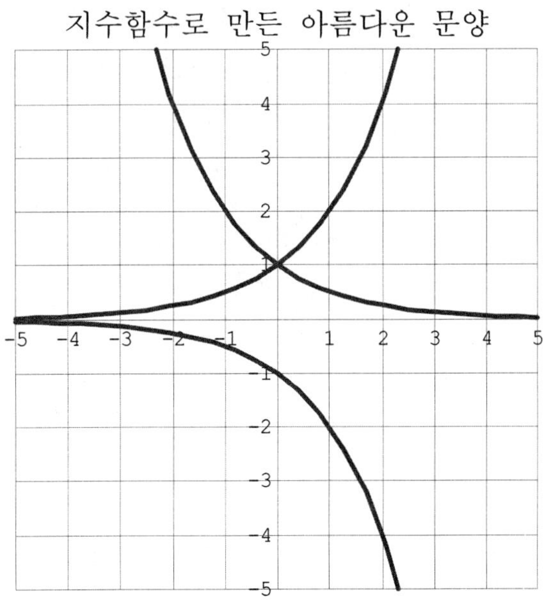

4.7 로그함수의 대칭이동

이 절에서는 로그함수의 대칭이동에 대해 알아본다.

주어진 한 로그함수를 x축, y축, 원점, 직선 $y=x$에 대하여 대칭이동시킴으로써 나타나는 로그함수의 식의 각 변화를 살펴보며 그 각 식에서의 x, y의 부호 변화를 알아보자.

예제 4.7.1 로그함수 $y=\log_2 x$를 그려보자.

풀이

```
Plot[ Log[2, x], {x, 0, 8},
    PlotRange -> { {-8, 8}, {-4, 4} },
    PlotStyle -> { {Thickness[0.01], RGBColor[1, 0, 0]} },
    GridLines -> { Table[j, {j, -8, 8}], Table[k, {k, -4, 4}] },
    Ticks -> { Table[j, {j, -8, 8}], Table[k, {k, -4, 4}] },
    AspectRatio -> Automatic, ImageSize -> 400,
    PlotLabel -> "로그함수 y=Log2x의 그래프",
    Epilog -> Text[ "y=Log2x", {3, 2.5} ] ]
```

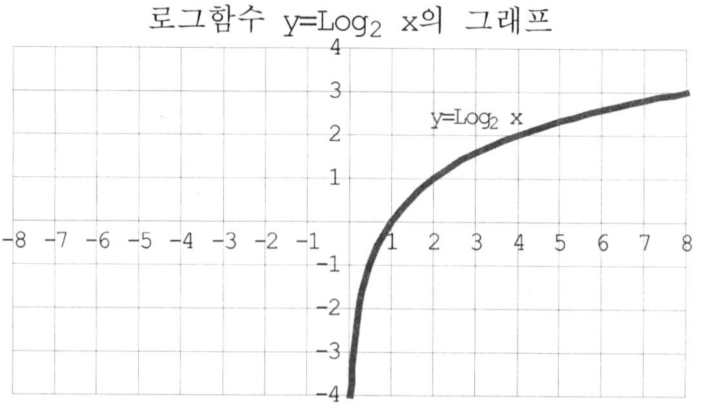

예제 4.7.2 (x축에 대한 대칭이동) 로그함수 $y = -\log_2 x$를 그려보자.

풀이

```
Plot[ {Log[2, x], -Log[2, x]}, {x, 0, 8},
     PlotRange -> {{-8, 8}, {-4, 4}},
     PlotStyle -> {{Thickness[0.01], RGBColor[1, 0, 0]},
                   {Thickness[0.01], RGBColor[0, 1, 0]}},
     GridLines -> {Table[j, {j, -8, 8}], Table[k, {k, -4, 4}]},
     Ticks -> {Table[j, {j, -8, 8}], Table[k, {k, -4, 4}]},
     AspectRatio -> Automatic, ImageSize -> 400,
     PlotLabel -> "로그함수 y=-Log2x의 그래프",
     Epilog -> {Text["y=Log2x", {3, 2.5}],
                Text["y=-Log2x", {3, -2.5}]} ]
```

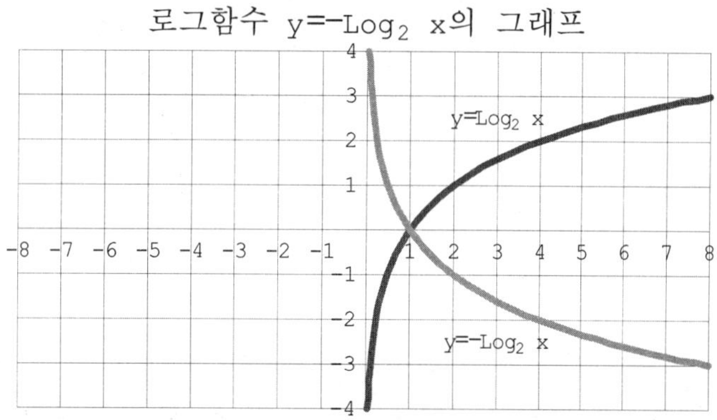

예제 4.7.3 (y축에 대한 대칭이동) 로그함수 $y = \log_2(-x)$를 그려보자.

풀이

```
<<Graphics`ImplicitPlot`
a=ImplicitPlot[ y==Log[2, x], {x, 0, 8},
     PlotRange -> {{-8, 8}, {-3, 4}},
     PlotStyle -> {Thickness[0.01], RGBColor[1, 0, 0]},
     GridLines -> {Table[j, {j, -8, 8}], Table[k, {k, -4, 4}]},
     Ticks -> {Table[j, {j, -8, 8}], Table[k, {k, -4, 4}]}
     ];
```

```
b=ImplicitPlot[ y==Log[2,-x], {x,-8,0},
    PlotRange->{{-8, 8}, {-3, 4}},
    PlotStyle -> {Thickness[0.01], RGBColor[0, 1, 0]},
    GridLines -> {Table[j, {j, -8, 8}], Table[k, {k, -4, 4}]},
    Ticks -> {Table[j, {j, -8, 8}], Table[k, {k, -4, 4}]}
    ];
Show[ {a,b}, AspectRatio -> Automatic, ImageSize -> 400,
    PlotLabel -> "로그함수 y=Log2(-x)의 그래프",
    Epilog -> Text["y=Log2(-x)", {-3, 2}] ]
```

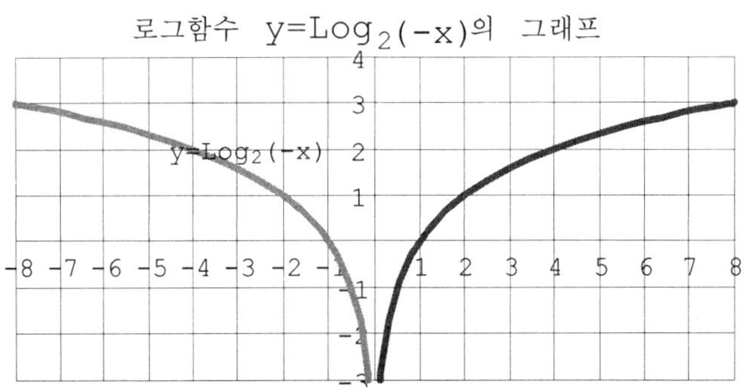

참고

(1) 함수 $y = \log_2 x$의 그림을 그리기 위해 사용하는 명령어로는

Plot[Log[2, x], 구간]

또는 ImplicitPlot[y == Log[2, x], 구간]

또는 ParametricPlot[{x, Log[2, x]}, 구간]

또는 ContourPlot[y == Log[2, x], 구간1, 구간2]

가 있다.

(2) ImplicitPlot은 패키지를 열어야 하고, 6.0 이상에서는 패키지를 열지 않고 ContourPlot으로 음함수 그래프를 그리는 것이 가능하다.

예제 4.7.4 **(원점에 대한 대칭이동)** 로그함수 $y = -\log_2(-x)$를 그려보자.

풀이

```
a=Plot[ Log[2, x], {x, 0, 8},
    PlotRange -> {{-8, 8}, {-4, 4}},
    PlotStyle -> {Thickness[0.01], RGBColor[1, 0, 0]}
    ];
b=Plot[ -Log[2, -x], {x, -8, 0},
    PlotRange -> {{-8, 8}, {-4, 4}},
    PlotStyle -> {Thickness[0.01], RGBColor[1, 0, 0]}
    ];
Show[ {a,b},
    GridLines -> {Table[j, {j, -8, 8}], Table[k, {k, -4, 4}]},
    Ticks -> {Table[j, {j, -8, 8}], Table[k, {k, -4, 4}]},
    AspectRatio -> Automatic, ImageSize -> 400,
    PlotLabel -> "로그함수 y=-Log2(-x)의 그래프",
    Epilog -> Text["y=-Log2(-x)", {-3, 2.5}]
    ]
```

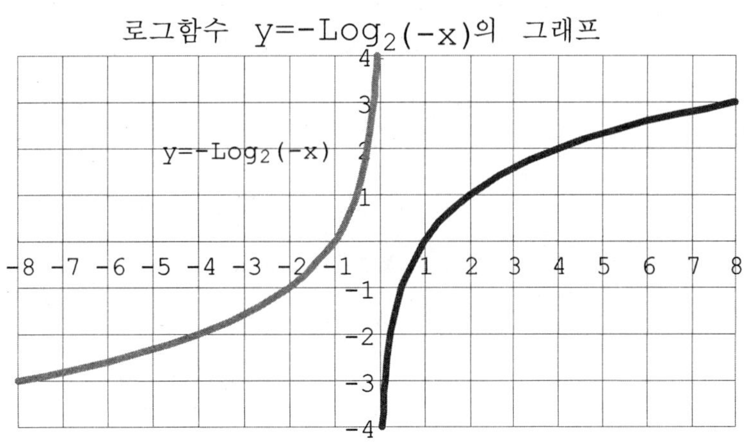

예제 5.7.5 (**직선 $y=x$에 대한 대칭이동**) 로그함수 $x=\log_2 y$를 그려보자.

풀이

```
a=Plot[ Log[2, x], {x, 0, 8},
    PlotRange -> {{-8, 8}, {-4, 4}},
    PlotStyle -> {Thickness[0.01], RGBColor[1, 0, 0]}
    ];
b=Plot[ 2^x, {x, -8, 8},
    PlotRange -> {{-8, 8}, {-4, 4}},
    PlotStyle -> {Thickness[0.01], RGBColor[0, 1, 0]}
    ];
c=Plot[ x, {x, -8, 8},
    PlotRange -> {{-8, 8}, {-4, 4}},
    PlotStyle -> {Thickness[0.01], RGBColor[0, 0, 1]}
    ];
Show[ {a,b,c},
    GridLines -> {Table[j, {j, -8, 8}], Table[k, {k, -4, 4}]},
    Ticks -> {Table[j, {j, -8, 8}], Table[k, {k, -4, 4}]},
    AspectRatio -> Automatic, ImageSize -> 400,
    PlotLabel -> "로그함수 x=Log2y의 그래프",
    Epilog -> Text["x=Log2y", {4, 1}]
    ]
```

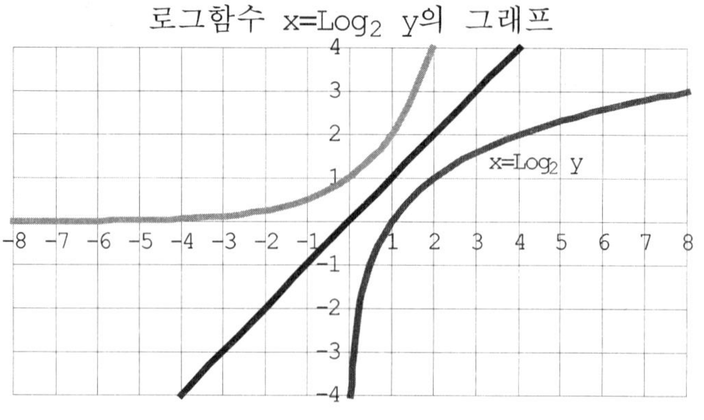

형성평가

아래 프로그램에서 로그함수로 만든 아름다운 문양(좌우 대칭)을 완성하기 위하여 마지막 함수의 식을 구하여, 그것을 넣어 아래 프로그래밍을 수정·보완하여라.

```
a=Plot[ Log[2, x],{x, 0, 6},
    PlotStyle -> {Thickness[0.01], RGBColor[1, 0, 0]}
                ];
b=Plot[ -Log[2, x], {x, 0, 6},
    PlotStyle -> {Thickness[0.01], RGBColor[0, 1, 0]}
                ];
c=Plot[ Log[2, -x]}, {x, -6, 0},
    PlotStyle -> {Thickness[0.01], RGBColor[0, 0, 1]}
                ];
Show[ {a, b, c}, PlotRange->{{-6, 6},{-6, 6}},
    GridLines -> {{-6, -5, -4, -3, -2, -1, 0, 1, 2, 3, 4, 5, 6},
         {-8, -7, -6, -5, -4, -3, -2, -1, 0, 1, 2, 3, 4, 5, 6, 7, 8}},
    Ticks -> {{-6, -5, -4, -3, -2, -1, 0, 1, 2, 3, 4, 5, 6},
         {-8, -7, -6, -5, -4, -3, -2, -1, 0, 1, 2, 3, 4, 5, 6, 7, 8}},
    AspectRatio -> Automatic, ImageSize -> 400,
    PlotLabel -> "로그함수에 의한 아름다운 문양"
    ]
```

나의 노트

로그함수에 의한 아름다운 문양

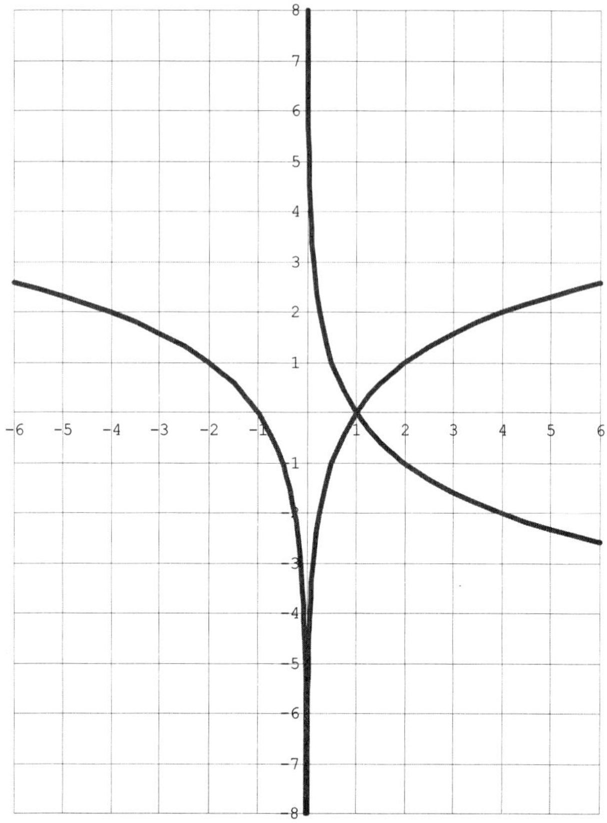

나의 노트

Chapter 5

Module문 만들기

5.1 간단한 Module문

이 절에서는 패키지를 구성하는 가장 중요한 부분인 Module문에 대해 알아본다.

이차함수의 그래프를 여러 개의 Module문을 사용하여 나타내고 그 Module들을 이용하여 이차함수의 다양한 모양을 그려보자.

먼저, 간단한 Module문에 대해 연습해보자.

① 1부터 100까지 더하는 간단한 명령문을 다음과 같이 만들 수 있다.

```
Sum[ k, {k, 1, 100} ]
```

5050

② 위의 명령문 ①에서 100을 1000으로 바꾸면 1부터 1000까지의 합을 구할 수도 있지만 자연수의 합을 함수로 정의하여 임의의 값까지 더하는 명령문을 만들어 보자.

```
합[n_] := Sum[ k, {k, 1, n} ]
합[100]
```

5050

③ 위의 명령문 ②는 자연수 1부터 n까지의 합을 n을 변수로 하는 함수로 정의하여 나타낸 것이다. 위의 명령문 ②는 Module문을 사용하여 임의의 값까지 더하는 다음과 같은 명령문으로 바꾸어 줄 수 있다.

```
ms[n_] := Module[ {k}, Sum[ k, {k, 1, n}] ]
ms[10]
ms[1000]
```

55
500500

참고

Module문의 기본형식은

```
함수 : = Module[ {변수들}, 명령문들 ]
```

이다.

④ 위의 합을 구하는 두 가지 명령문 ②와 ③에는 별다른 차이점이 없지만 변수가 하나가 아닌 두 개 이상으로 주어질 때 차이점이 나타난다. 다음과 같이 두 등차수열의 합을 정의하자.

```
등비합[x_, n_] := Sum[ x + k, {k, 0, n} ]
aps[x_, n_] := Module[ {k}, Sum[x + k, {k, 0, n}] ]
```

⑤ ④에서 정의한 두 함수는 첫째항이 x이고, 공차가 1인 등차수열이다. 첫째항부터 11번째 항까지의 합을 다음과 같이 나타낼 수 있다.

```
등비합[x, 10]
```

$55+11x$

```
aps[x, 10]
```

$55+11x$

⑥ 위의 ④에서 정의한 두 명령문에서 단순하게 첫째항 x대신에 k로 바꾸어서 실행을 시켜 $55+11k$라는 값을 얻어 보자. 하지만 실행을 하면 두 명령문의 결과는 다음과 같이 다르게 나타난다.

```
등비합[k, 10]
```

110

```
aps[k, 10]
```

$55+11k$

참고

(1) '등비합[k,10]'은 (0+0)+(1+1)+(2+2)+⋯+(10+10)으로 계산을 하여 110이라는 계산을 한 것이지만 'aps[k,10]'은 Module문 안의 중괄호 안에 k라는 문자를 넣었기 때문에 Sum문 안의 k는 'aps[k,10]' 안의 {k}의 k와의 상관없이 0부터 10까지 변하며, 또, 'aps[k,10]'에서 k는 Module문 안의 k와는 상관없이 하나의 문자(변수)로 인식하여 (k+0)+(k+1)+(k+2)+⋯(k+10)으로 계산한다. 단순한 명령문에서는 어떠한 형태로 사용하여도 무방하지만 패키지를 사용할 때에는 어떤 문자를 변수로 정의하였는지, 어떻게 정의하였는지, 정의된 문자에 따라 영향을 받고 싶지 않을 때 대부분 Module문을 사용하여 나타내며, Module문을 사용하면 위와 같은 오류가 발생하지 않을 수 있다. 따라서 이 장에서는 앞으로 명령문을 만들 때에는 Module을 활용하여 만들 것이다.

(2)
```
aps[x_, n_]:=Module [{ }, Sum[x+k, {k, 0, n}]
```
는 ④에서 정의한 aps와 같다.

다음 예제 5.1.1과 같이 Module문을 이용하여 등차수열의 합을 만들어 보자.

예제 5.1.1 등차수열에서 첫째항과 공차가 주어진 경우에 첫째항부터 100번째 항까지의 합을 구하는 명령문을 만들어 보자.

풀이 ① 첫째항 1, 공차 2인 등차수열의 일반항은 $2n-1$이므로 이 등차수열의 100번째 항까지의 합은 다음과 같은 명령문을 사용하면 합을 구할 수 있다.

```
Sum[ 2n - 1, {n, 1, 100} ]
```

10000

② 첫째항 2, 공차 3인 등차수열의 일반항은 $3n-1$이므로 이 등차 수열의 100번째 항까지의 합은 다음과 같이 구할 수 있다.

```
Sum[ 3n - 1, {n, 1, 100} ]
```

15050

주의 위 ①과 ②와 같이 그 일반항을 찾아 합을 구해 주어도 상관없으나 등차수열의 첫째항과 공차가 임의로 주어질 때 일반항의 공식을 사용하여 그 합을 구하는 것이 더 편리할 것이다. 아래 ③~⑤를 보아라.

③ Module문을 사용하여 다음과 같이 등차수열의 합을 정의하자.

```
ars[a_, d_, n_] := Module[ {k}, an = a + (k - 1)d;
                                    Sum[an, {k, 1, n}] ]
```

④ 위의 명령문 ③을 이용하여 첫째항이 1, 공차가 2인 등차수열의 합은 다음과 같다.

```
ars[1, 2, 100]
```

10000

⑤ ③을 이용하여 첫째항이 3, 공차가 4인 등차수열의 합을 구하면 다음과 같다.

```
ars[3, 4, 100]
```

20100

실습문제 첫째항과 공비가 주어질 때 등비수열의 n번째 항까지의 합을 구하는 Module문을 만들어 보아라.

예제 5.1.2 이차함수 $y=ax^2$에서 a값에 따른 함수 그래프의 변화를 나타내는 Module문을 만들어라.

풀이 ① 함수 $y=f(x)$의 그래프를 나타내기 위해서는 Plot문을 사용하는데 Plot문의 형식은 다음과 같다.

```
Plot[ f(x), {x, a, b}, 옵션들 ]
```

주의 위 형식은 함수 y=f(x)의 그래프를 정의역 $[a,\ b]$에서 여러 가지 옵션을 만족하도록 나타내는 것이다.

예를 들면, 함수 $y=x^2$의 그래프를 정의역 [−4, 4]에서 나타내려면 다음과 같이 입력하여 실행하면 된다.

```
Plot[ x^2, {x, -4, 4} ]
```

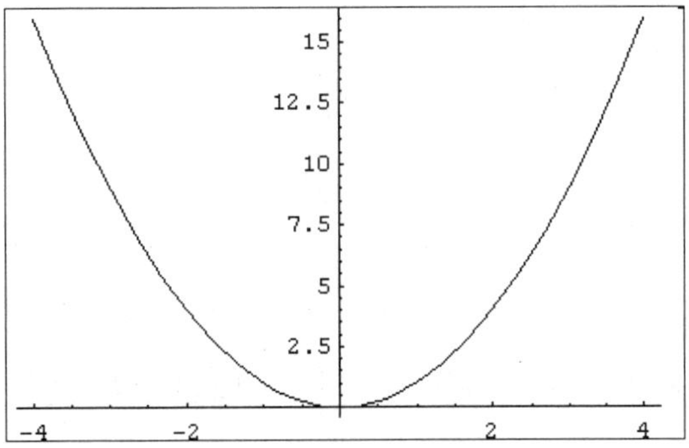

② Module문과 활용하여 이차함수 $y=ax^2$에서 a의 값에 따라 변하는 그래프의 모습을 관찰할 수 있는 명령문을 만들자.

```
ft[a_] := Module[ { }, Plot[a*x^2, {x, -4, 4}] ]
```

이차함수 $y=2x^2$의 그래프를 나타내려면 $y=ax^2$의 이차항 a에 2를 대입하여 실행하면 된다.

```
ft[2]
```

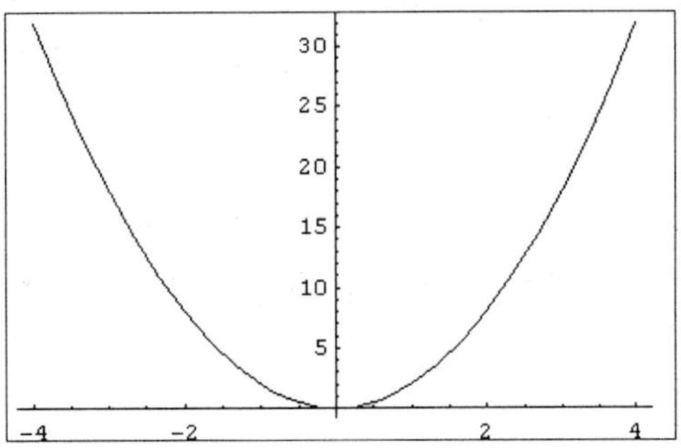

또, 이차함수 $y=-2x^2$의 그래프는 다음과 같이 입력하면 된다.

```
ft[-2]
```

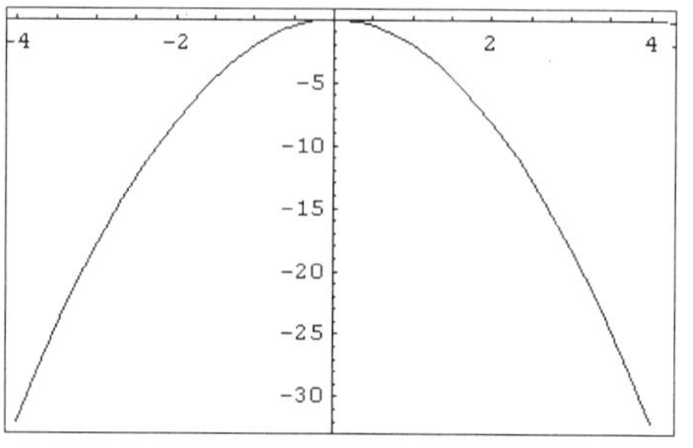

③ 그런데 위의 두 그래프를 보면 알 수 있듯이 정의역에 대한 두 함숫값의 범위가 다르기 때문에 나타나는 그래프의 y축의 범위가 다르다. 축의 범위를 PlotRange라는 옵션을 사용하여 결정하자.

```
ft[a_] := Module[ { },
          Plot[ a*x^2, {x, -4, 4},
                PlotRange -> {{-4, 4}, {-4, 4}} ] ]
ft[2]
```

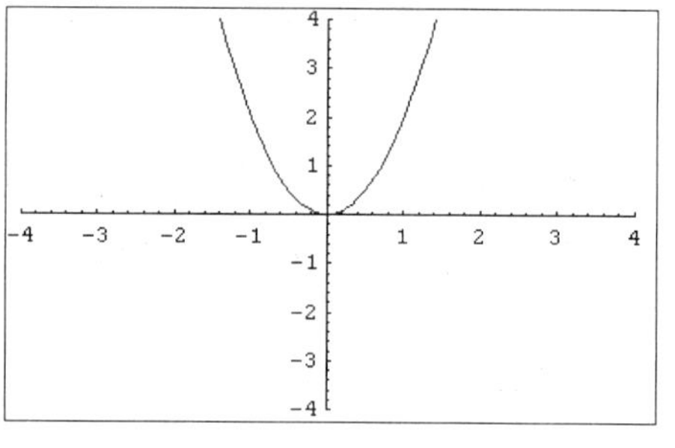

주의 옵션 PlotRange의 형식 중에서 PlotRange->{{a, b}, {c, d}}는 화면에 출력되는 x축의 범위를 a에서 b까지, y축의 범위를 c에서 d까지 설정한다.

④ 축의 범위를 결정하였으나 x, y축의 비율이 맞지 않다. 축의 비율을 맞추어 주기 위해서는 AspectRatio라는 옵션을 사용하라.

```
ft[a_] :=Module[{ },
        Plot[a*x^2, {x, -4, 4},
            PlotRange -> {{-4, 4}, {-4, 4}},
            AspectRatio -> Automatic] ]
ft[2]
```

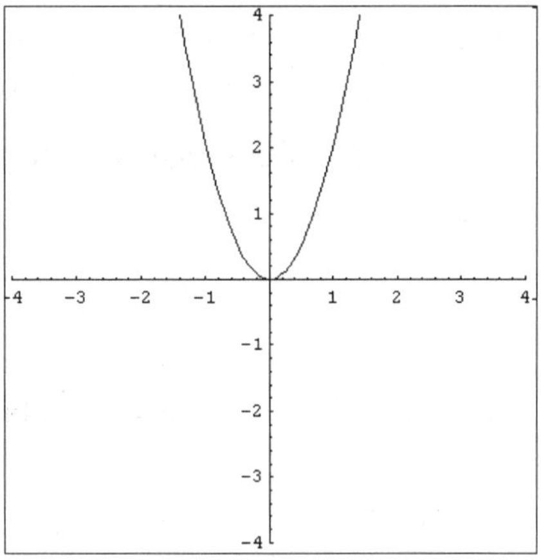

참고

옵션 AspectRatio의 형식은

AspectRatio → Automatic 또는 AspectRatio → 1(또는 2, 3, 0.5,…)

이다. Automatic은 x축의 간격 1에 대한 y축의 간격 1이 같다는 것을 의미하며, 뒤의 수치값 1(또는 2, 3, 0.5, …)은 그래프의 가로의 크기에 대한 세로의 크기의 비 값을 나타낸 것이다. 만약 이 수치값이 1이면 세로 : 가로 = 1 : 1(즉 가로와 세로의 길이가 같음)이며, 수치값이 2이면 세로 : 가로 = 2 : 1(다시 말하면 가로의 길이에 대한 세로의 길이가 2배)라는 것을 의미한다. 직접 수치값을 대입하여 실행하면 쉽게 확인할 수 있다. 즉, 어떤 수치를 대입하여도 그래프의 가로의 크기는 변하지 않으며 세로의 크기만 변한다. 가로와 세로의 단위 길이가 같은 정확한 그래프를 나타내기 위해서는 수치값을 대입하는 것 보다는 Automatic을 입력하는 것이 가장 보편적이다.

참고

함수의 그래프에 색을 지정하기 위해서는 Hue[k] 또는 RGBColor[l,m,n], 두께를 지정하기 위해서는 Thickness[k]를 많이 사용한다. 이때 k,l,m,n의 값은 0에서 1까지의 값을 사용할 수 있다. 물론 색과 두께를 같이 지정하여도 되며 하나만 사용하여도 된다. 사용 형식은

```
PlotStyle → Hue[0.1],
PlotStyle → Thickness[0.02], PlotStyle → RGBColor[1, 0, 0],
PlotStyle → {Thickness[0.02], RGBColor[1, 0, 0]}
```

등과 같다.

⑤ 함수의 그래프에 색과 두께(PlotStyle)를 지정하자.

```
ft[a_] := Module[ { },
          Plot[ a*x^2, {x, -4, 4},
             PlotRange -> {{-4, 4}, {-4, 4}},
             AspectRatio -> Automatic,
             PlotStyle -> {Hue[0], Thickness[0.02]} ] ]
ft[2]
```

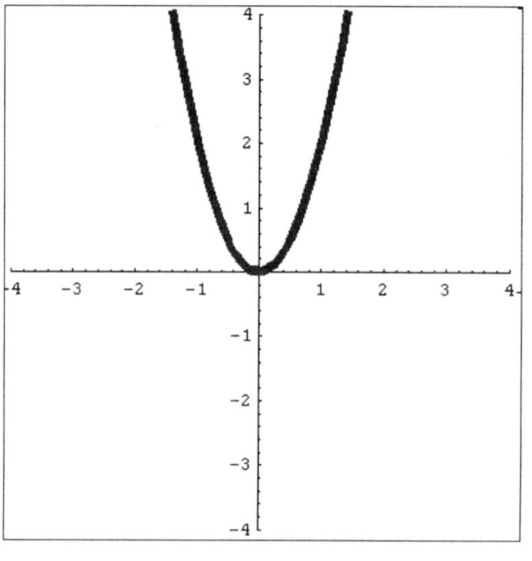

⑥ 그래프에 이름을 부여한다.

```
ft[a_] :=Module[ { },
        Plot[ a*x^2, {x, -4, 4},
            PlotRange -> {{-4, 4}, {-4, 4}},
            AspectRatio -> Automatic,
            PlotStyle -> {Hue[0], Thickness[0.02]},
            PlotLabel -> "이차함수" ] ]
ft[2]
```

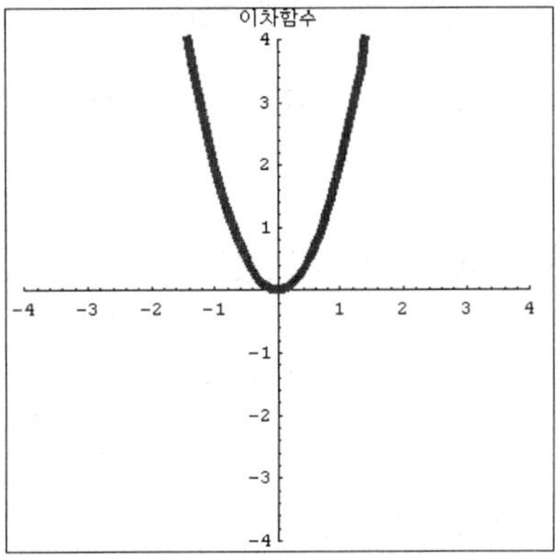

참고

그래프에 이름을 주거나 문자를 넣는 방법은 몇 가지가 있는데 PlotLabel, Epilog, Prolog 등이 있다. 먼저, PlotLabel을 이용하여 그래프에 이름을 부여하자. PlotLabel의 형식은 PlotLabel → "이름"이다.

⑦ 함수그래프 이름을 "이차함수"로 넣는 대신에 주어지는 a값에 따라 그래프의 이름도 변하면서 나타나도록 바꾸어 보자.

```
ft[a_] :=Module[ { },
        Plot[ a*x^2, {x, -4, 4},
            PlotRange -> {{-4, 4}, {-4, 4}},
            AspectRatio -> Automatic,
            PlotStyle -> {Hue[0], Thickness[0.02]},
            PlotLabel -> "a=" <> ToString[a] <>" "] ]
ft[2]
```

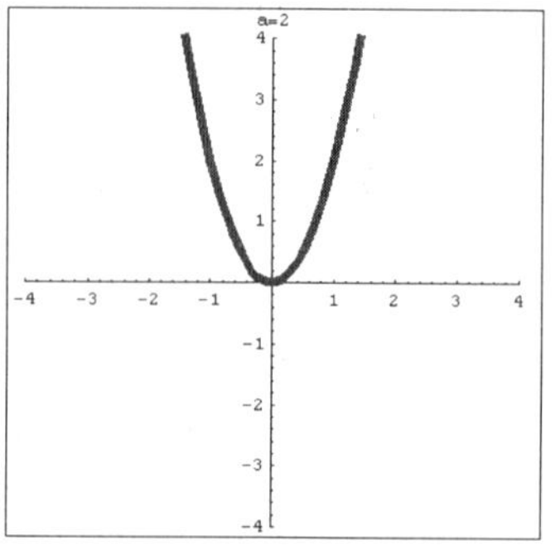

참고

변화하는 a값이 문장으로 나타나도록 하기 위해서는 ToString문을 사용한다.

⑧ 위의 ⑦로부터 a값에 따른 이차함수의 그래프를 확인할 수 있다.

⑨ 위 ⑧에서 정의한 명령문에 a에 대해 Do문을 쓰면 a값의 변화에 따른 이차함수의 그래프를 애니메이션으로 나타낼 수 있다. (업그레이드 버전에서는 Do 대신에 Manipulate 사용)

```
Do[ ft[k], {k, -3, 3} ]
```

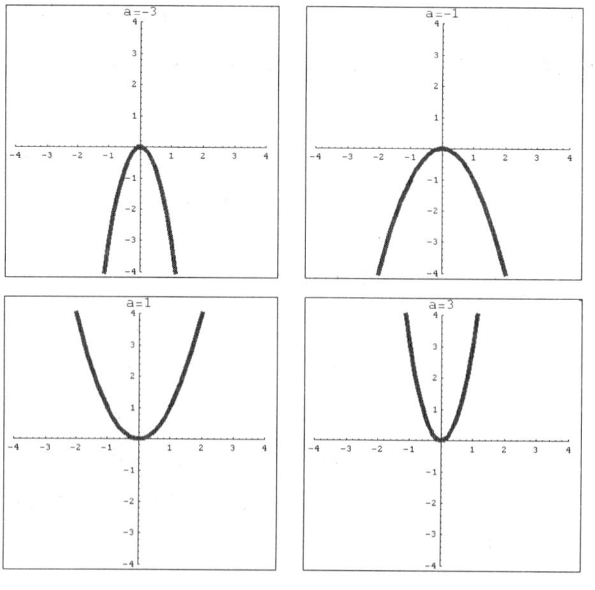

참고

위 ⑨의 Do문은 명령어 ft[k]에 k가 -3에서 3까지 1씩 증가하는 값을 대입하여 명령문을 반복적으로 실행하라는 것이다. 다시 말하면, 명령어 ft[-3], ft[-2], ⋯, ft[2], ft[3] 7개를 순서대로 실행하라는 의미를 가지며 그 실행 결과는 7개의 a값에 따른 이차함수의 그래프가 나타난다. 위와 같은 Do문의 형식은

```
Do[ 명령문, {k, a, b} ]
```

이며 k에 관한 명령문을 a에서 b까지 1씩 증가하면서 실행하라는 의미를 가지고 있다. 또, Do문은

```
Do[명령문, {k, a, b, c}]
```

와 같이 정의하기도 하는데 이것은 명령문을 k에 대해 a에서 b까지 c씩 증가하면서 실행하라는 것이다. 이와 같은 주어진 반복문은 Do문 뿐만이 아니라 Table문, Animate문 등이 있으며, 증가하는 양의 값 c가 1이 아닌 경우에는 꼭 넣어주어야 한다. 따라서, 보통 반복문을 사용할 때에는 Do문과 Table문을 많이 사용하며, 함수의 그래프를 반복적으로 나타낼 때에는 Do문, 데이터를 반복적으로 만들 때에는 Table문을 사용하는 것이 편리하다. 그러나 버전 6.0 이상에서는 명령어 Do, Table 대신에 그래프의 애니메이션을 구현하는 명령어로 Manipulate, Animate 등이 있다.

⑩ 위 ⑨의 명령문 ft[k]에 꼭짓점을 그려넣은 옵션을 추가한 vala[a]로 명령문을 만들자.

```
vala[a_] := Module[ { },
        Plot[ a*x^2, {x, -4, 4},
            PlotRange -> {{-4, 4}, {-4, 4}},
            AspectRatio -> Automatic,
            PlotStyle -> {Hue[0], Thickness[0.02]},
            AxesStyle -> Thickness[0.015],
            Epilog->{PointSize[0.03], RGBColor[0, 0, 1],
                                Point[{0, 0}]},
            PlotLabel -> "a=" <> ToString[a] <>" "] ]
vala[2]
```

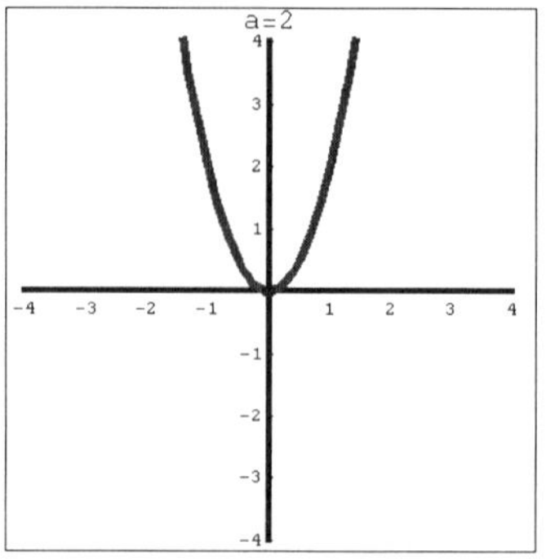

참고

⑩의 옵션 Epilog는 이차함수의 꼭짓점의 좌표에 점을 찍는 것이며, 위 명령어의 AxesStyle의 실행은 축의 두께를 원래 축보다 조금 두껍게 나타낸다.

예제 5.1.3 이차함수 $y=(x-p)^2$, $y=x^2+q$에서 p, q값의 변화에 따른 그래프의 변화를 나타내는 Module문을 만들어라.

풀이 ① 예제 5.1.2에서 정의한 명령문 vala[a]를 활용하여 두 이차함수 $y=(x-p)^2$, $y=x^2+q$의 그래프를 나타내는 각 명령문을 다음과 같이 만들어 보자.

```
valp[p_] := Module[ { },
        Plot[ (x - p)^2, {x, -4, 4},
            PlotRange -> {{-4, 4}, {-4, 4}},
            AspectRatio -> Automatic,
            PlotStyle -> {Hue[0], Thickness[0.02]},
            AxesStyle -> Thickness[0.015],
            Epilog->{PointSize[0.03], RGBColor[0, 0, 1],
                                    Point[{p, 0}]},
            PlotLabel -> "p="<>ToString[p] <>" " ] ]
valq[q_] := Module[ { },
        Plot[ x^2 + q, {x, -4, 4},
            PlotRange -> {{-4, 4}, {-4, 4}},
            AspectRatio -> Automatic,
```

```
        PlotStyle -> {Hue[0], Thickness[0.02]},
        AxesStyle -> Thickness[0.015],
        Epilog->{PointSize[0.03], RGBColor[0, 0, 1],
                                    Point[{0, q}]},
        PlotLabel -> "q="<>ToString[q] <>" " ] ]
```

```
valp[2]
```

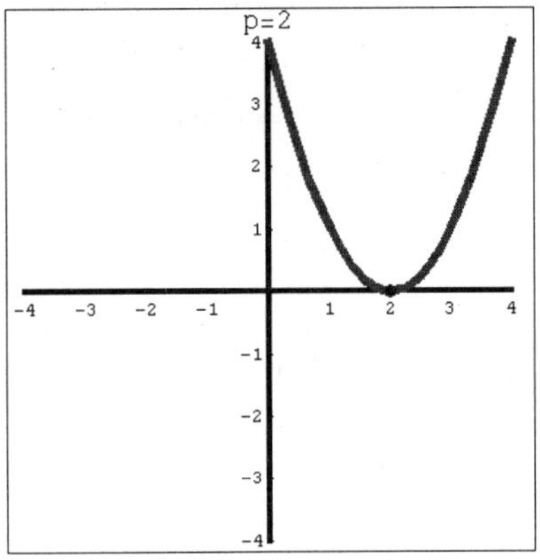


```
valq[-1]
```

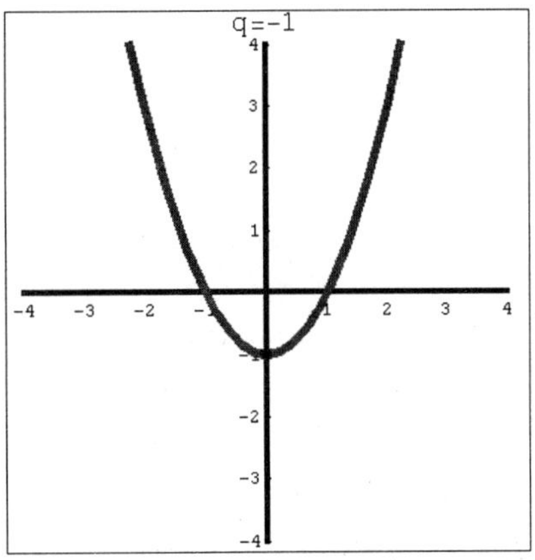

② 명령문 valp[p]에 대칭축이 좌표평면에 나타나는 것을 추가하면 보기 좋을 것 같다. 그래서 명령문 valp[p]에 대칭축의 선분을 Epilog로 추가하여 다음과 같이 명령문을 수정하자.

```
valp[p_] := Module[ { },
        Plot[ (x - p)^2, {x, -4, 4},
            PlotRange -> {{-4, 4}, {-4, 4}},
            AspectRatio -> Automatic,
            PlotStyle -> {Hue[0], Thickness[0.02]},
            AxesStyle -> Thickness[0.015],
            Epilog->{{Thickness[0.01], Line[{{p, -4}, {p,4}}]},
              {PointSize[0.03], RGBColor[0, 0, 1], Point[{p, 0}]}},
            PlotLabel->"p=" <> ToString[p] <>" " ] ]
valp[-1]
```

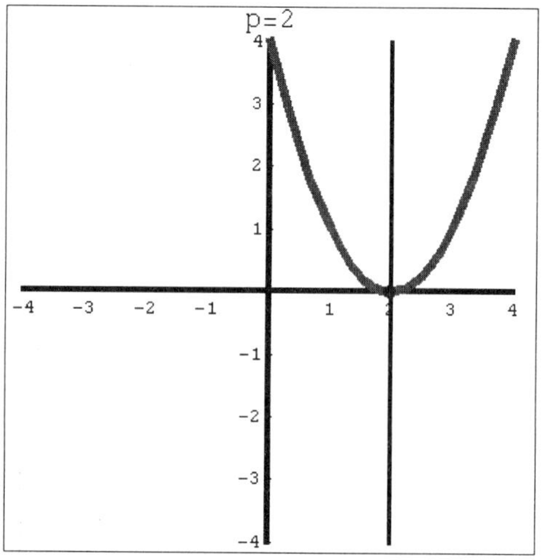

실습문제 (1) 임의의 함수를 입력받아, 그 함수의 그래프를 그리는 Module문을 만들어라. 옵션은 최대한 사용하여라.

(2) 임의의 함수를 입력받아, 그 함수의 미분과 부정적분을 구하는 Module문을 만들어라.

5.2 Module문 활용

예제 5.2.1 두 개의 이차함수 $y=ax^2$, $y=a(x-p)^2$의 그래프를 한 좌표평면에 나타내는 Module문을 만들어라.

풀이 ① 두 개의 함수 $y=f(x)$, $y=g(x)$의 그래프를 한 좌표평면에 나타내기 위해서는 Plot문의 형식을 다음과 같이 하면 된다.

```
Plot[ {f(x),g(x)}, {x,a,b},옵션들 ]
```

② 함수 $y=x^2$, $y=(x-1)^2$의 그래프를 정의역 [−4, 4]에서 간단히 나타내려면 다음과 같이 입력하여 실행하면 된다.

```
Plot[ {x^2, (x - 1)^2}, {x, -4, 4},
        PlotRange -> {{-4, 4}, {-4, 4}},
        AspectRatio -> Automatic ]
```

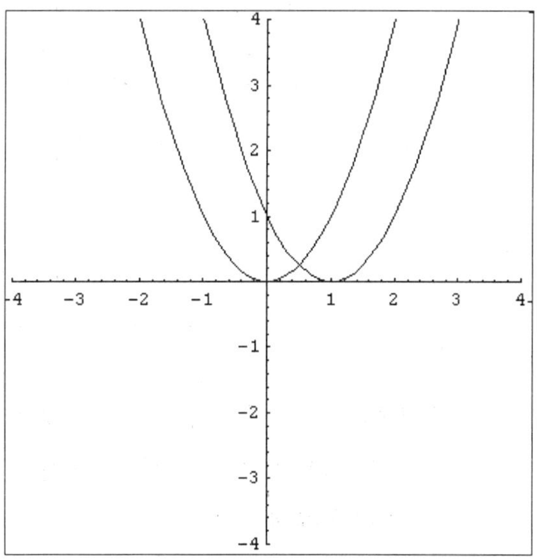

주의 세 개 이상의 함수의 그래프를 한 좌표평면에 나타낼 때에도 같은 형식으로 중괄호 { }를 사용하여 함수들을 입력하고 실행하면 된다.

③ 두 개 이상의 함수의 그래프를 한 좌표평면에 나타내는 Module

문을 만들어 보자. 먼저, 두 함수의 그래프를 나타내는 간단한 Module문을 만들어 보자.

```
gra[p_] := Module[ { },
        Plot[ {x^2, (x - p)^2}, {x, -4, 4},
            PlotRange -> {{-4, 4}, {-4, 4}},
            AspectRatio -> Automatic ] ]
```

④ p값에 1을 대입하면 두 함수 $y=x^2$, $y=(x-1)^2$의 그래프가 나타난다.

```
gra[1]
```

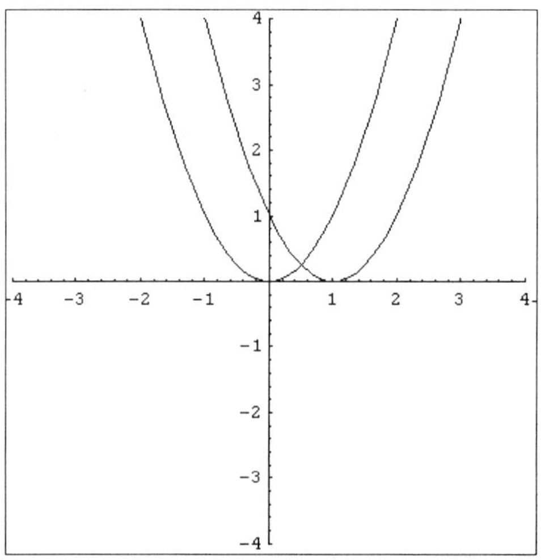

⑤ Do문을 사용하여 p의 값이 -2부터 2까지 1씩 변하도록 다음과 같이 애니메이션을 만들어 보자.(버전 6.0 이상에서는 Do 대신에 Manipulate를 사용)

```
Do[ gra[k], {k, -2, 2} ]
```

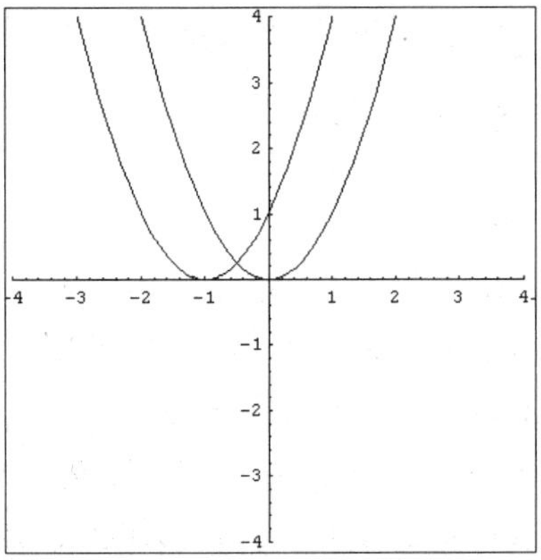

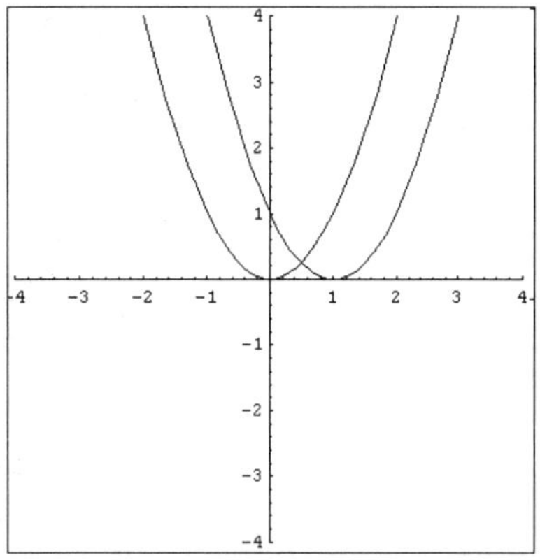

⑥ 위 ③의 함수 gra[p]에 이차항의 계수 a값을 변수로 더 추가하여 다음과 같이 gra[a, p]로 수정하자.

```
gra[a_, p_] := Module[ { },
        Plot[ {a*x^2, a*(x - p)^2}, {x, -4, 4},
            PlotRange -> {{-4, 4}, {-4, 4}},
            AspectRatio -> Automatic ] ]
```

⑦ 한 함수의 변수는 여러 개 만들어도 상관이 없다. 함수 gra[a, p]의 a에 2, p에 2를 입력하여 gra[2, 2]를 실행하면 두 함수 $y=2x^2$, $y=2(x-2)^2$의 그래프가 나타난다.

```
gra[2, 2]
```

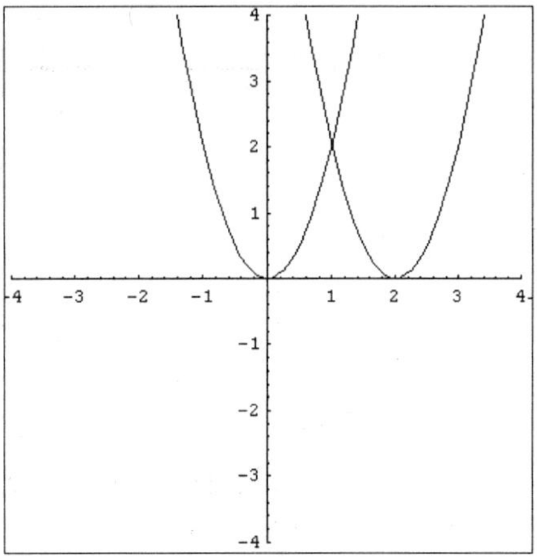

⑧ 위 ⑥의 명령문에 여러 가지 옵션을 추가하여 다음과 같이 수정하여 함수 graap[a, p]를 만들어 보자.

```
graap[a_, p_] := Module[ { },
        Plot[ {a*x^2, a*(x - p)^2}, {x, -4, 4},
          PlotRange -> {{-4, 4}, {-4, 4}},
          AspectRatio -> Automatic,
          PlotStyle -> {{RGBColor[1, 0, 0], Thickness[0.015]},
             {RGBColor[1, 1, 0], Thickness[0.015]}},
          AxesStyle -> Thickness[0.015],
          Epilog->{{PointSize[0.03], RGBColor[0, 0, 1],
                          Point[{0, 0}]},
                {PointSize[0.03], RGBColor[0, 1, 0.1],
                                 Point[{p, 0}]}},
          PlotLabel -> "p값에 따른 함수의 그래프"]
          ]
```

```
graap[2, 2]
```

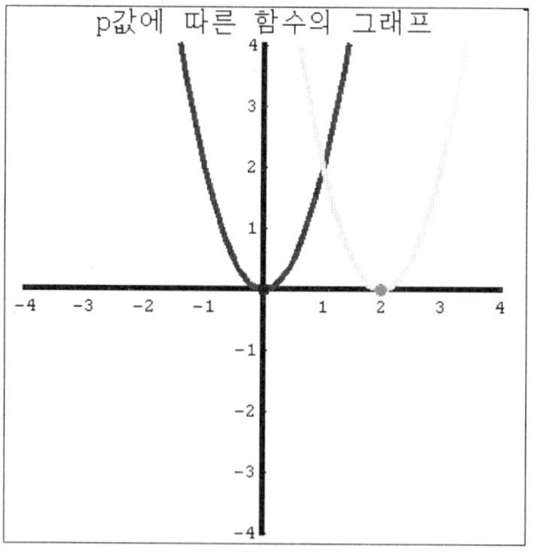

주의 위 ⑧의 명령문 안의 Plot문은 두 개의 함수의 그래프를 그리는 것이므로 PlotStyle 옵션은 두 묶음이 전체 하나로 묶여있다. 만약, Plot문 안에 세 개의 함수가 있다면 PlotStyle 옵션은 세 묶음이 다시 하나의 묶음으로 주어져야 한다. 예를 들면,

```
Plot[ {f(x), g(x), h(x)}, {x, a, b}, PlotStyle->{{f(x)의 PlotStyle},
        {g(x)의 PlotStyle}, {h(x)의 PlotStyle}} ]
```

의 형식으로 주어져야 한다.

⑨ Do문을 사용하여 p값이 -2에서 2까지 1씩 변할 때마다 함수의 그래프가 변하는 모습을 확인하여 보자.(버전 6.0 이상에서는 Do 대신에 Manipulate를 사용함)

```
Do[ gra[2, k], {k, -2, 2} ]
```

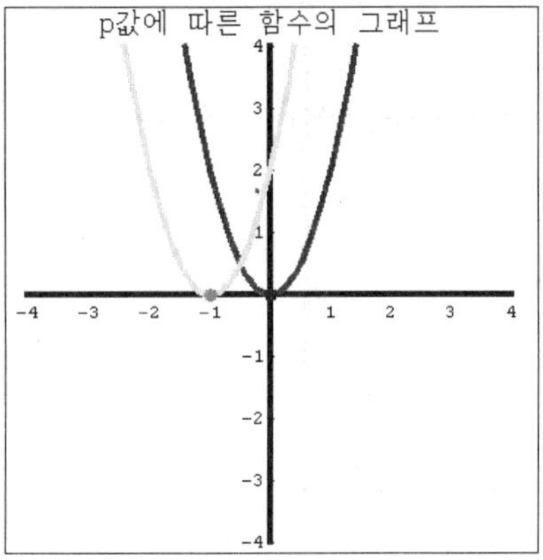

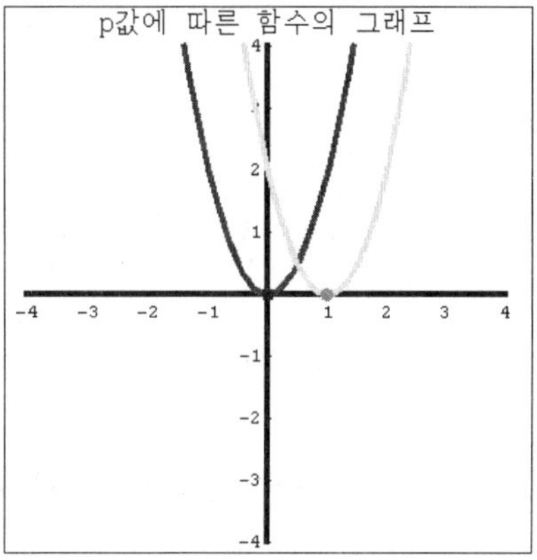

예제 5.2.2 위 예제 5.2.1과 같은 방법으로 이차함수 $y=ax^2$과 $y=ax^2+q$의 그래프를 한 좌표평면에 나타내는 Module문을 만들어 보자. Do문을 활용하여 q값이 -2에서 2까지 0.5씩 변할 때마다 함수의 그래프가 어떻게 변하는지 확인하여 보자.

풀이

```
graaq[a_, q_] := Module[ { },
          Plot[ {a*x^2, a*x^2 + q}, {x, -4, 4},
            PlotRange -> {{-4, 4}, {-4, 4}},
            AspectRatio -> Automatic,
            PlotStyle -> {{RGBColor[1, 0, 0], Thickness[0.015]},
                          {RGBColor[1, 1, 0], Thickness[0.015]}},
            AxesStyle -> Thickness[0.015],
            Epilog->{{PointSize[0.03],
```

```
                RGBColor[0, 0, 1], Point[{0, 0}]},
                {PointSize[0.03],
                RGBColor[0, 1, 0.1], Point[{0, q}]}},
     PlotLabel -> "q값에 따른 함수의 그래프"] ]
```

```
graaq[2, -1]
```

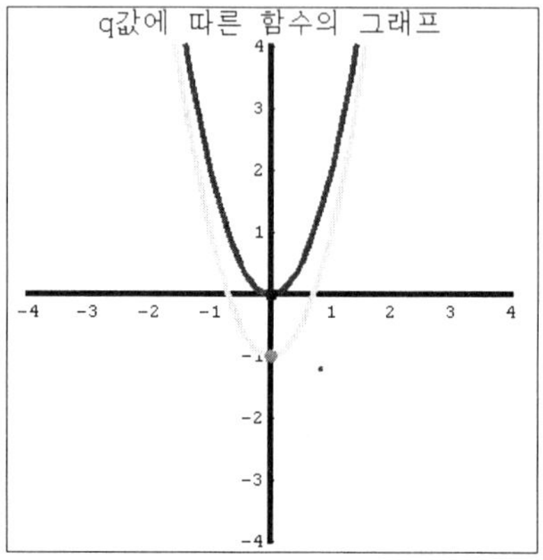


```
Do[ graaq[2, k], {k, -2, 2, 0.5} ]
```

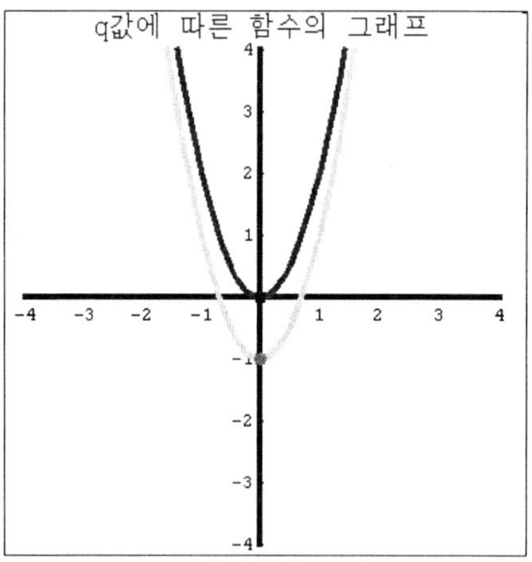

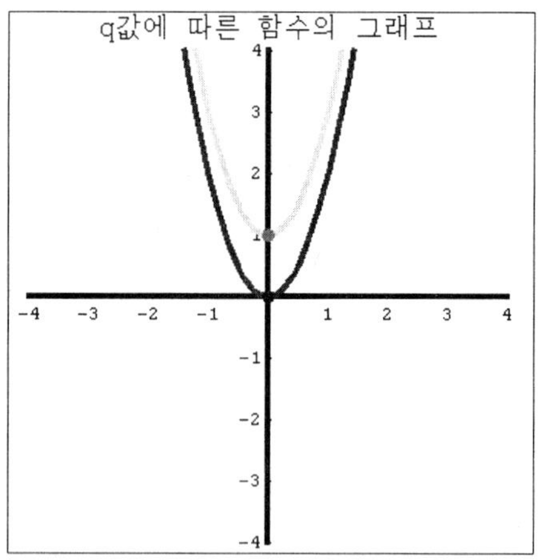

참고

버전 6.0 이상에서는 Do를 Manipulate로 변경하여라.

예제 5.2.3 이차함수 $y=(x-p)^2$과 $y=(x-p)^2+q$의 그래프를 Module을 사용하여 같이 한 좌표평면에 나타내는 명령문을 만들어 보자. 또, Do문을 활용하여 q값이 -2에서 2까지 0.5씩 변할 때마다 함수의 그래프가 어떻게 변하는지 확인하여 보자.

풀이

```
grapq[p_, q_] := Module[ { },
        Plot[ {(x - p)^2, (x - p)^2 + q}, {x, -4, 4},
            PlotRange -> {{-4, 4}, {-4, 4}},
            AspectRatio -> Automatic,
            PlotStyle -> {{RGBColor[1, 0, 0],
                          Thickness[0.015]},
                {RGBColor[1, 1, 0], Thickness[0.015]}},
            AxesStyle -> Thickness[0.015],
            Epilog->{{PointSize[0.03], RGBColor[0, 0, 1],
                              Point[{p, 0}]},
                  {PointSize[0.03], RGBColor[0, 1, 0.1],
                              Point[{p, q}]}},
            PlotLabel -> "p, q값에 따른 함수의 그래프"] ]
```

```
grapq[1, 1]
```

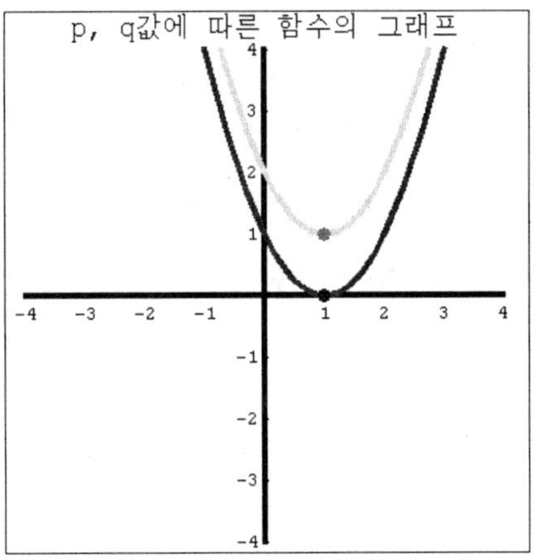


```
Do[ grapq[1, k], {k, -2, 2, 0.5} ]
```

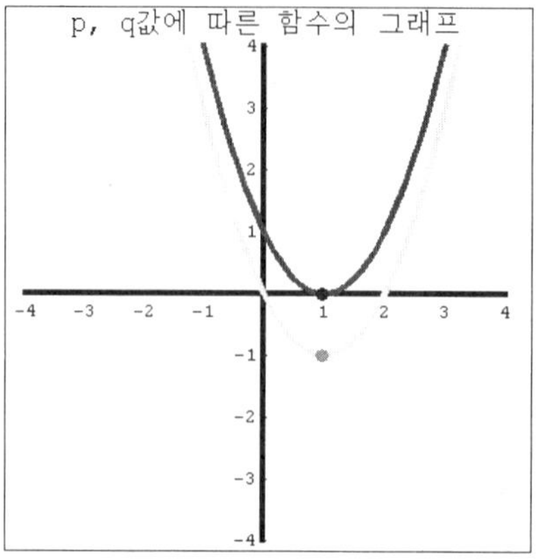

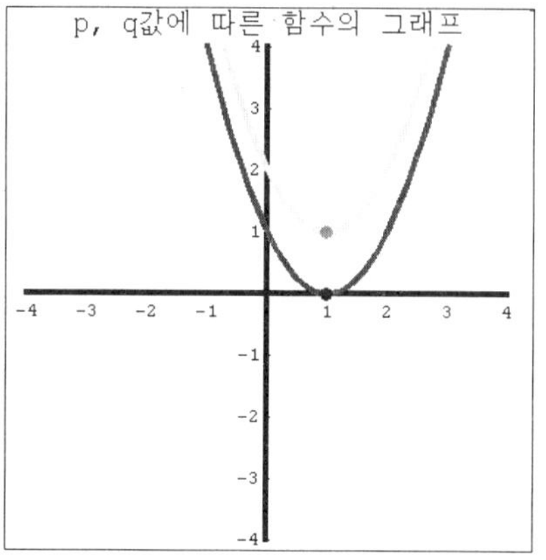

참고

버전 6.0 이상에서는 Do를 Manipulate로 변경하여라.

실습문제 두 함수의 그래프를 한 좌표평면에 나타내듯이 세 함수의 그래프를 한 좌표평면에 나타낼 수도 있다. 프로그램을 만들어 보아라.

예제 5.2.4 이차함수 $y = ax^2 + bx + c$의 그래프를 그리는 Module문을 만들어라.

풀이 이차함수 $y = ax^2 + bx + c$의 그래프를 나타내려면 Plot문을 활용하여 나타내면 된다.

① 이차함수 $y = x^2 - 2x$의 그래프를 정의역 $[-2, 4]$에서 다음과 같이 나타내어 보자.

```
Plot[x^2 - 2x, {x, -2, 4}];
```

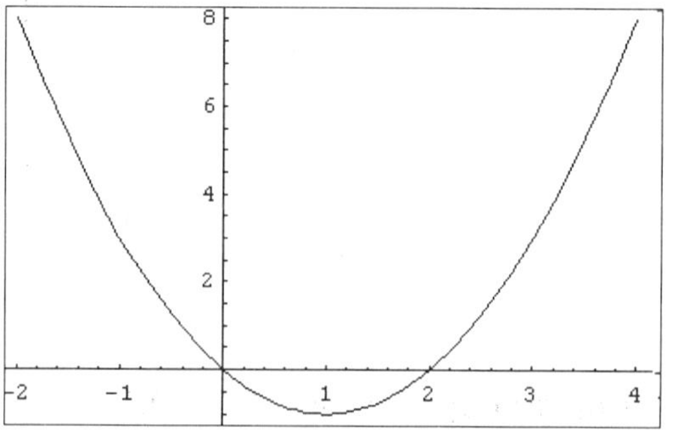

② Module문을 사용하여 이차함수의 각 계수에 따른 그래프를 정의역 $[-4, 4]$에서 정의하여 보자. 또, PlotRange, AspectRatio 옵션을 추가하자.

```
graabc[a_, b_, c_] :=
    Module[ { }, Plot[ a*x^2 + b*x + c, {x, -4, 4},
            PlotRange -> {{-4, 4}, {-4, 4}},
            AspectRatio -> Automatic ] ]
```

③ 이차함수의 각 항의 계수의 값을 다음과 같이 주고 실행해 보자.

```
graabc[1, -4, 4]
graabc[1, 8, 18]
```

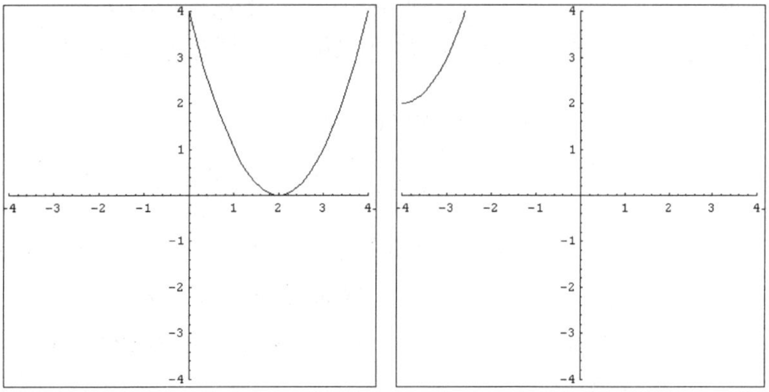

참고

graabc[1, -2, 1]의 그래프는 이차함수의 꼭짓점의 좌표가 정의역과 PlotRange범위 안에 있어서 상관이 없으나 위 ②에서 정의한 graabc[a, b, c] 그대로 하면 graabc[1, 8, 18]는 꼭짓점의 x좌표가 정의역과 PlotRange 안에 있지 않아 나타내어야 할 그래프의 꼭짓점과 대칭축을 좌표평면에 나타낼 수가 없다. 그래서 이 점을 보완하기 위해서 주어진 이차함수의 각 항의 계수에 따라 정의역과 PlotRange의 범위가 자동적으로 바뀌어지도록 적당한 값을 만들어 주어야 한다. 그러기 위해서는 주어진 이차함수 $y = ax^2 + b^2 + c$의 그래프를 꼭짓점과 대칭축의 방정식을 나타내는 $y = a(x-p)^2 + q$의 꼴로 바꾸어 주어야 한다.

다음과 같이 바꾸어 보자.

$$\begin{aligned} y &= ax^2+bx+c \\ &= a\left(x^2+\frac{b}{a}x\right)+c \\ &= a\left(x^2+\frac{b}{a}x+\frac{b^2}{4a^2}\right)+c-\frac{b^2}{4a} \\ &= a\left(x+\frac{b}{2a}\right)^2+c-\frac{b^2}{4a} \end{aligned}$$

위와 같이 바꾸어 주면 $p=-\dfrac{b}{2a}$, $q=c-\dfrac{b^2}{4a}$이 되며 정의역을 $[p-4,\ p+4]$로 정의할 수 있다.

---

④ 정의역을 $[p-4,\ p+4]$로, PlotRange를 $\{\{p-4,\ p+4\},\ \{q-4,\ q+4\}\}$로 정하여 명령문을 바꾸어 주자.

```
graabc[a_, b_, c_] :=
    Module[ { }, p = - b/(2a); q = c - b^2/(4a);
        Plot[ a*x^2 + b*x + c, {x, p - 4, p + 4},
            PlotRange->{{p - 4, p + 4}, {q - 4, q + 4}},
            AspectRatio -> Automatic ] ]
```

⑤ 다시 이차함수 $y=x^2+8x+18$의 그래프를 나타내어보자.

```
graabc[1, 8, 18]
```

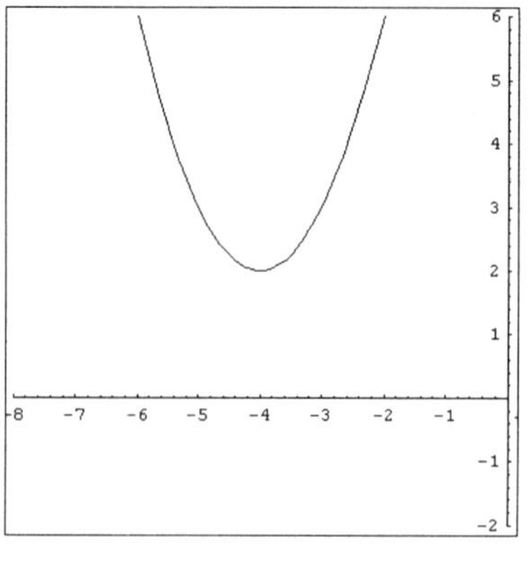

⑥ 위 ④의 그래프에 눈금선을 추가하여 그래프를 나타내어 보자.

```
graabc[a_, b_, c_] :=
    Module[ { }, p = - b/(2a); q = c - b^2/(4a);
        Plot[ a*x^2 + b*x + c, {x, p - 4, p + 4},
            PlotRange-> {{p - 4, p + 4}, {q - 4, q + 4}},
            AspectRatio -> Automatic,
            GridLines->{{p-3, p-2, p-1, p, p+1, p+2, p+3},
                {q-3, q-2, q-1, q, q+1, q+2, q+3}}
            ] ]
```

참고

눈금선을 추가하기 위해서는 GridLines이라는 옵션을 사용한다. ⑥에 x범위는 p에 따라, y범위는 q에 따라 주어지는 눈금선을 긋는 GridLines이라는 옵션을 추가하였다.

⑦ 이차함수의 각 항의 계수에 1, −2, 3을 입력하여 실행하여 보자.

```
graabc[1, -2, 3]
```

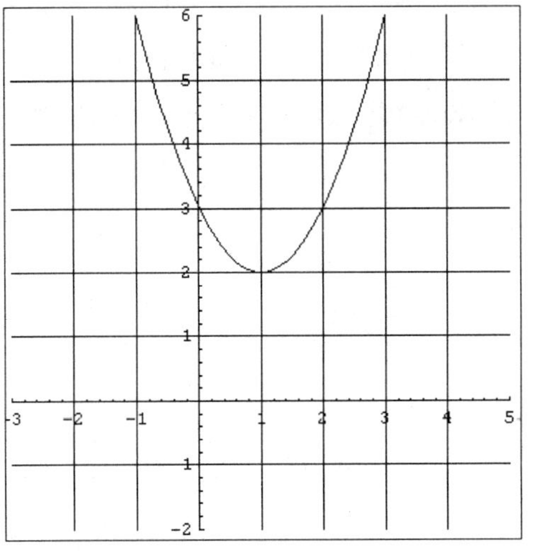

⑧ 또, 다음과 같이 각 항의 계수의 값을 지정하여 실행하여 보자.

```
graabc[1, 1, 1]
```

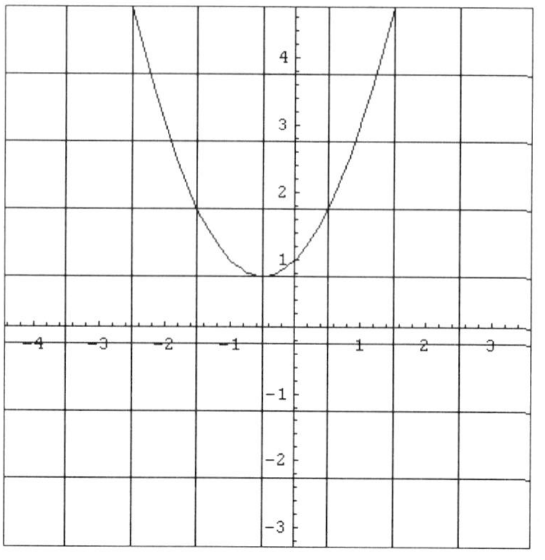

참고

위 ⑧의 실행결과인 graabc[1,1,1]의 그림에서 눈금선의 값이 정수가 아님을 알 수 있다. 보통 눈금선을 나타낼 때에는 각 눈금선의 교차점이 정수인 격자점을 나타낼 수 있도록 하여야 하는데 p와 q의 값이 정수가 아니다. 이것을 해결하기 위해서는 실수 x에 가까운 정수를 찾아주는 무엇인가가 있어야만 되는데 매스매티카의 내장함수로서는 Ceiling과 Floor가 있다. Ceiling[x]은 x보다 작지 않은 정수값을 찾는 내장함수이며, Floor[x]는 x보다 크지 않는 정수값을 찾는 내장함수이다. 또, Round[x]는 x에 가장 가까운 정수값을 찾는 내장함수이다.

⑨ Ceiling[x]를 활용하여 눈금선을 표현하기로 하고 위의 명령문을 다음과 같이 수정하여 명령문 graabc[1,1,1]을 실행하여 보자.

```
graabc[a_, b_, c_] :=
    Module[ { }, p = -b/(2a); q = c - b^2/(4a);
        r = Ceiling[p]; s = Ceiling[q];
        Plot[ a*x^2 + b*x + c, {x, r - 4, r + 4},
```

```
        PlotRange -> {{r-4, r+4}, {s-4, s+4}},
        AspectRatio -> Automatic,
        GridLines->{{r-3, r-2, r-1, r, r+1, r+2, r+3},
            {s-3, s-2, s-1, s, s+1, s+2, s+3}} ] ]
```

```
graabc[1, 1, 1]
```

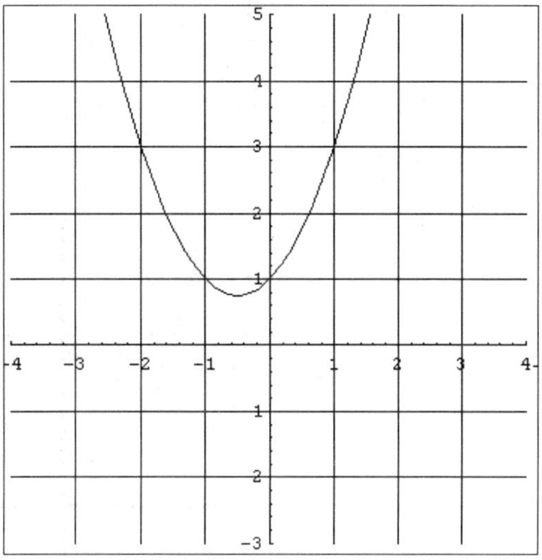

⑩ 눈금선으로 정확한 격자점을 표현할 수 있게 하였다. 위의 명령문 ⑨에 몇 가지 옵션을 추가하여 보자.

```
graabc[a_, b_, c_] :=
    Module[ { }, p = - b/(2a); q = c - b^2/(4a);
        r=Ceiling[p]; s=Ceiling[q];
      Plot[a*x^2 + b*x + c, {x, r-4, r+4},
        PlotRange -> {{r-4, r+4}, {s-4, s+4}},
        AspectRatio -> Automatic,
        GridLines -> {{r-3, r-2, r-1, r, r+1, r+2, r+3},
            {s-3, s-2, s-1, s, s+1, s+2, s+3}},
        PlotStyle->{Thickness[0.015], RGBColor[1, 0, 0]},
        AxesStyle -> Thickness[0.015],
```

```
          Epilog->{{Thickness[0.015], RGBColor[0,1,0],
                    Line[{{p, s-4}, {p, s+4}}]},
                    {PointSize[0.03], RGBColor[0, 0, 1],
                    Point[{p, q}]}},
          PlotLabel -> "대칭축은 x=" <>
                         ToString[TraditionalForm[p]]
          ] ]
```

```
graabc[1, 1, 1]
```

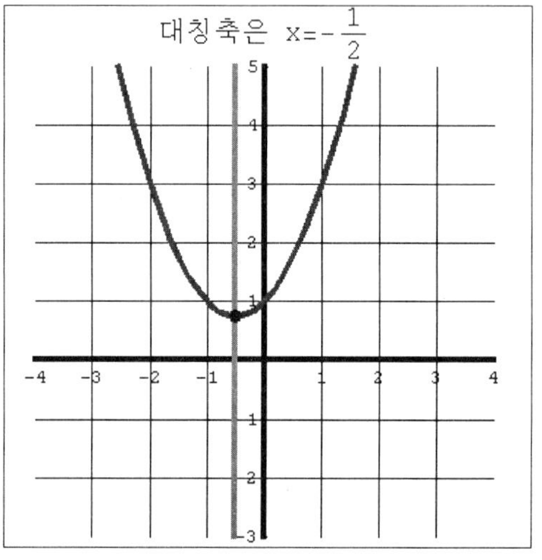

참고

위 ⑩의 명령문에서 옵션 PlotLabel의

```
ToString[TraditionalFrom[p]]
```

이라는 것이 있다. 만약 TraditionForm을 사용하지 않고 ToString[p]라고 나타내면 p의 값이 화면에 출력될 때 오류가 발생하는 경우가 있다. p의 값이 분수일 때 이 분수의 값이 정확하게 나타나지 않는다. 이럴 때 분수의 값을 정확하게 나타내기 위해서는 TraditionalForm이라는 내장함수를 사용하였다.

예제 5.2.5 정비례함수(Direct Proportional Function) $y = ax$와 반비례함수(Inverse Proportional Function) $y = \frac{a}{x}$를 나타내는 점 (x, y)의 개수를 늘려가면서 각 그래프를 그리는 Module문을 만들어라.

풀이 ① 좌표평면에 정비례함수 $y = x$의 그래프를 만들어 보자. 먼저, 정비례함수 $y = x$를 정의하자.

```
f[x_] := x
```

② 정비례함수 $y = x$를 나타내는 점의 좌표 (x, y)를 정의역 $[-5, 5]$에서 11개, 21개, 31개를 각각 만들어 보자.

```
list1 = Table[{x, f[x]}, {x, -5, 5}]
```

```
{{-5, -5}, {-4, -4}, {-3, -3}, {-2, -2},
 {-1, -1}, {0, 0}, {1, 1}, {2, 2}, {3, 3}, {4, 4}, {5, 5}}
```

list2 = Table[{x, f[x]}, {x, -5, 5, $\frac{1}{2}$}]

$\{\{-5, -5\}, \{-\frac{9}{2}, -\frac{9}{2}\}, \{-4, -4\}, \{-\frac{7}{2}, -\frac{7}{2}\}, \{-3, -3\}, \{-\frac{5}{2}, -\frac{5}{2}\}, \{-2, -2\}, \{-\frac{3}{2}, -\frac{3}{2}\}, \{-1, -1\}, \{-\frac{1}{2}, -\frac{1}{2}\}, \{0, 0\}, \{\frac{1}{2}, \frac{1}{2}\}, \{1, 1\}, \{\frac{3}{2}, \frac{3}{2}\}, \{2, 2\}, \{\frac{5}{2}, \frac{5}{2}\}, \{3, 3\}, \{\frac{7}{2}, \frac{7}{2}\}, \{4, 4\}, \{\frac{9}{2}, \frac{9}{2}\}, \{5, 5\}\}$

list3 = Table[{x, f[x]}, {x, -5, 5, $\frac{1}{3}$}]

$\{\{-5, -5\}, \{-\frac{14}{3}, -\frac{14}{3}\}, \{-\frac{13}{3}, -\frac{13}{3}\}, \{-4, -4\}, \{-\frac{11}{3}, -\frac{11}{3}\}, \{-\frac{10}{3}, -\frac{10}{3}\}, \{-3, -3\}, \{-\frac{8}{3}, -\frac{8}{3}\}, \{-\frac{7}{3}, -\frac{7}{3}\}, \{-2, -2\}, \{-\frac{5}{3}, -\frac{5}{3}\}, \{-\frac{4}{3}, -\frac{4}{3}\}, \{-1, -1\}, \{-\frac{2}{3}, -\frac{2}{3}\}, \{-\frac{1}{3}, -\frac{1}{3}\}, \{0, 0\}, \{\frac{1}{3}, \frac{1}{3}\}, \{\frac{2}{3}, \frac{2}{3}\}, \{1, 1\}, \{\frac{4}{3}, \frac{4}{3}\}, \{\frac{5}{3}, \frac{5}{3}\}, \{2, 2\}, \{\frac{7}{3}, \frac{7}{3}\}, \{\frac{8}{3}, \frac{8}{3}\}, \{3, 3\}, \{\frac{10}{3}, \frac{10}{3}\}, \{\frac{11}{3}, \frac{11}{3}\}, \{4, 4\}, \{\frac{13}{3}, \frac{13}{3}\}, \{\frac{14}{3}, \frac{14}{3}\}, \{5, 5\}\}$

③ 만들어진 점의 좌표를 좌표평면에 나타내기 위해서는 ListPlot문을 사용한다. list1을 좌표평면에 나타내어 보자.

```
ListPlot[list1]
```

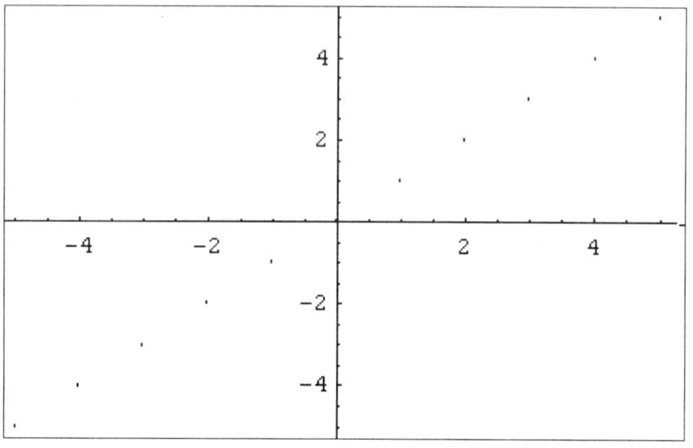

참고

ListPlot문은 함수의 그래프를 나타내는 것이 아니라 순서쌍 (x, y)의 데이터들을 좌표평면에 나타내어 주는 내장함수이다. 형식은 다음과 같다.

```
ListPlot[ list, 옵션들 ]
```

④ 위 ListPlot[list1] 명령문에 몇 가지 옵션을 추가하여 다음과 같이 만들어 보자.

```
ListPlot[ list1,
    PlotRange -> {{-5.5, 5.5}, {-5.5, 5.5}},
    AspectRatio -> Automatic,
    PlotStyle -> {PointSize[0.02], RGBColor[0, 0, 1]},
    AxesStyle -> Thickness[0.01],
    GridLines -> {{-5, -4, -3, -2, -1, 1, 2, 3, 4, 5},
              {-5, -4, -3, -2, -1, 1, 2, 3, 4, 5}} ]
```

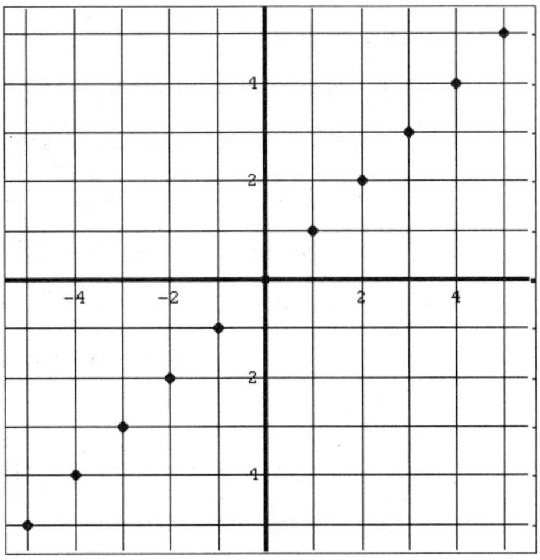

⑤ 위 ④의 명령문에서 데이터를 list2, list3를 넣어 각각 실행하여 보자.

```
ListPlot[ list2,
    PlotRange -> {{-5.5, 5.5}, {-5.5, 5.5}},
    AspectRatio -> Automatic,
    PlotStyle -> {PointSize[0.02], RGBColor[0, 0, 1]},
    AxesStyle -> Thickness[0.01],
    GridLines -> {{-5, -4, -3, -2, -1, 1, 2, 3, 4, 5},
                  {-5, -4, -3, -2, -1, 1, 2, 3, 4, 5}} ]
```

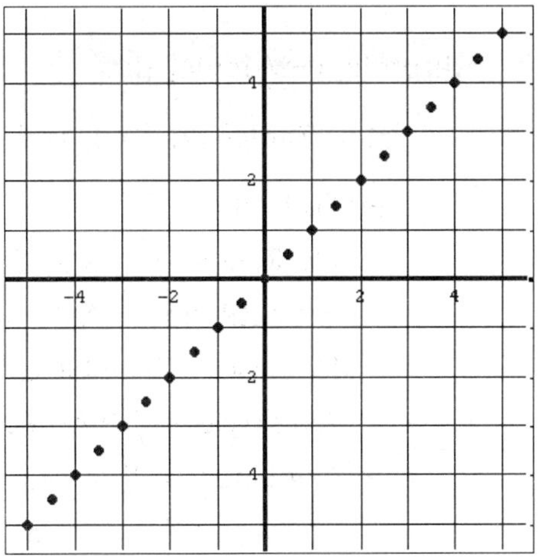

```
ListPlot[ list3,
    PlotRange -> {{-5.5, 5.5}, {-5.5, 5.5}},
    AspectRatio -> Automatic,
    PlotStyle -> {PointSize[0.02], RGBColor[0, 0, 1]},
    AxesStyle -> Thickness[0.01],
    GridLines -> {{-5, -4, -3, -2, -1, 1, 2, 3, 4, 5},
                  {-5, -4, -3, -2, -1, 1, 2, 3, 4, 5}} ]
```

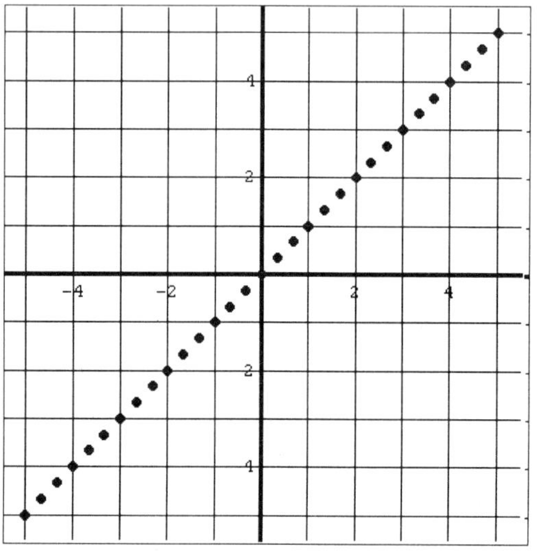

⑥ 위 ④와 ⑤의 세 명령문을 사용하여 점의 개수를 늘려가면서 그 점들을 나타내는 Module문을 만들어 보자.

```
dirpro[k_]:=Module[ {lst},
    lst = Table[ {x, f[x]}, {x, -5, 5, 1/k}];
    ListPlot[ lst,
        PlotRange -> {{-5.5, 5.5}, {-5.5, 5.5}},
        AspectRatio -> Automatic,
        PlotStyle -> {PointSize[0.02], RGBColor[0, 0, 1]},
        AxesStyle -> Thickness[0.01],
        GridLines -> {{-5, -4, -3, -2, -1, 1, 2, 3, 4, 5},
                      {-5, -4, -3, -2, -1, 1, 2, 3, 4, 5}} ] ]
```

⑦ 함수 dirpro[k]의 k 값에 숫자를 대입하여 각 격자 사이에 찍히는 점의 개수를 k개로 하는 ListPlot을 나타낼 수 있다.

```
dirpro[3]
```

⑧ PlotLabel을 활용하여 변하는 점의 개수를 문장으로 나타내자.

```
dirpro[k_]:=Module[ {lst},
    lst = Table[ {x, f[x]}, {x, -5, 5, 1/k}];
    ListPlot[ lst,
        PlotRange -> {{-5.5, 5.5}, {-5.5, 5.5}},
        AspectRatio -> Automatic,
        PlotStyle -> {PointSize[0.02], RGBColor[0, 0, 1]},
        AxesStyle -> Thickness[0.01],
        GridLines -> {{-5, -4, -3, -2, -1, 1, 2, 3, 4, 5},
                      {-5, -4, -3, -2, -1, 1, 2, 3, 4, 5}},
        PlotLabel -> "점의 개수" <> ToString[10k + 1] ] ]
```

```
dirpro[3]
```

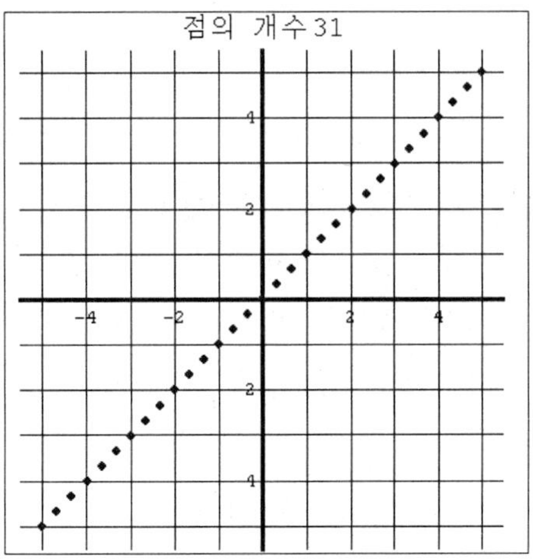

⑨ Do 반복문을 사용하여 점의 개수가 증가할 때의 ListPlot을 다음과 같이 만들 수 있다.

```
Do[ dirpro[k], {k, 1, 5} ]
```

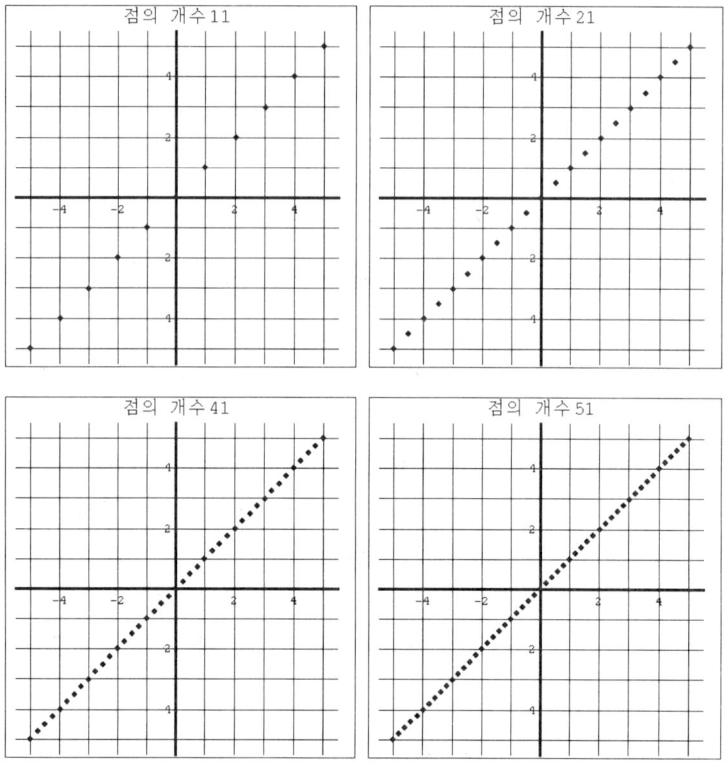

참고

(1) 위의 ①~⑨의 Module문들은 ①에서 정비례함수를 $f[x] := x$로 정의하여 사용하였는데, 만약 다른 정비례함수로 바꾸려면 Module문 앞 부분에 다른 정비례 함수로 $f[x_]$를 바꾸어 주면 된다(예를 들면, $f[x\_] := 2x$). 또는 다음 ⑩과 같이 Module문 앞에 Input문을 사용하여 정비례 함수를 정의하여도 상관이 없다. Input문은 임의의 함수를 입력하던가, 임의의 값을 입력하고자 할 때 사용한다.

(2) 버전 6.0 이상에서는 ⑧에서 Do 대신에 Mainipulate를 사용하여라.

⑩ 다음 명령문을 실행하면 다음과 같은 Input Box가 나타나고 이 Input Box에 임의의 정비례함수를 입력하면 된다.

```
f[x_]=Input[ "Enter the Direct Proportional Function,
                                        For Example 2x" ];
dirpro[k_]:=Module[ {lst},
    lst = Table[ {x, f[x]}, {x, -5, 5, 1/k}];
    ListPlot[ lst,
        PlotRange -> {{-5.5, 5.5}, {-5.5, 5.5}},
        AspectRatio -> Automatic,
        PlotStyle -> {PointSize[0.02], RGBColor[0, 0, 1]},
        AxesStyle -> Thickness[0.01],
        GridLines -> {{-5, -4, -3, -2, -1, 1, 2, 3, 4, 5},
                      {-5, -4, -3, -2, -1, 1, 2, 3, 4, 5}},
        PlotLabel -> "점의 개수" <> ToString[10k + 1] ] ]
```

```
dirpro[10]
```

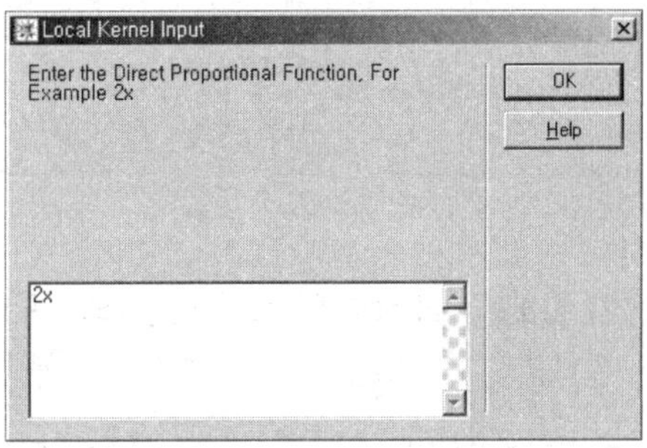

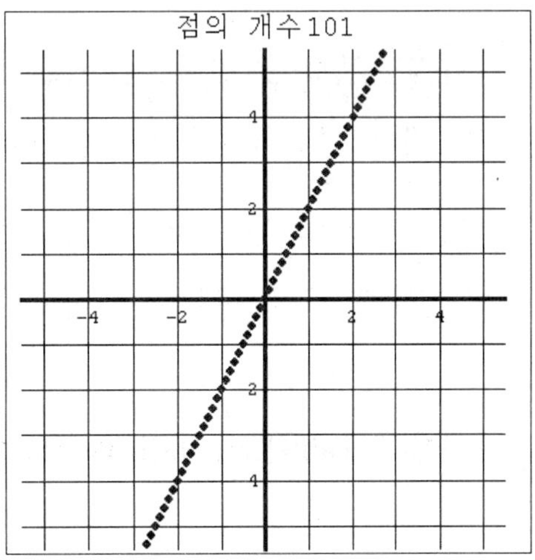

⑪ 위의 정비례함수에 대한 것 ①~⑩을 반비례함수에 대한 것으로 바꾸어보자.

먼저, 반비례함수를 정의하자.

```
f[x_] := 1/x
```

⑫ 반비례함수 $y=\frac{1}{x}$의 정의역 $[-5,\ 5]$에 대하여 점 $(x,\ y)$의 좌표를 11개, 21개, 31개로 늘려 보자.

```
lit1 = Table[ {x, f[x]}, {x, -5, 5} ]
```

Power::infy : Infinite expression $\frac{1}{0}$ encountered.

$\{\{-5, -\frac{1}{5}\}, \{-4, -\frac{1}{4}\}, \{-3, -\frac{1}{3}\}, \{-2, -\frac{1}{2}\}, \{-1, -1\}, \{0, \text{ComplexInfinity}\}, \{1, 1\}, \{2, \frac{1}{2}\}, \{3, \frac{1}{3}\}, \{4, \frac{1}{4}\}, \{5, \frac{1}{5}\}\}$

```
lit2 = Table[ {x, f[x]}, {x, -5, 5, 1/2} ]
```

Power::infy : Infinite expression $\frac{1}{0}$ encountered.

$\{\{-5, -\frac{1}{5}\}, \{-\frac{9}{2}, -\frac{2}{9}\}, \{-4, -\frac{1}{4}\}, \{-\frac{7}{2}, -\frac{2}{7}\}, \{-3, -\frac{1}{3}\}, \{-\frac{5}{2}, -\frac{2}{5}\}, \{-2, -\frac{1}{2}\}, \{-\frac{3}{2}, -\frac{2}{3}\}, \{-1, -1\}, \{-\frac{1}{2}, -2\}, \{0, \text{ComplexInfinity}\}, \{\frac{1}{2}, 2\}, \{1, 1\}, \{\frac{3}{2}, \frac{2}{3}\}, \{2, \frac{1}{2}\}, \{\frac{5}{2}, \frac{2}{5}\}, \{3, \frac{1}{3}\}, \{\frac{7}{2}, \frac{2}{7}\}, \{4, \frac{1}{4}\}, \{\frac{9}{2}, \frac{2}{9}\}, \{5, \frac{1}{5}\}\}$

```
lit3 = Table[ {x, f[x]}, {x, -5, 5, 1/3} ]
```

```
Power::infy : Infinite expression 1/0 encountered.
```

$$\left\{\left\{-5,-\frac{1}{5}\right\},\left\{-\frac{14}{3},-\frac{3}{14}\right\},\left\{-\frac{13}{3},-\frac{3}{13}\right\},\left\{-4,-\frac{1}{4}\right\},\left\{-\frac{11}{3},-\frac{3}{11}\right\},\left\{-\frac{10}{3},-\frac{3}{10}\right\},\left\{-3,-\frac{1}{3}\right\},\left\{-\frac{8}{3},-\frac{3}{8}\right\},\left\{-\frac{7}{3},-\frac{3}{7}\right\},\left\{-2,-\frac{1}{2}\right\},\left\{-\frac{5}{3},-\frac{3}{5}\right\},\left\{-\frac{4}{3},-\frac{3}{4}\right\},\{-1,-1\},\left\{-\frac{2}{3},-\frac{3}{2}\right\},\left\{-\frac{1}{3},-3\right\},\{0,\text{ComplexInfinity}\},\left\{\frac{1}{3},3\right\},\left\{\frac{2}{3},\frac{3}{2}\right\},\{1,1\},\left\{\frac{4}{3},\frac{3}{4}\right\},\left\{\frac{5}{3},\frac{3}{5}\right\},\left\{2,\frac{1}{2}\right\},\left\{\frac{7}{3},\frac{3}{7}\right\},\left\{\frac{8}{3},\frac{3}{8}\right\},\left\{3,\frac{1}{3}\right\},\left\{\frac{10}{3},\frac{3}{10}\right\},\left\{\frac{11}{3},\frac{3}{11}\right\},\left\{4,\frac{1}{4}\right\},\left\{\frac{13}{3},\frac{3}{13}\right\},\left\{\frac{14}{3},\frac{3}{14}\right\},\left\{5,\frac{1}{5}\right\}\right\}$$

참고

위의 세 데이터 lit1, lit2, lit3에는 x가 0일 때 y의 값이 존재하지 않기 때문에 위의 출력결과들의 첫 행과 같은 경고 메시지가 푸른색 글씨로 나타난다.

⑬ 각 데이터 내에서 {0, complexInfinity}인 점의 좌표는 필요가 없으므로 이 점을 뺀 새로운 데이터를 다시 만들자.

```
lit4 = Drop[ lit1, {6} ];
lit5 = Drop[ lit2, {11} ];
lit6 = Drop[ lit3, {16} ]
```

$$\left\{\left\{-5,-\frac{1}{5}\right\},\left\{-\frac{14}{3},-\frac{3}{14}\right\},\left\{-\frac{13}{3},-\frac{3}{13}\right\},\left\{-4,-\frac{1}{4}\right\},\left\{-\frac{11}{3},-\frac{3}{11}\right\},\left\{-\frac{10}{3},-\frac{3}{10}\right\},\left\{-3,-\frac{1}{3}\right\},\left\{-\frac{8}{3},-\frac{3}{8}\right\},\left\{-\frac{7}{3},-\frac{3}{7}\right\},\left\{-2,-\frac{1}{2}\right\},\left\{-\frac{5}{3},-\frac{3}{5}\right\},\left\{-\frac{4}{3},-\frac{3}{4}\right\},\{-1,-1\},\left\{-\frac{2}{3},-\frac{3}{2}\right\},\left\{-\frac{1}{3},-3\right\},\left\{\frac{1}{3},3\right\},\left\{\frac{2}{3},\frac{3}{2}\right\},\{1,1\},\left\{\frac{4}{3},\frac{3}{4}\right\},\left\{\frac{5}{3},\frac{3}{5}\right\},\left\{2,\frac{1}{2}\right\},\left\{\frac{7}{3},\frac{3}{7}\right\},\left\{\frac{8}{3},\frac{3}{8}\right\},\left\{3,\frac{1}{3}\right\},\left\{\frac{10}{3},\frac{3}{10}\right\},\left\{\frac{11}{3},\frac{3}{11}\right\},\left\{4,\frac{1}{4}\right\},\left\{\frac{13}{3},\frac{3}{13}\right\},\left\{\frac{14}{3},\frac{3}{14}\right\},\left\{5,\frac{1}{5}\right\}\right\}$$

참고

Drop문의 형식은 다음과 같다.

Drop문	의　　미
Drop[list,n]	list의 처음부터 n번째 항까지 제외한 나머지 항을 나타내자.
Drop[list,{n}]	list의 n번째 항을 빼고 나머지 항을 나타내자.
Drop[list,{n,m}]	list의 n번째 항부터 m번째 항까지 제외한 나머지 항을 나타내자.

Drop문의 다양한 형식은 Help Browser에서 알아보아라.

⑭ ListPlot문을 사용하여 반비례함수의 수정한 세 데이터가 표현하는 점의 좌표를 차례대로 좌표평면에 나타내어보자.

```
ListPlot[ lit4,
    PlotRange -> {{-5.5, 5.5}, {-5.5, 5.5}},
    AspectRatio -> Automatic,
    PlotStyle -> {PointSize[0.015], RGBColor[0, 0, 1]},
```

```
    AxesStyle -> Thickness[0.01],
    GridLines -> {{-5, -4, -3, -2, -1, 1, 2, 3, 4, 5},
                  {-5, -4, -3, -2, -1, 1, 2, 3, 4, 5}} ]
```

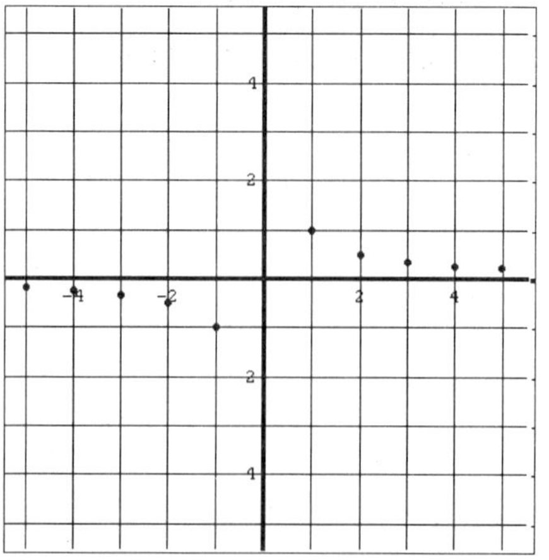

```
ListPlot[ lit5,
    PlotRange -> {{-5.5, 5.5}, {-5.5, 5.5}},
    AspectRatio -> Automatic,
    PlotStyle -> {PointSize[0.015], RGBColor[0, 0, 1]},
    AxesStyle -> {Thickness[0.01]},
    GridLines -> {{-5, -4, -3, -2, -1, 1, 2, 3, 4, 5},
                  {-5, -4, -3, -2, -1, 1, 2, 3, 4, 5}} ]
```

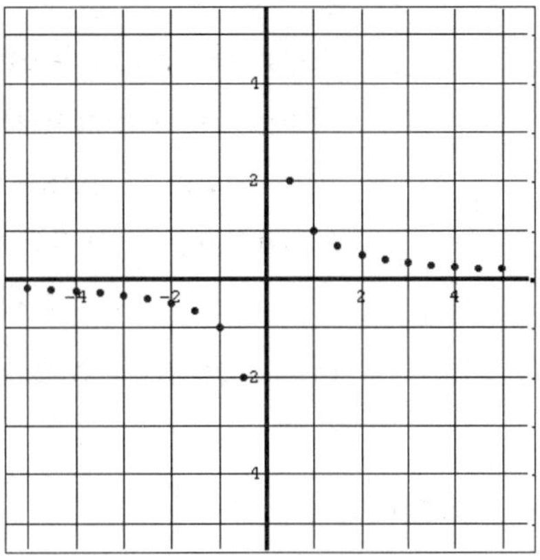

```
ListPlot[ lit6,
    PlotRange -> {{-5.5, 5.5}, {-5.5, 5.5}},
    AspectRatio -> Automatic,
    PlotStyle -> {PointSize[0.015], RGBColor[0, 0, 1]},
    AxesStyle -> {Thickness[0.01]},
    GridLines -> {{-5, -4, -3, -2, -1, 1, 2, 3, 4, 5},
                  {-5, -4, -3, -2, -1, 1, 2, 3, 4, 5}} ]
```

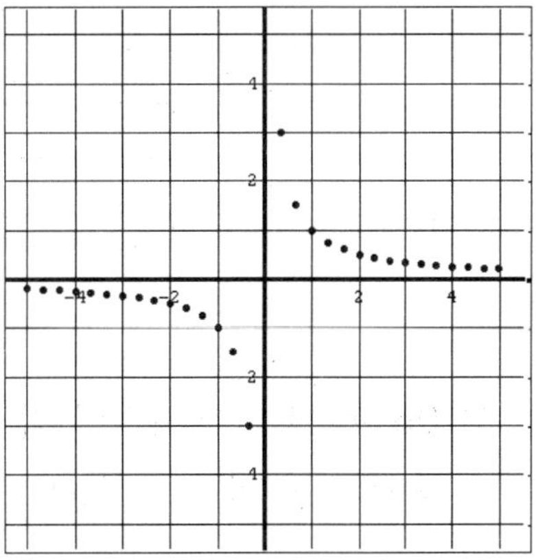

⑮ 위 ⑭의 세 명령문을 사용하여 점의 개수 k에 따른 ListPlot을 표현하는 Module을 만들어 보자.

```
invpro[k_]:=Module[ {lst, lst1},
                    lst = Table[ {x, f[x]}, {x, -5, 5, 1/k} ];
                    lst1 = Drop[ lst, {5k + 1} ];
    ListPlot[ lst1,
        PlotRange -> {{-5.5, 5.5}, {-5.5, 5.5}},
        AspectRatio -> Automatic,
        PlotStyle -> {PointSize[0.015], RGBColor[0, 0, 1]},
        AxesStyle -> Thickness[0.01],
        GridLines -> {{-5, -4, -3, -2, -1, 1, 2, 3, 4, 5},
                      {-5, -4, -3, -2, -1, 1, 2, 3, 4, 5}},
        PlotLabel -> "점의 개수 " <> ToString[10k] <>" "] ]
```

```
invpro[10]
```

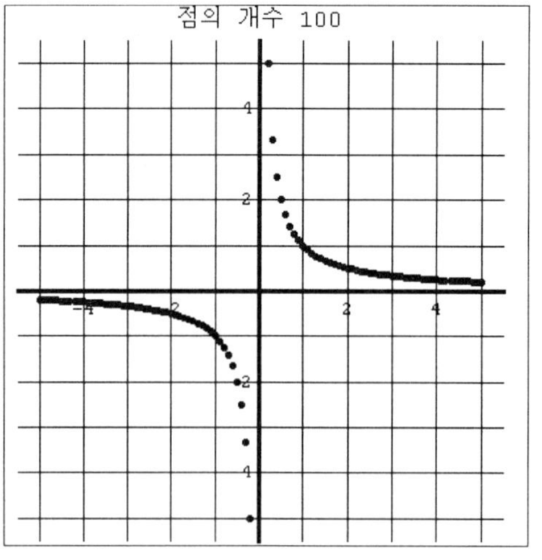

⑯ Do 반복문을 사용하여 점의 개수가 증가할 때의 ListPlot을 다음과 같이 만들 수 있다.

```
Do[ invpro[k], {k, 1, 10} ]
```

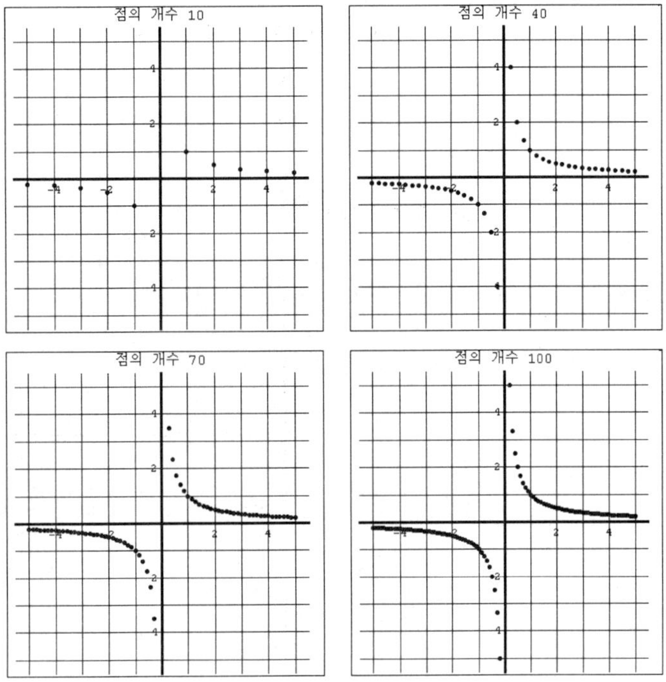

참고

버전 6.0 이상에서는 ⑯에서 Do 대신에 Mainipulate를 사용하여라.

⑰ 위 ⑮의 Module문을 정비례함수의 경우와 같은 ⑩의 방법으로 Input문을 사용하여 임의의 반비례 함수에 대하여서도 정의하자.

```
f[x_]=Input[ "Enter the Inverse Proportional Function,
                                For Example 2/x" ];
invpro[k_] := Module[ {lst, lst1},
                lst = Table[ {x, f[x]}, {x, -5, 5, 1/k} ];
                lst1 = Drop[ lst, {5k + 1} ];
    ListPlot[ lst1,
        PlotRange -> {{-5.5, 5.5}, {-5.5, 5.5}},
        AspectRatio -> Automatic,
```

```
PlotStyle -> {PointSize[0.02], RGBColor[0, 0, 1]},
AxesStyle -> Thickness[0.01],
GridLines -> {{-5, -4, -3, -2, -1, 1, 2, 3, 4, 5},
         {-5, -4, -3, -2, -1, 1, 2, 3, 4, 5}},
PlotLabel -> "점의 개수" <> ToString[10k] ] ]
```

```
Do[ invpro[k], {k, 1, 5} ]
```

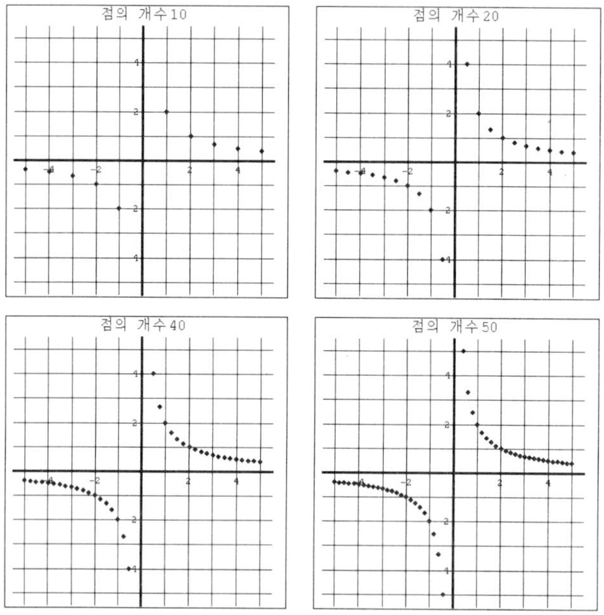

주의 업그레이드 버전에서는 Do 대신에 Manipulate를 사용한다.

예제 5.2.6 a값에 따른 정비례함수 $y = ax$와 반비례함수 $y = \frac{a}{x}$의 그래프를 그리는 Module문을 각각 만들어라.

풀이 ① 정비례함수 $y = 2x$의 그래프를 나타내는 Plot문을 다음과 같이 만들자.

```
Plot[ 2x, {x, -5, 5},
    PlotRange -> {{-5, 5}, {-5, 5}},
    AspectRatio -> Automatic,
    PlotStyle -> {Thickness[0.015], RGBColor[1, 0, 0]},
    AxesStyle -> {Thickness[0.01], RGBColor[0, 0, 0]},
    GridLines -> {{-4, -3, -2, -1, 1, 2, 3, 4},
                  {-4, -3, -2, -1, 1, 2, 3, 4}},
    PlotLabel -> "y=2x" ]
```

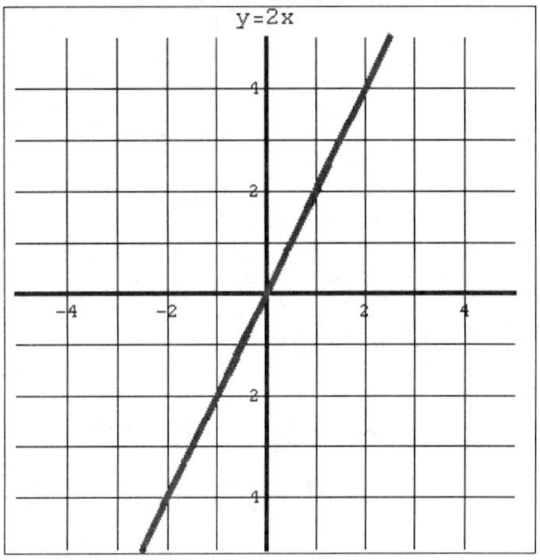

② a값에 따른 정비례함수 $y = ax$의 명령문을 Module문을 활용하여 만들자.

```
direct[a_] := Module[ { },
    Plot[ a*x, {x, -5, 5},
        PlotRange -> {{-5, 5}, {-5, 5}},
        AspectRatio -> Automatic,
        PlotStyle -> {Thickness[0.015], RGBColor[1, 0, 0]},
        AxesStyle -> {Thickness[0.01], RGBColor[0, 1, 0]},
        GridLines -> {{-4, -3, -2, -1, 1, 2, 3, 4},
                      {-4, -3, -2, -1, 1, 2, 3, 4}},
        PlotLabel -> "y=" <>
                ToString[TraditionalForm[a]] <> "x" ] ]
```

③ a값에 다양한 값(2, -2, $\frac{1}{2}$, $-\frac{1}{2}$, …)을 대입하여 정비례함수를 만들어 보자.

```
direct[-1/2]
```

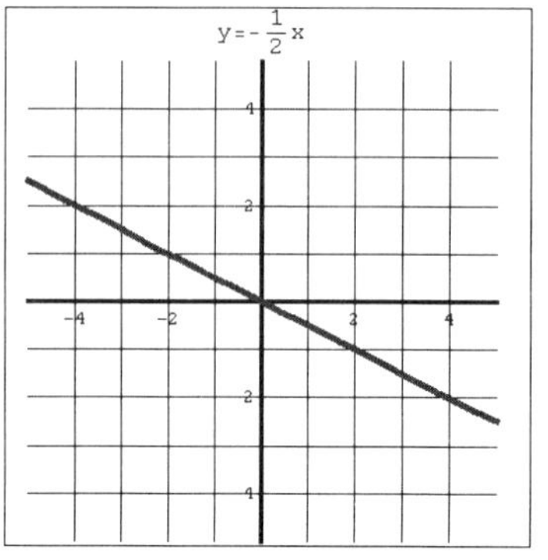

주의 분수의 값을 정확하게 화면에 표현하기 위해서 ToString문 안에 TraditionalForm문을 사용하였다.

④ 경우에 따라 a값이 양일 때와 음일 때의 그래프를 양쪽으로 나타내어 학생들의 이해를 도울 필요도 있다. 이것을 해결해 보자.

```
drtft[a_]:=Module[ { },
    posdir = Plot[ a*x, {x, -5, 5},
    PlotRange -> {{-5, 5}, {-5, 5}},
    AspectRatio -> Automatic,
    PlotStyle -> {Thickness[0.015], RGBColor[1, 0, 0]},
    AxesStyle -> {Thickness[0.01], RGBColor[0, 0, 0]},
    GridLines -> {{-4, -3, -2, -1, 1, 2, 3, 4},
                  {-4, -3, -2, -1, 1, 2, 3, 4}},
    PlotLabel -> "y=" <>
             ToString[TraditionalForm[a]] <> "x" ];
negdir = Plot[ -a*x, {x, -5, 5},
    PlotRange -> {{-5, 5}, {-5, 5}},
    AspectRatio -> Automatic,
    PlotStyle -> {Thickness[0.015], RGBColor[1, 0, 0]},
    AxesStyle -> {Thickness[0.01], RGBColor[0, 0, 0]},
```

```
    GridLines -> {{-4, -3, -2, -1, 1, 2, 3, 4},
                  {-4, -3, -2, -1, 1, 2, 3, 4}},
    PlotLabel -> "y=" <>
          ToString[TraditionalForm[-a]] <> "x" ];
Show[ GraphicsArray[{posdir, negdir} ],
                    ImageSize -> 400 ] ]
```

참고

(1) GraphicsArray문은 두 개 이상의 그래프를 묶어서 가로배열, 세로배열 등으로 화면에 나타내는 내장함수이다. Show문과 같이 사용되며 형식은 다음과 같다.

```
Show[ GraphicsArray[{f1, f2}], 옵션들 ]
```

이것은 두 그래프 f_1, f_2를 가로줄에 같이 나타낸다는 것을 의미한다.

(2) 업그레이드 버전에서는 명령어 GraphicsRow, GraphicsGrid 등이 그림들의 가로, 세로 나열에 사용된다.

⑤ 정비례함수의 a값에 2를 대입하면 $y=2x$와 $y=-2x$의 그래프가 같이 나타난다.

```
drtft[2]
```

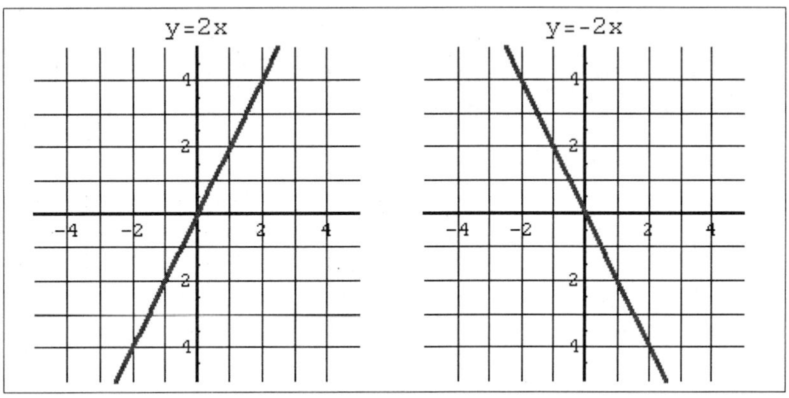

⑥ Do 반복문을 사용하여 여러 개의 a의 값의 변화에 따른 함수의 그래프의 변화를 확인하여 보자(버전 6.0 이상에서는 Do 대신에 Manipulate 사용).

Do[drtft[k], {k, $\frac{1}{3}$, 3, $\frac{1}{3}$}]

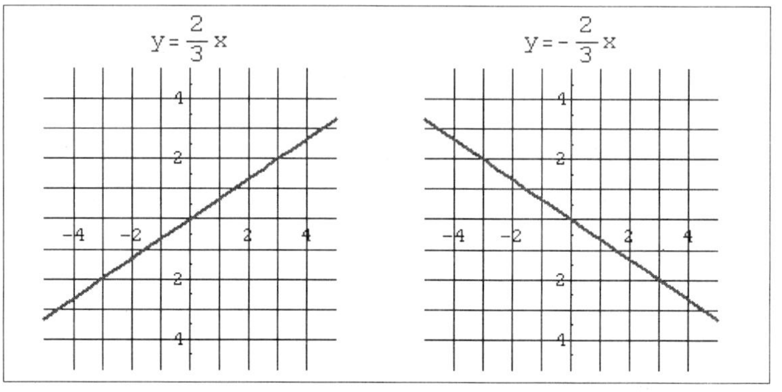

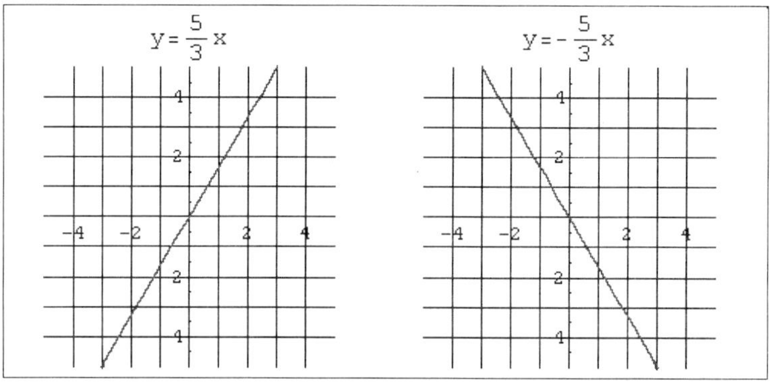

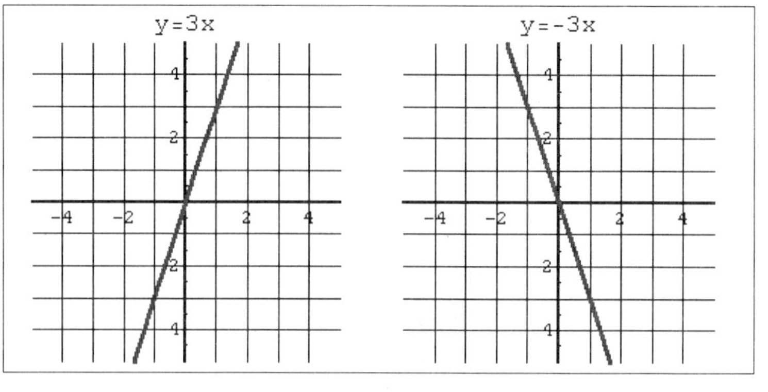

⑦ 정비례함수의 명령문 direct[a](②)와 같이 반비례함수에 관한 Module문을 만들어 보자.

```
inver[a_]:=Module[ { },
    Plot[ a/x, {x, -5, 5},
        PlotRange -> {{-5, 5}, {-5, 5}},
        AspectRatio -> Automatic,
        PlotStyle -> {Thickness[0.01], RGBColor[1, 0, 0]},
        AxesStyle -> {Thickness[0.01], RGBColor[0, 1, 0]},
        GridLines -> {{-4, -3, -2, -1, 1, 2, 3, 4},
                {-4, -3, -2, -1, 1, 2, 3, 4}},
        PlotLabel -> "a=" <>
                ToString[TraditionalForm[a]] ] ]
```

```
inver[2]
```

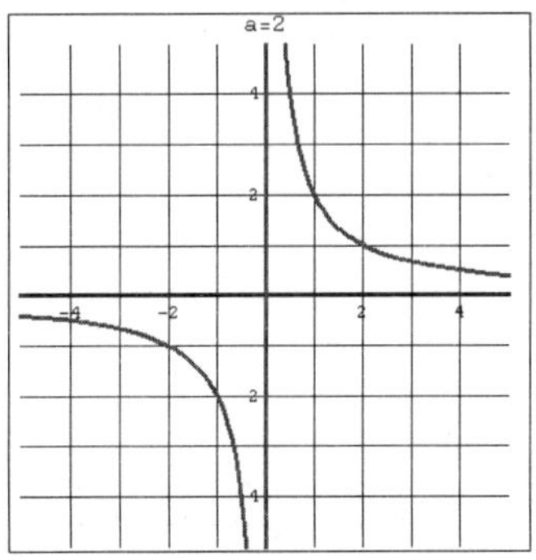

참고

위 ⑦에서 축의 형식(색, 두께)을 지정해 주었는데도 y축은 함수의 그래프의 형식(색, 두께)으로 나타나 있다. 이것은 왜일까?

분수함수에서 점근선이 나타난 것일까?

결론부터 이야기하면 이것은 점근선이 아니다.

매스매티카는 함수의 그래프를 나타낼 때 여러 개의 점의 좌표를 이용하여 그 점들을 연결하여 나타낸다. 따라서 반비례함수(분수함수)의 그래프를 나타낼 때 $x=0$에서 불연속이며 이 불연속인 구간을 연결하여 나타내려고 하기 때문에 위와 같은 모양이 나타난다. 이것을 해결하기 위해서는 약간의 편법을 사용한다. 아래 ⑧을 보아라.

⑧ Epilog 내장함수를 이용하여 축 위에 선분을 만들어 주어 함수의 그래프 위를 덮어주면 된다. 다음과 같이 명령문을 수정하자.

```
inver[a_]:=Module[ { },
    Plot[ a/x, {x, -5, 5},
        PlotRange -> {{-5, 5}, {-5, 5}},
        AspectRatio -> Automatic,
        PlotStyle -> {Thickness[0.01], RGBColor[1, 0, 0]},
        GridLines -> {{-4, -3, -2, -1, 1, 2, 3, 4},
                      {-4, -3, -2, -1, 1, 2, 3, 4}},
        PlotLabel -> "a=" <> ToString[TraditionalForm[a]],
        Epilog -> {{Thickness[0.01], Line[{{-5, 0}, {5, 0}}]},
              {Thickness[0.01], Line[{{0, -5}, {0, 5}}]}} ] ]
```

```
inver[2]
```

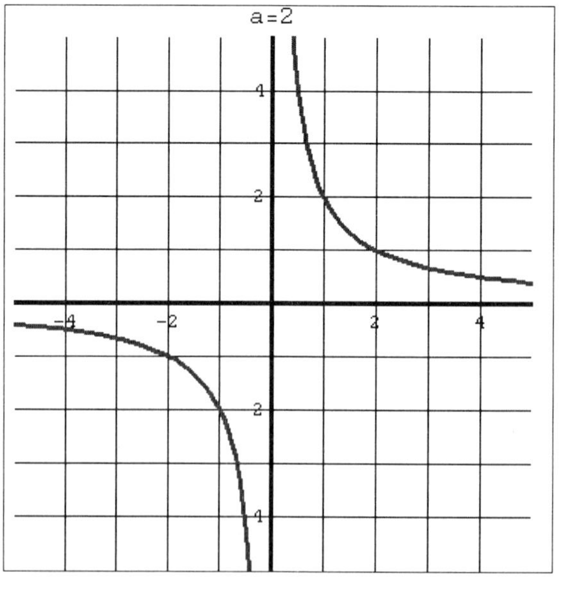

```
ivsft[a_]:=Module[ { },
    posinv = Plot[ a/x, {x, -5, 5},
            PlotRange -> {{-5, 5}, {-5, 5}},
            AspectRatio -> Automatic,
            PlotStyle -> {Thickness[0.01],
                          RGBColor[1, 0, 0]},
            Epilog -> {{Thickness[0.01],
                          Line[{{-5, 0}, {5, 0}}]},
                         {Thickness[0.01],
                          Line[{{0, -5}, {0, 5}}]}},
            GridLines -> {{-4, -3, -2, -1, 1, 2, 3, 4},
                            {-4, -3, -2, -1, 1, 2, 3, 4}},
            PlotLabel -> "a=" <>
                               ToString[TraditionalForm[a]],
            ];
    neginv = Plot[ -a/x, {x, -5, 5},
            PlotRange -> {{-5, 5}, {-5, 5}},
            AspectRatio -> Automatic,
            PlotStyle -> {Thickness[0.01], RGBColor[1, 0, 0]},
            Epilog -> {{Thickness[0.01],
                          Line[{{-5, 0}, {5, 0}}]},
                         {Thickness[0.01],
                          Line[{{0, -5}, {0, 5}}]}},
            GridLines -> {{-4, -3, -2, -1, 1, 2, 3, 4},
                            {-4, -3, -2, -1, 1, 2, 3, 4}},
            PlotLabel -> "a=" <>
                       ToString[TraditionalForm[-a]],
            ];
    Show[ GraphicsArray[{posinv, neginv} ],
                            ImageSize -> 400 ] ]
```

```
ivsft[2]
```

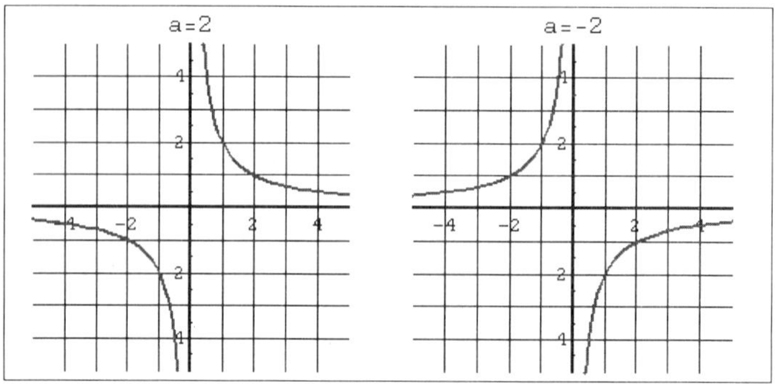


```
Do[ ivsft[a], {a, 1/3, 3, 1/3} ]
```

(버전 6.0 이상에서는 Do 대신에 Manipulate 사용)

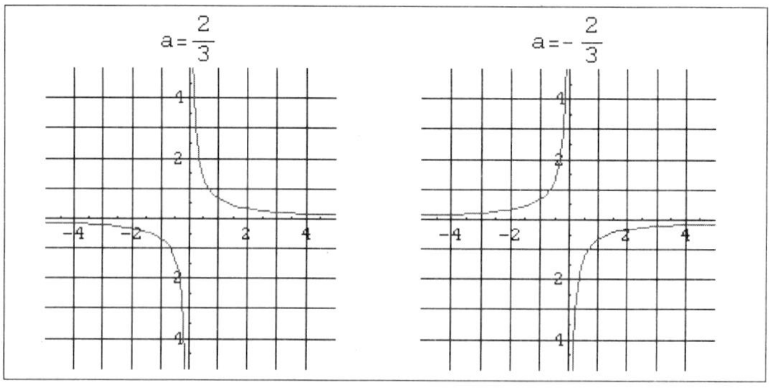

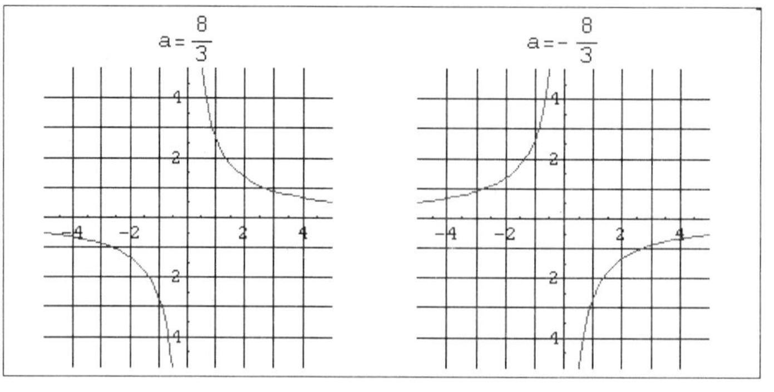

* 일부 그림이 생략되었음.

예제 5.2.7 한 개의 주사위를 던지는 횟수에 따라 1부터 6까지 눈의 수에 따른 확률을 구해보자.

풀이 확률의 의미를 예를 들어 관찰하여 보자. 주사위를 던지는 시행에서 10번 던져 1의 눈이 나오는 경우의 수를 구하려면 실제 주사위를 10번 던져보면 알 수 있다. 하지만 주사위를 100번, 1000번, 10000번 던져 1의 눈이 나오는 경우의 수를 구하려면 실제 던지는 시행을 하기가 만만치 않다. 매스매티카에서는 주사위를 던지는 시행 대신에 1부터 6까지의 숫자를 임의의 뽑는 것으로 하고자 한다.

① Random을 이용하여 1부터 6까지 임의의 정수를 뽑아보자.

```
Random[ Integer, {1, 6} ]
```

참고

임의의 숫자를 뽑는 내장함수는 Random이다. Random의 형식은 다음과 같다.

형 식	내 용
Random[ ]	0과 1 사이의 임의의 실수를 뽑아낸다.
Random[integer,{n,m}]	정수 n부터 m까지의 임의의 정수를 뽑아낸다.

② 1부터 6까지의 임의의 정수를 10개 뽑아내기 위해서는 반복문을 사용하면 된다. 반복문 중에서 Table문을 사용하여 다음과 같이 나타내자.

```
Table[ Random[ Integer, {1, 6} ], {k, 1, 10} ]
```

```
{6, 3, 4, 5, 4, 5, 6, 1, 1, 3}
```

③ 1의 눈이 2번, 3의 눈이 2번, 4의 눈이 2번, 5의 눈이 2번, 6의 눈이 2번 나왔다. 하지만 위의 반복문을 다시 한번 실행하면 다음과 같이 다르게 나온다.

```
Table[ Random[ Integer, {1, 6} ], {k, 1, 10} ]
```

```
{1, 2, 2, 1, 6, 6, 1, 6, 1, 2}
```

④ Random문 자체가 임의의 정수를 뽑아내는 것이기 때문에 항상 같게 나올 수가 없다. 반복문의 시행 횟수를 100번으로 늘여 보자.

```
trial = Table[ Random[ Integer, {1, 6} ], {k, 1, 100} ]
```

```
{2, 4, 1, 6, 2, 1, 2, 6, 3, 6, 2, 5, 3, 2, 3,
 3, 2, 1, 2, 4, 2, 5, 3, 4, 6, 3, 4, 2, 6, 4, 1, 3,
 5, 2, 4, 5, 6, 1, 1, 6, 3, 4, 4, 6, 4, 2, 5, 6, 2,
 2, 1, 6, 5, 5, 2, 2, 6, 2, 5, 3, 5, 4, 6, 5, 6, 6,
 6, 3, 6, 2, 5, 1, 5, 4, 5, 2, 4, 3, 4, 5, 4, 6, 6,
 1, 2, 2, 2, 6, 1, 6, 5, 6, 5, 6, 3, 5, 6, 5, 3, 5}
```

주의 위 시행에서 1의 눈이 몇 번 나왔는지 직접 세어서 구해도 상관이 없으나 시행횟수가 많으면 구하기가 쉽지 않다.

⑤ 내장함수 Count를 활용하여 1의 눈이 나온 횟수를 다음과 같이 구해 보자.

```
Count[trial, 1]
```

⑥ 1의 눈이 총 20번 나왔다. 다른 눈이 나온 횟수도 같은 방법으로 구할 수 있는데 다음과 같이 각각의 눈이 나온 횟수를 구하는 함수를 정의하자.

```
trl[k_] := Count[trial, k]
```

⑦ 한 번 실행으로 모든 눈 1 ~ 6이 나오는 경우의 수를 각각 구하려면 반복문을 사용하면 된다.

```
Table[ trl[k], {k, 1, 6} ]
```

```
{10, 21, 13, 14, 19, 23}
```

⑧ 각각의 눈 1 ~ 6이 나타날 확률을 구해보자.

```
protrl = Table[ N[trl[k]/100], {k, 1, 6} ]
```

```
{0.1, 0.21, 0.13, 0.14, 0.19, 0.23}
```

⑨ 각각의 눈에 대한 확률을 히스토그램(BarChart)으로 나타내어 보자.

```
<< Graphics`Graphics`
BarChart[ protrl ]
```

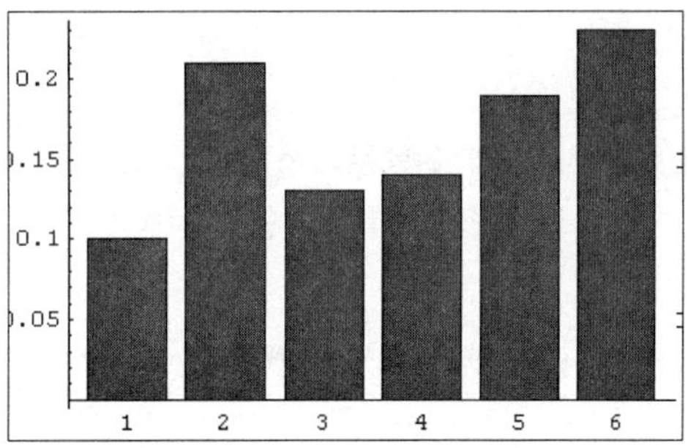

주의 히스토그램을 나타내기 위해서는 하나의 패키지를 실행해야 하는데

〈〈Graphics`Graphics`

를 실행하면 된다.

참고

버전 6.0 이상에서는 패키지를 열지 않아도 된다. 즉 Palettes - 2D - BarChart로 히스토그램을 그릴 수 있다.

⑩ 위의 과정 ①~⑨에서 실행한 모든 명령문들을 묶어 다음과 같이 나타내자.

```
trial = Table[ Random[Integer, {1, 6}], {k, 1, 100} ];
trl[k_] := Count[ trial, k ]
Table[ trl[k], {k, 1, 6} ];
protrl = Table[ N[trl[k]/100], {k, 1, 6} ];
BarChart[ protrl ]
```

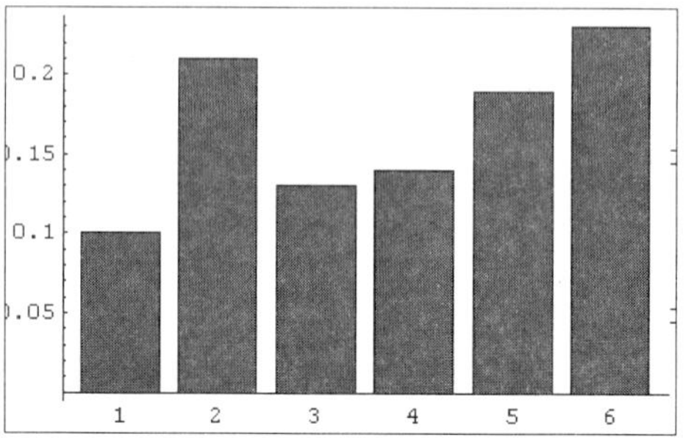

주의 위 ⑩의 실행문에서 첫 반복문의 횟수를 100보다 더 늘이고 ⑩을 다시 실행하면 변경된 시행횟수에 따른 확률을 히스토그램으로 나타낸다.

⑪ 시행횟수를 10000으로 하여 실행하여 보자.

```
trial = Table[ Random[Integer, {1, 6}], {k, 1, 10000} ];
trl[k_] := Count[ trial, k ]
Table[ trl[k], {k, 1, 6} ];
protrl = Table[ N[trl[k]/10000], {k, 1, 6} ];
BarChart[ protrl ]
```

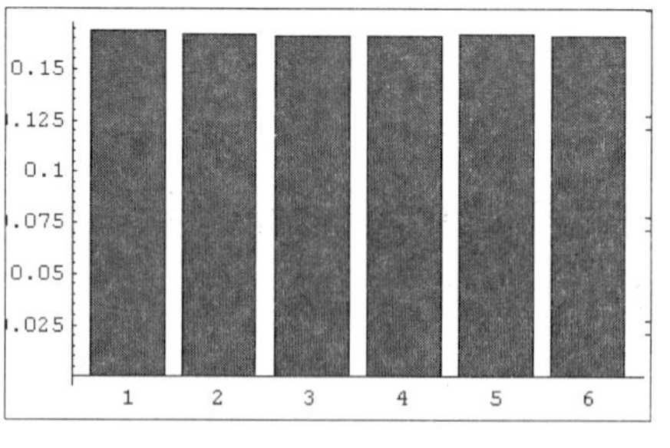

⑫ 위의 실행문 ⑪을 수정하여 시행횟수를 변수로 하는 Module문을 만들어 보자.

```
trlpro[n_] := Module[ { },
        trial = Table[ Random[Integer, {1, 6}], {k, 1, n} ];
        trl[k_] := Count[ trial, k ];
        Table[ trl[k], {k, 1, 6} ];
        protrl = Table[ N[trl[k]/n], {k, 1, 6} ];
        Print[ "시행횟수는 " <> ToString[n] ];
        Print[ "1의 눈의 확률은 " <> ToString[ N[trl[1]/n]] ];
        BarChart[ protrl ] ]
```

⑬ Do 반복문을 이용하여 시행횟수가 10, 100, 1000, 10000, 100000 번일 때에 대하여 각각 실행하여 보자.(버전 6.0 이상에서는 Do를 Manipulate로 변경함)

```
Do[trlpro[ 10^k], {k, 1, 5} ]
```

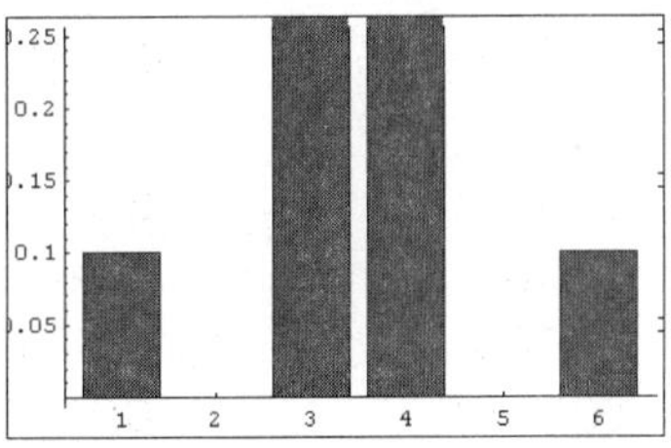

시행횟수는 10

1의 눈의 확률은 0.1

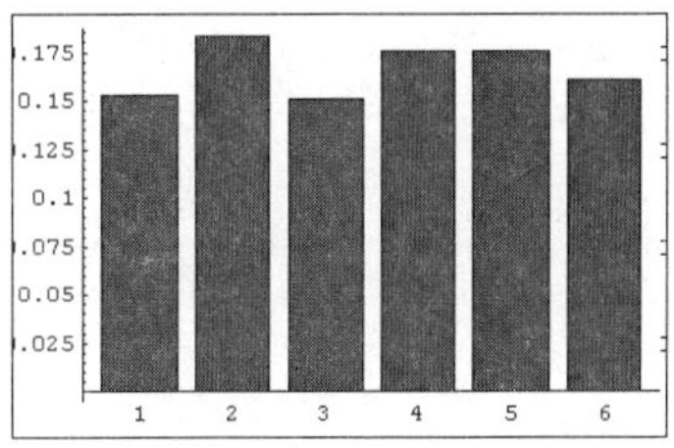

시행횟수는 1000

1의 눈의 확률은 0.153

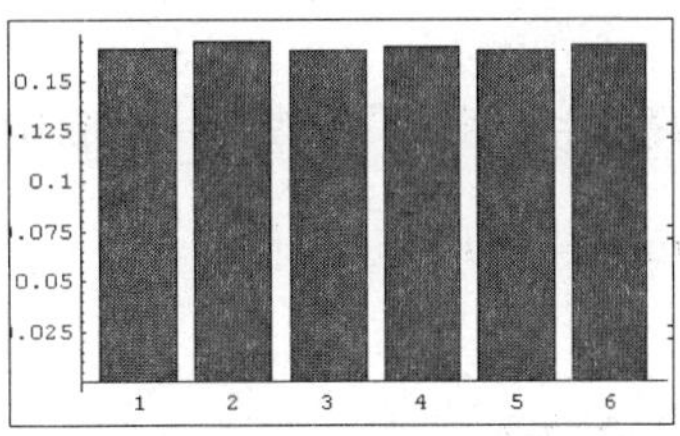

시행횟수는 100000

1의 눈의 확률은 0.16576

주의 반복횟수가 많으면 많을수록 히스토그램의 높이가 일정하게 나타나며 1의 눈의 확률이 일정한 값에 가깝게 나타남을 확인할 수 있다.

⑭ 위 ⑫의 명령문에서 히스토그램은 생략하고 각각의 눈에 대한 확률과 $\frac{1}{6}$과의 차의 절대값의 합을 추가하여 보자.

```
trlpbb[n_] := Module[ { },
        trial = Table[ Random[Integer, {1, 6}], {k, 1, n} ];
        trl[k_] := Count[ trial, k ];
        Table[ trl[k], {k, 1, 6} ];
        protrl = Table[ N[trl[k]/n], {k, 1, 6} ];
        dispro = Table[ N[trl[k]/n - 1/6], {k, 1, 6} ];
        dissum=Sum[ Table[Abs[N[ trl[k]/n - 1/6] ] ],
                                                {k, 1, 6} ] ]
TableForm[ Table[{10^n, trlpbb[10^n]}, {n, 1, 5} ],
        TableHeadings->{{ },{"시행횟수","확률"}} ]
```

시행횟수	차의 합
10	0.6
100	0.28
1000	0.028
10000	0.0176
100000	0.00563333

주의 시행횟수가 많으면 많을수록 각각의 눈의 확률과 $\frac{1}{6}$ 사이의 차이가 점점 작아진다는 것을 확인할 수 있으며 따라서 각각의 눈에 대한 확률이 $\frac{1}{6}$ 이라고 추정할 수 있다.

나의 노트

Chapter 6

벡터

6.1 벡터의 연산

예제 6.1.1 벡터 $(2,-1)$과 방향이 같은 단위벡터를 구하여라.

풀이

```
a = {2, -1}
```

{2, -1}

```
Norm[a]
```

$\sqrt{5}$

```
b = a/Norm[a]
```

$\left\{\frac{2}{\sqrt{5}}, -\frac{1}{\sqrt{5}}\right\}$

```
Norm[b]
```

1

참고

벡터 a 방향의 단위벡터는 $\frac{a}{\|a\|}$이다.

예제 6.1.2 두 벡터 $(1,\ 2)$, $(-1,\ 3)$을 같은 화면에 그려라.

풀이

```
Clear[a, b]
a = {1, 2}; b = {-1, 3};
Graphics[{{Arrow[{{0, 0}, a}]}, {Arrow[{{0, 0}, b}]}},
   Axes→True]
```

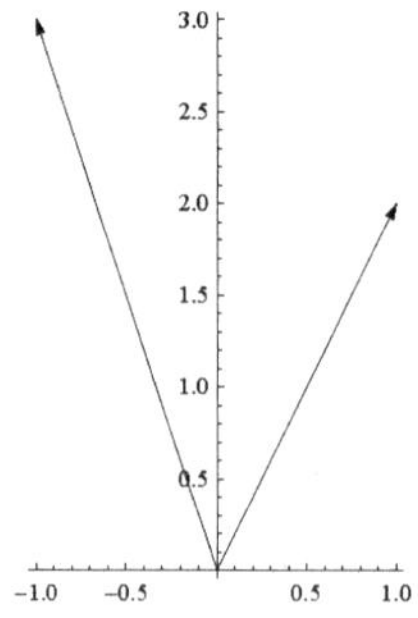

예제 6.1.3 두 벡터 (4, 2), (−2, 5)의 합과 차를 그림으로 나타내어라.

풀이

```
Clear[a, b]
a = {4, 2}; b = {-2, 5};
a + b
```

{2, 7}

```
a - b
```

{6, -3}

```
Graphics[{Green, Arrow[{{0, 0}, a}],
    Red, Arrow[{{0, 0}, b}], Blue, Arrow[{{0, 0}, a + b}],
    Purple, Arrow[{{0, 0}, a - b}], Cyan, Arrow[{b, a}]},
    Axes → True]
```

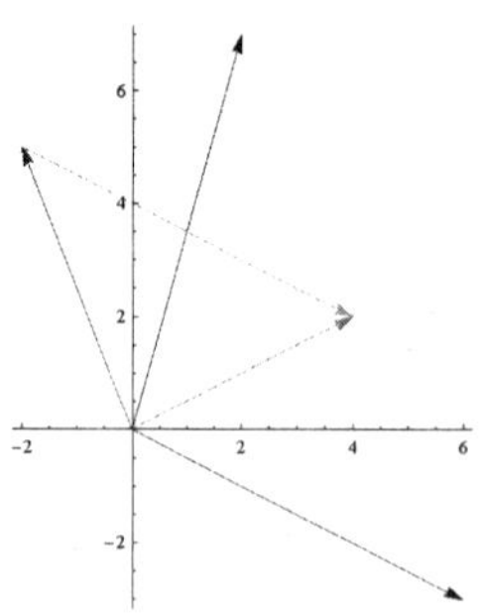

참고

두 벡터의 합, 차 벡터들은 그림으로 어떻게 나타나는지 확인하여라.

예제 6.1.4 공간의 세 점 (1, 2, 1), (2, −2, −1), (−2, −2, 0)을 공간에 나타내어라.

풀이

```
p = {1, 2, 1}; q = {2, -2, -1}; r = {-2, -2, 0};
  Graphics3D[{PointSize[0.03], Red, Point[p],
  Green, Point[q], Blue, Point[r]}, Axes → True]
```

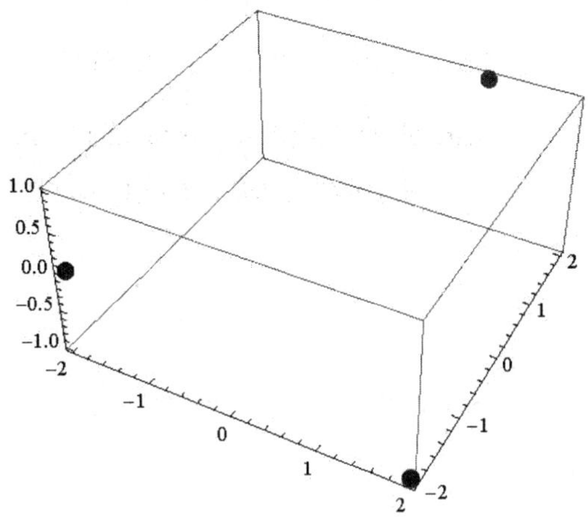

예제 6.1.5 두 벡터 (2, −3, 6), (−1, −7, 4)의 차의 길이를 구하여라.

풀이

```
Clear[a, b]
a = {2, -3, 6}; b = {-1, -7, 4}
a - b
```

{3, 4, 2}

```
Norm[a - b]
```

$\sqrt{29}$

```
b - a
```

{-3, -4, -2}

```
Norm[b - a]
```

$\sqrt{29}$

예제 6.1.6 두 벡터 P_1, P_2에 대해 $\overrightarrow{P_1P_2}$와 $P_2 - P_1$을 그림으로 나타내어라.

풀이

```
p1 = {4, 6, -2}; p2 = {1, 8, 3}; o = {0, 0, 0};
p2 - p1
```

{-3, 2, 5}

```
Arrow[{o, p2 - p1}]
```

Arrow[{{0, 0, 0}, {-3, 2, 5}}]

```
Graphics3D[{Red, Arrow[{p1, p2}], Green,
     Arrow[{o, p2 - p1}]}, Axes → True]
```

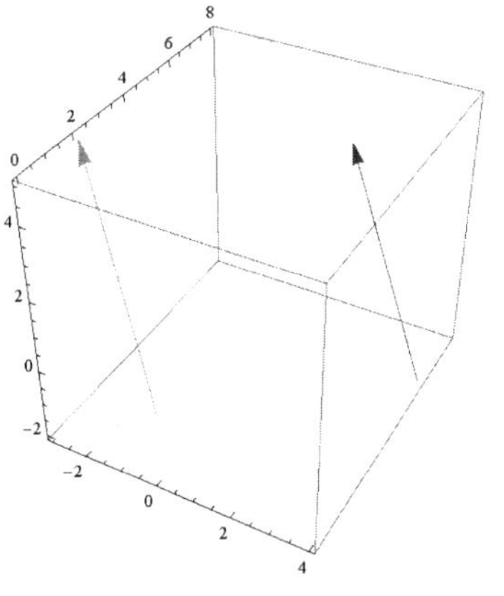

참고

두 벡터 P_1, P_2에 대해 $\overline{P_1P_2}$와 P_2P_1는 크기와 방향이 같은 벡터들임을 그림으로 확인하여라.

예제 6.1.7 주어진 벡터 a와 단위벡터 $\frac{a}{\|a\|}$는 같은 방향임을 그림으로 나타내어라.

풀이

```
Clear[a, o, u]
a = {-2, 3, 2};
Norm[a]
```

$\sqrt{17}$

```
u = a / Norm[a]
```

$\left\{-\frac{2}{\sqrt{17}}, \frac{3}{\sqrt{17}}, \frac{2}{\sqrt{17}}\right\}$

```
Norm[u]
```

1

```
Normalize[a]
```

$\left\{-\frac{2}{\sqrt{17}}, \frac{3}{\sqrt{17}}, \frac{2}{\sqrt{17}}\right\}$

```
o = {0, 0, 0};
Graphics3D[{Red, Arrow[{o, a}], Green, Arrow[{o, u}]},
    Axes → True]
```

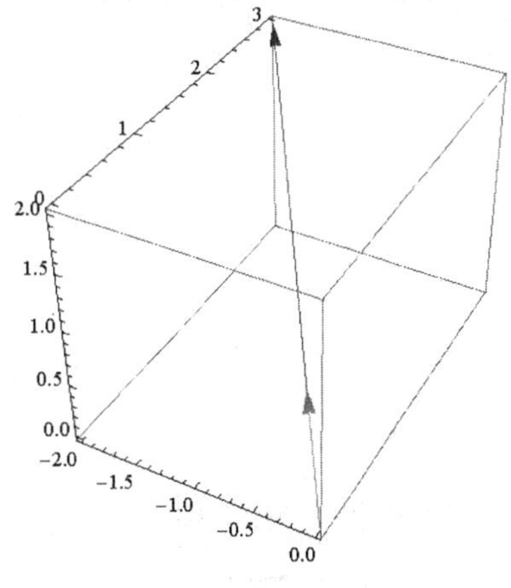

6.2 내적과 외적

예제 6.2.1 두 벡터 (1, 2, 3), (2, 0, −3)가 이루는 각의 크기를 구하여라.

풀이

```
a = {1, 2, 3}; b = {2, 0, -3};
Dot[a, b]
```

-7

```
a.b
```

-7

```
Norm[a]
```

$\sqrt{14}$

$$\frac{\text{a.b}}{\text{Norm[a] Norm[b]}}$$

$-\sqrt{\frac{7}{26}}$

```
% // N
```

-0.518875

$$\text{Plot[Cos[x], \{x, 0, }\pi\text{\}, Ticks} \to \left\{\left\{\frac{\pi}{2}, \pi\right\}, \left\{-1, \frac{-1}{2}, 1\right\}\right\}]$$

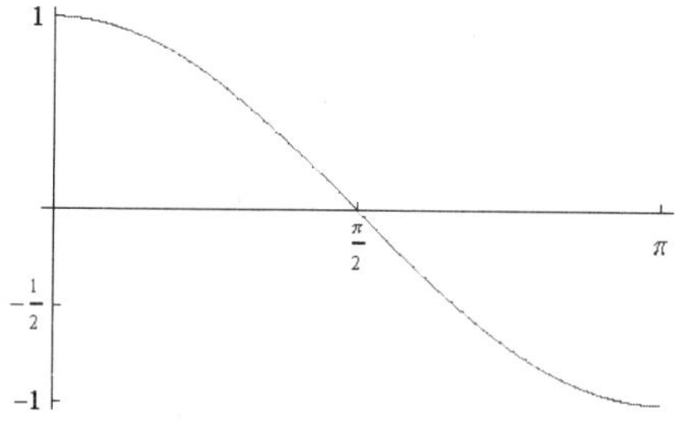

```
VectorAngle[a, b]
```

$\text{ArcCos}\left[-\sqrt{\frac{7}{26}}\right]$

```
% //N
```

2.11633

$$\frac{180}{\pi}\text{ArcCos}\left[-\frac{\sqrt{7}}{26}\right]$$

$$\frac{180\,\text{ArcCos}\left[-\frac{\sqrt{7}}{26}\right]}{\pi}$$

```
%//N
```

121.257

참고

공간의 두 벡터의 각의 크기를 호도법(라디안)과 육십분법(도)으로 각각 구할 수 있음을 확인하여라.

예제 6.2.2 두 벡터 $a=(4,\ 1)$, $b=(2,\ 3)$에 대하여 정사영 $P_a b$와 $P_b a$를 구하고 $P_a b$를 그림으로 나타내어라.

풀이

```
Clear[a, b, o, pab, pba]
a = {4, 1}; b = {2, 3}; o = {0, 0};
pab = Projection[a, b]
```

$\left\{\frac{22}{13},\ \frac{22}{13}\right\}$

```
pba = Projection[b, a]
```

$\left\{\frac{44}{17},\ \frac{11}{17}\right\}$

```
Graphics[{{Dashed, Arrow[{o, a}]}, {Red, Arrow[{o, b}]},
    {Thick, Arrow[{o, pab}]}, {Blue, Line[{a, pab}]}},
    Axes → True]
```

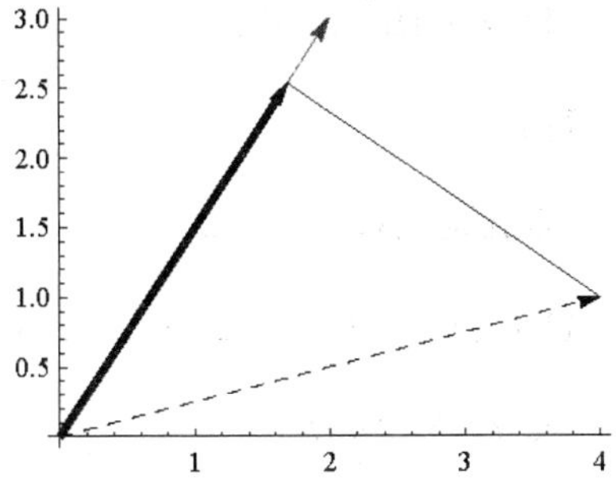

예제 6.2.3 두 벡터 a, b에 대하여 $\|a\times b\|^2 = \|a\|^2\|b\|^2 - (a \cdot \;)^2$임을 보이고, 외적 $a\times b$는 a와 b에 수직임을 증명하여라

풀이

```
A = {a1, a2, a3}; B = {b1, b2, b3};
Dot[A, B]
```

$a1\ b1 + a2\ b2 + a3\ b3$

```
cr = Cross[A, B]
```

$\{-a3\ b2 + a2\ b3,\ a3\ b1 - a1\ b3,\ -a2\ b1 + a1\ b2\}$

```
cr.cr
```

$(-a2\ b1 + a1\ b2)^2 + (a3\ b1 - a1\ b3)^2 + (-a3\ b2 + a2\ b3)^2$

```
lh = % // ExpandAll
```

$a2^2\ b1^2 + a3^2\ b1^2 - 2\ a1\ a2\ b1\ b2 + a1^2\ b2^2 + a3^2\ b2^2$
$- 2\ a1\ a3\ b1\ b3 - 2\ a2\ a3\ b2\ b3 + a1^2\ b3^2 + a2^2\ b3^2$

```
(A.A) (B.B) - (A·B)^2
```

$-(a1\ b1 + a2\ b2 + a3\ b3)^2 + (a1^2 + a2^2 + a3^2)\ (b1^2 + b2^2$
$+ b3^2)$

```
rh = % // ExpandAll
```

$a2^2\ b1^2 + a3^2\ b1^2 - 2\ a1\ a2\ b1\ b2 + a1^2\ b2^2 + a3^2\ b2^2$
$- 2\ a1\ a3\ b1\ b3 - 2\ a2\ a3\ b2\ b3 + a1^2\ b3^2 + a2^2\ b3^2$

```
lh == rh
```

True

```
Dot[A, cr]
```

$a3\ (-a2\ b1 + a1\ b2) + a2\ (a3\ b1 - a1\ b3) + a1\ (-a3\ b2 + a2\ b3)$

```
% // Expand
```

0

```
Dot[B, cr]
```

(-a2 b1 + a1 b2) b3 + b2 (a3 b1 - a1 b3) + b1 (-a3 b2 + a2 b3)

```
% // Expand
```

0

참고

우변의 내적의 크기로 좌변의 외적의 크기가 구해짐을 확인하여라.

예제 6.2.4 두 벡터 a, b에 대해 $a \times b = -b \times a$임을 예로써 보여라.

풀이

```
Clear[a, b]; a = {4, -2, 5}; b = {3, 1, -1};
Cross[a, b]
```

{-3, 19, 10}

```
Cross[b, a]
```

{3, -19, -10}

예제 6.2.5 공간에서 각 축 방향의 세 단위벡터들은 오른손 법칙을 따르는 정규직교기저임을 보여라.

풀이

```
i = {1, 0, 0}; j = {0, 1, 0}; k = {0, 0, 1};
i.j
```

0

```
j.k
```

0

```
i.k
```

0

```
Norm[i]
```

1

```
Norm[j]
```

1

```
Norm[k]
```

1

```
Cross[i, j]
```

{0, 0, 1}

```
Cross[j, k]
```

{1, 0, 0}

```
Cross[j, I]
```

{0, 0, -1}

참고

서로 수직인 세 단위벡터는 공간의 정규직교기저라 한다. 위의 세 벡터는 우수계 (right handed system)인 정규직교기저임을 확인하여라.

예제 6.2.6 두 벡터의 외적 $a \times b$는 a와 b에 수직임을 그림으로 나타내어 보아라.

풀이

```
Clear[a, b, c, o]
a = {1, 1, 1}; b = {0, -1, 1}; o = {0, 0, 0};
c = Cross[a, b]
```

{2, -1, -1}

```
Graphics3D[
{{Red, Arrow[{o, a}]}, {Blue, Arrow[{o, b}]}, Arrow[{o, c}]},
Axes → True]
```

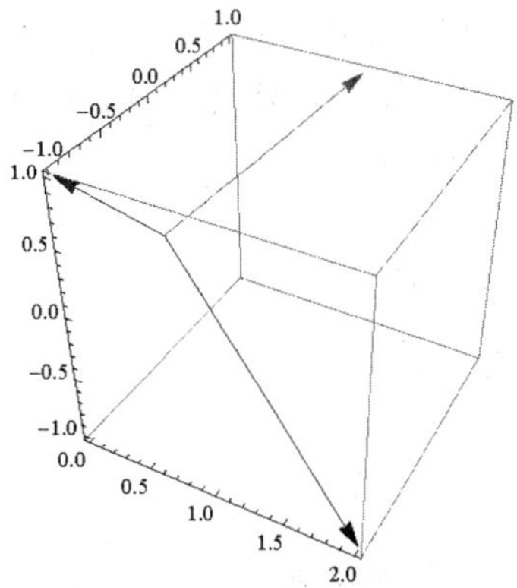

참고

위의 그림을 클릭하여 여러 방향으로 돌려보면서 관찰하여라.

6.3 직선과 평면

예제 6.3.1 공간의 점들을 그림으로 나타내어라.

풀이

```
ListPointPlot3D[{{1, 1, -2}, {4, 0, -3}, {1, -5, 10}, {-7, 2, 4}}]
```

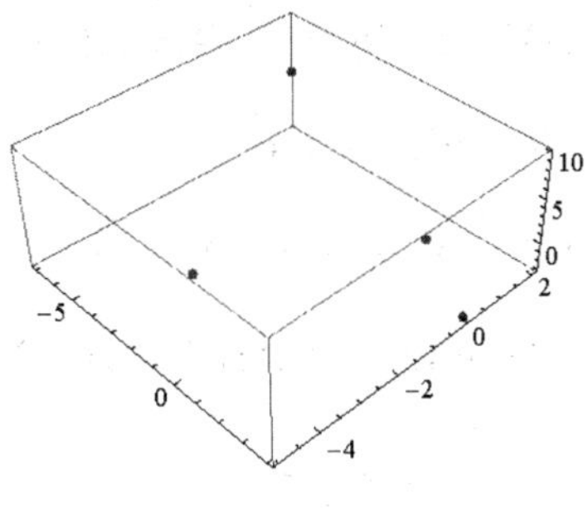

예제 6.3.2 두 점 $(2, -1, 8)$, $(5, 6, -3)$을 지나는 직선의 방정식을 구하고, 그림으로 나타내어라.

풀이

```
Clear[p1, p2, a, X]
p1 = {2, -1, 8}; p2 = {5, 6, -3}; X = {x, y, z};
a = p2 - p1
```

{3, 7, -11}

```
b = p1 - p2
```

{-3, -7, 11}

```
X - p1== t a
```

{-2 + x, 1 + y, -8 + z} == {3 t, 7 t, -11 t}

```
ParametricPlot3D[{2+3t, -1+7t, 8-11t}, {t, -5, 5}]
```

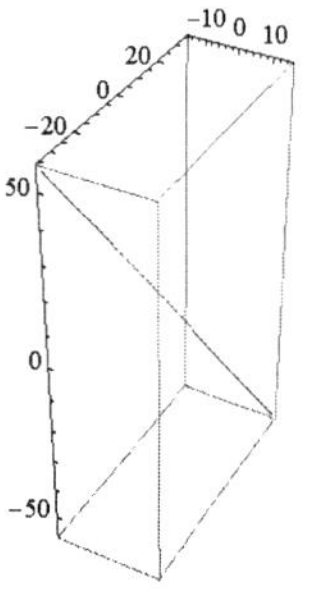

```
X - p2 == t a
```

{-5 + x, -6 + y, 3 + z} == {3 t, 7 t, -11 t}

```
X - p1 == t b
```

{-2 + x, 1 + y, -8 + z} == {-3 t, -7 t, 11 t}

```
ParametricPlot3D[{2-3t, -1-7t, 8+11t}, {t, -5, 5}]
```

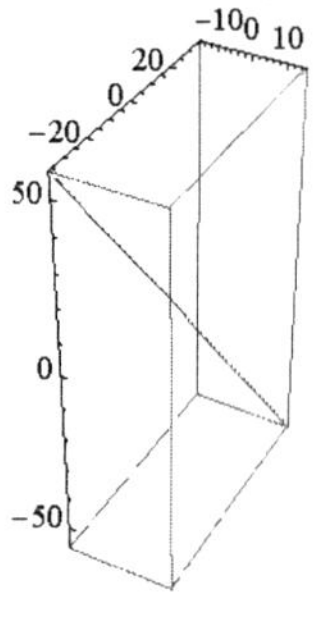

```
X - p2 == t b
```

{-5 + x, -6 + y, 3 + z} == {-3 t, -7 t, 11 t}

```
p1 - X == t a
```

{2 - x, -1 - y, 8 - z} == {3 t, 7 t, -11 t}

참고

두 점 a, b를 지나는 직선의 그림은 지나는 점과 방향벡터의 선택에 관계없이 같음을 확인하여라.

주의 매스메티카에서 두 문자 s, t의 곱은 $s*t$, $s\times t$, $s\ t$(두 문자 사이 한 칸 띄움)로 표현한다.

예제 6.3.3 점 $(4,\ 6,\ -3)$을 지나고 $(5,\ -10,\ 2)$와 평행한 직선의 방정식을 구하고, 그림으로 나타내어라.

풀이

```
Graphics3D[{{Red, PointSize[0.03], Point[{4, 6, -3}]},
Arrow[{{0, 0, 0}, {5, -10, 2}}]}, Axes → True]
```

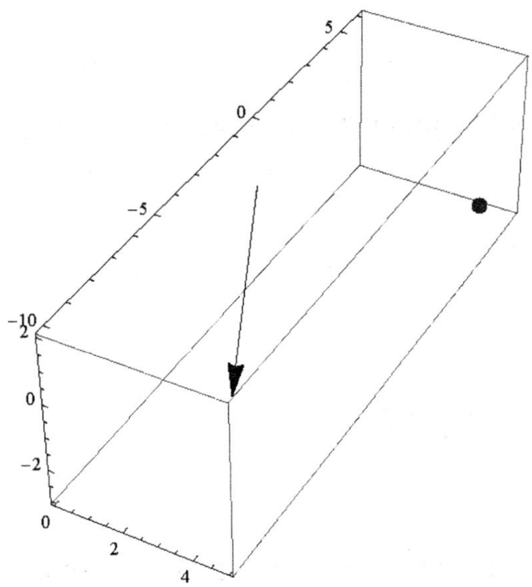

```
sl = {x, y, z}; a = {5, -10, 2}; p = {4, 6, -3};
sl = p + t a
```

{4 + 5 t, 6 - 10 t, -3 + 2 t}

```
gr = ParametricPlot3D[{4 + 5 t, 6 - 10 t, -3 + 2 t}, {t, -5, 5}]
```

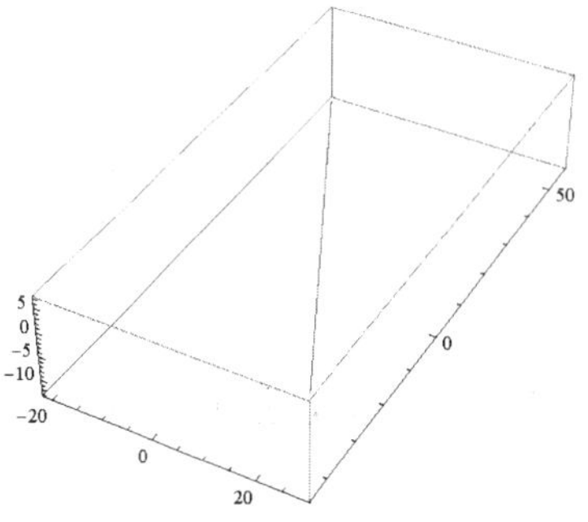


```
pt = Graphics3D[{Red, PointSize[0.03], Point[{4, 6, -3}]}]
```

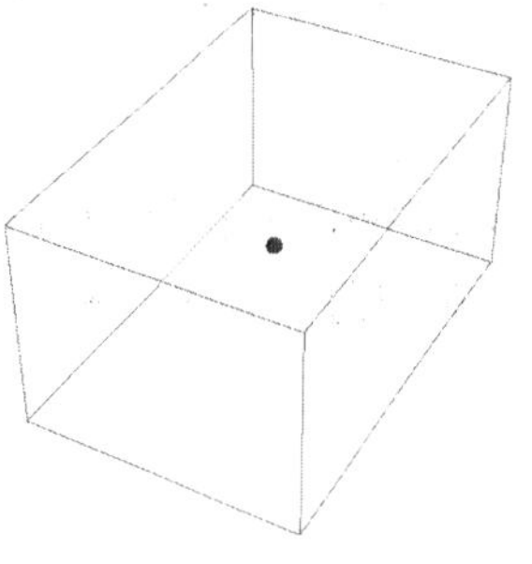

```
Show[pt, gr, Axes → True]
```

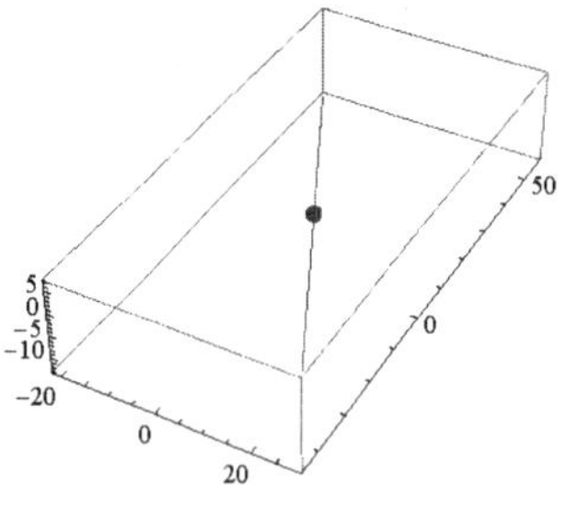

참고

주어진 점과 주어진 방향을 구한 직선이 지나고 있음을 확인하여라.

예제 6.3.4 세 점 $(1,\ 0,\ -1)$, $(3,\ 1,\ 4)$, $(2,\ -2,\ 0)$을 지나는 평면의 방정식을 구하고, 그림으로 나타내어라.

풀이

```
p1 = {1, 0, -1}; p2 = {3, 1, 4}; p3 = {2, -2, 0};
ListPointPlot3D[{p1, p2, p3}]
```

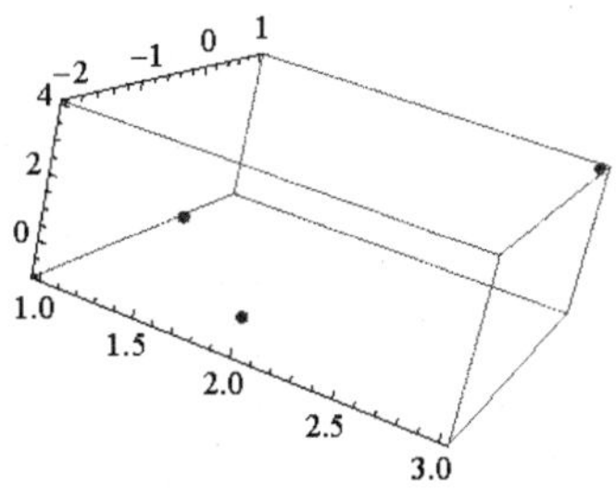


```
pe = {x, y, z};
Dot[pe - p1, Cross[p2 - p1, p3 - p1]]
```

11 (-1 + x) + 3 y - 5 (1 + z)

```
Expand[%]
```

-16 + 11 x + 3 y - 5 z

```
Dot[pe - p2, Cross[p2 - p1, p3 - p1]]
```

11 (-3 + x) + 3 (-1 + y) - 5 (-4 + z)

```
Expand[%]
```

-16 + 11 x + 3 y - 5 z

```
Dot[pe - p3, Cross[p2 - p1, p3 - p1]]
```

11 (-2 + x) + 3 (2 + y) - 5 z

```
Expand[%]
```

-16 + 11 x + 3 y - 5 z

```
Dot[pe - p1, Cross[p1 - p3, p2 - p1]]
```

11 (-1 + x) + 3 y - 5 (1 + z)

```
Expand[%]
```

-16 + 11 x + 3 y - 5 z

```
ContourPlot3D[-16 + 11 x + 3 y - 5 z == 0,
    {x, -3, 3}, {y, -3, 3}, {z, -3, 3}]
```

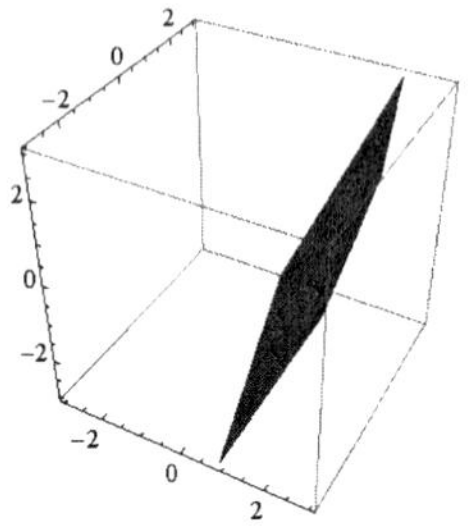

참고

지나는 점과 법벡터의 선택에 관계없이 세 점을 지나는 평면의 그림은 같다.

예제 6.3.5 두 평면 $2x-3y+4z=1$, $x-y-z=5$의 교선의 방정식을 구하고, 그림으로 나타내어라.

풀이

```
z = t;
2 x - 3 y + 4 z == 1
```

4 t + 2 x - 3 y == 1

```
x - y - z == 5
```

-t + x - y == 5

```
Solve[{4 t + 2 x - 3 y == 1, x - y - z == 5}, {x, y}]
```

{{x → 7 (2 + t), y → 9 + 6 t}}

```
st = ParametricPlot3D[{{7(2 + t), 9 + 6 t, t}},
    {t, -3, 3}, PlotStyle → {Blue, Thickness[0.01]}]
```

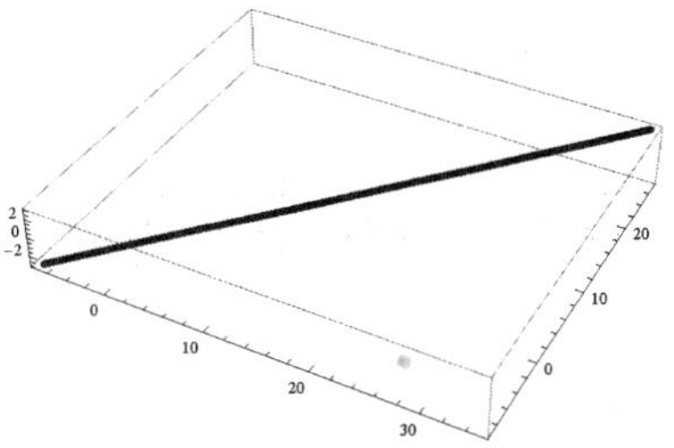

```
Clear[x, y, z]
pla =
    ContourPlot3D[{2 x - 3 y + 4 z == 1, x - y - z == 5},
    {x, -3, 3}, {y, -3, 3}, {z, -3, 3}]
```

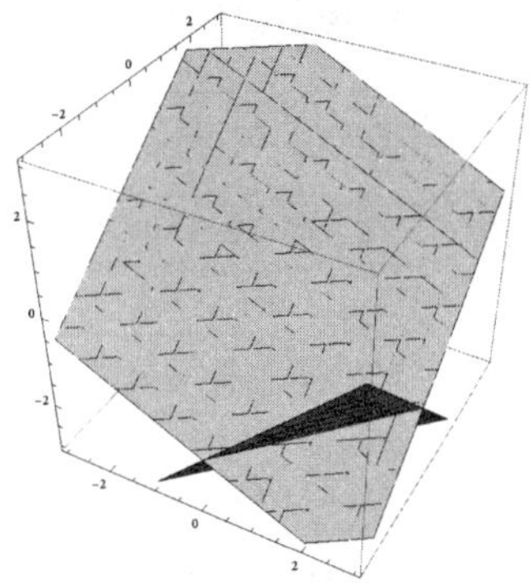

```
Show[st, pla, PlotRange → {{-3, 3}, {-3, 3}, {-3, 3}}]
```

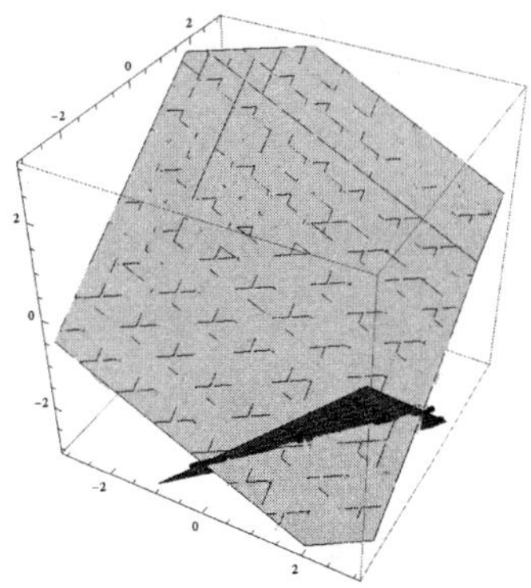

참고

두 평면의 교선의 그림 *st*와 두 평면의 그림 *pla*를 합쳐보니, 구한 교선의 방정식이 옳음을 확인할 수 있었다.

6.4 정규직교화

예제 6.4.1 두 벡터 $(4, -8)$, $(-6, 12)$는 일차종속임을 보여라.

풀이

```
Clear[a, b]
a = {4, -8}; b = {-6, 12};
Solve[k1 a + k2 b == {0, 0}, {k1, k2}]
```

$\left\{\left\{k2 \to \frac{2k1}{3}\right\}\right\}$

```
Clear[A]
A = {a, b}
```

{{4, -8}, {-6, 12}}

```
% // MatrixForm
```

$\begin{pmatrix} 4 & -8 \\ -6 & 12 \end{pmatrix}$

```
Det[A]
```

0

```
Graphics[{{Red, Arrow[{{0, 0}, a}]},
    {Blue, Arrow[{{0, 0}, b}]} }, Axes → True]
```

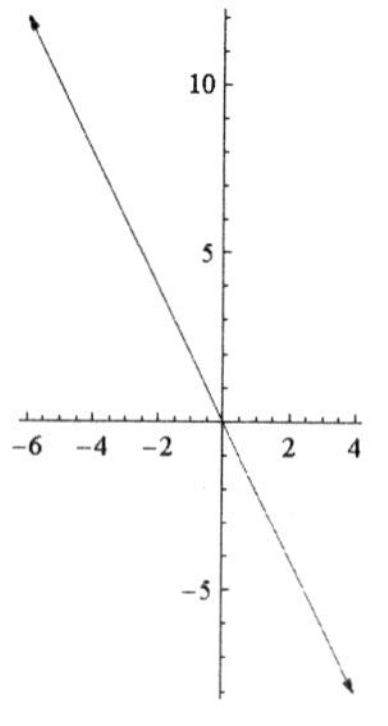

참고

두 벡터가 만드는 행렬의 행렬식이 0이므로 주어진 두 벡터는 일차종속이며, 그것을 그림으로 그려보니 같은 직선 위에 놓임을 확인하여라.

예제 6.4.2 정규직교기저 (1, 0, 0), (0, 1, 0), (0, 0, 1)은 일차독립임을 보여라.

풀이

```
i = {1, 0, }; j = {0, 1, 0}; k = {0, 0, 1};
Cross[i, j]
```

{0, 0, 1}

```
Norm[i]
```

1

```
Norm[j]
```

1

```
Norm[k]
```

1

```
i.j
```

0

```
Dot[j, k]
```

0

```
Dot[i, k]
```

0

$$A = \begin{pmatrix} 1 & 0 & 0 \\ 0 & 1 & 0 \\ 0 & 0 & 1 \end{pmatrix}$$

{{1, 0, 0}, {0, 1, 0}, {0, 0, 1}}

```
Det[A]
```

1

```
o = {0, 0, 0};
Graphics3D[{{Red, Arrow[{o, i}]}, {Green, Arrow[{o, j}]},
    {Blue, Arrow[{o, k}]} }, Axes → True]
```

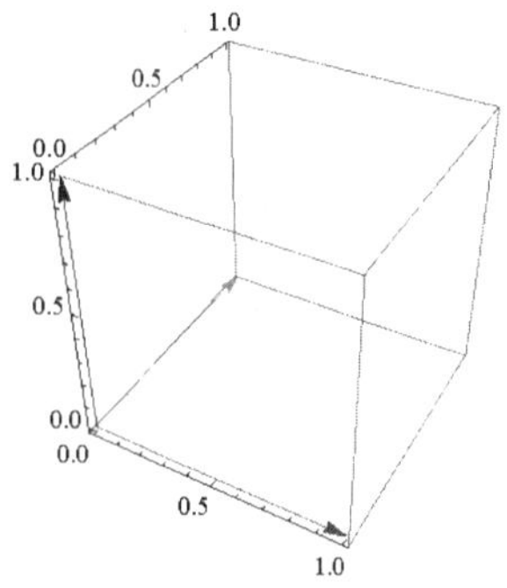

참고

공간의 세 축 위에 놓이는 각 단위벡터들은 한 평면에 놓이지 않으며, 따라서 일차독립이다.

예제 6.4.3 세 벡터 (1, 1, 1), (2, −1, 4), (5, 2, 7)은 일차독립인가? 일차종속인가?

풀이

```
Clear[a, b, c]
a = {1, 1, 1}; b = {2, -1, 4}; c = {85, 2, 7};
k1 a + k2 b + k3 c
```

{k1 + 2 k2 + 5 k3, k1 - k2 + 2 k3, k1 + 4 k2 + 7 k3}

```
Solve[% == {0, 0, 0}, {k1, k2, k3}]
```

$$\left\{\left\{k2\to\frac{k1}{3,} k3\to-\frac{k1}{3}\right\}\right\}$$

```
B = {a, b, c}
```

{{1, 1, 1}, {2, -1, 4}, {5, 2, 7}}

```
% // MatrixForm
```

$$\begin{pmatrix}1 & 1 & 1\\ 2 & -1 & 4\\ 5 & 2 & 7\end{pmatrix}$$

```
Det[B]
```

0

참고

세 벡터가 만드는 행렬의 행렬식이 0이므로 주어진 세 벡터는 일차종속이며, 이 세 벡터를 그림으로 나타내면 한 평면 위에 놓인다. 확인해보아라.

예제 6.4.4 세 벡터 (1, 0, 0), (1, 1, 0), (1, 1, 1)은 일차독립인가? 일차종속인가?

풀이

```
u1 = {1, 0, 0}; u2 = {1, 1, 0}; u3 = {1, 1, 1};
k1 u1 + k2 u2 + k3 u3
```

{k1 + k2 + k3, k2 + k3, k3}

```
Solve[{k1 + k2 + k3 == 0, k2 + k3 == 0, k3 == 0},
    {k1, k2, k3}]
```

{{k1 → 0, k2 → 0, k3 → 0}}

```
Clear[A]
A = {u1, u2, u3}
```

{{1, 0, 0}, {1, 1, 0}, {1, 1, 1}}

```
Det[A]
```

1

참고

세 벡터가 일차독립임을 방정식을 풀어서 확인하고, 행렬식의 값으로 확인하였다.

예제 6.4.5 세 벡터 $\left(\frac{1}{\sqrt{3}}, \frac{1}{\sqrt{3}}, \frac{1}{\sqrt{3}}\right), \left(-\frac{2}{\sqrt{6}}, \frac{1}{\sqrt{6}}, \frac{1}{\sqrt{6}}\right), \left(0, \frac{1}{\sqrt{2}}, -\frac{1}{\sqrt{2}}\right)$ 은 정규직교기저임을 보여라.

풀이

$$\text{w1} = \left\{\frac{1}{\sqrt{3}}, \frac{1}{\sqrt{3}}, \frac{1}{\sqrt{3}}\right\}; \text{w2} = \left\{-\frac{2}{\sqrt{6}}, \frac{1}{\sqrt{6}}, \frac{1}{\sqrt{6}}\right\};$$

```
w3 = {0, 1/√2, -1/√2};
A = {w1, w2, w3}
```

$$\left\{\left\{\frac{1}{\sqrt{3}}, \frac{1}{\sqrt{3}}, \frac{1}{\sqrt{3}}\right\}, \left\{-\frac{2}{\sqrt{6}}, \frac{1}{\sqrt{6}}, \frac{1}{\sqrt{6}}\right\}, \left\{0, \frac{1}{\sqrt{2}}, -\frac{1}{\sqrt{2}}\right\}\right\}$$

```
Det[A]
```

-1

```
w1.w1
```

1

```
w2.w2
```

1

```
w3.w3
```

1

```
w1.w2
```

0

```
w2.w3
```

0

```
w1.w3
```

0

예제 6.4.6 두 벡터 (3, 1), (1, 1)을 정규직교화하여라.

풀이

```
u1 = {3, 1}; u2 = {1, 1};
B = {u1, u2}
```

{{3, 1}, {1, 1}}

```
Det[B]
```

2

```
v1 = u1
```

{3, 1}

```
v2 = u2 - (u1.u2/u1.u1) u1
```

$\left\{-\frac{1}{5}, \frac{3}{5}\right\}$

```
v2 = u2 - Projection[u2, u1]
```

$\left\{-\frac{1}{5}, \frac{3}{5}\right\}$

```
v1.v2
```

0

```
Clear[w1, w2]
w1 = v1/Sqrt[v1.v1]
```

$\left\{\frac{3}{\sqrt{10}}, \frac{1}{\sqrt{10}}\right\}$

```
Sqrt[w1.w1]
```

1

```
w2 = v2/Sqrt[v2.v2]
```

$\left\{-\frac{1}{\sqrt{10}}, \frac{3}{\sqrt{10}}\right\}$

```
Sqrt[w2.w2]
```

1

참고

일차독립인 두 벡터 u_1, u_2를 서로 수직인 두 벡터 v_1, v_2로 바꾼 후에 서로 수직이면서 단위벡터들인 w_1, w_2로 만들었음을 확인하여라.

예제 6.4.7 벡터 $(2,1,-3)$을 벡터 $(3,-1,0)$에 평행한 벡터와 수직인 벡터의 합으로 나타내어라.

풀이

```
b = {2, 1, -3}; a = {3, -1, 0};
pab = (a.b)/(a.a) a
```

$\left\{\frac{3}{2},\ -\frac{1}{2},\ 0\right\}$

```
npab = b - pab
```

$\left\{\frac{1}{2},\ \frac{3}{2},\ -3\right\}$

```
pab.npab
```

0

```
pab + npab
```

{2, 1, -3}

```
b
```

{2, 1, -3}

```
% == %%
```

True

```
o = {0, 0, 0};
gab = Graphics3D[{{Red, Arrow[{o, a}]},
    {Blue, Arrow[{o, b}]}}]
```

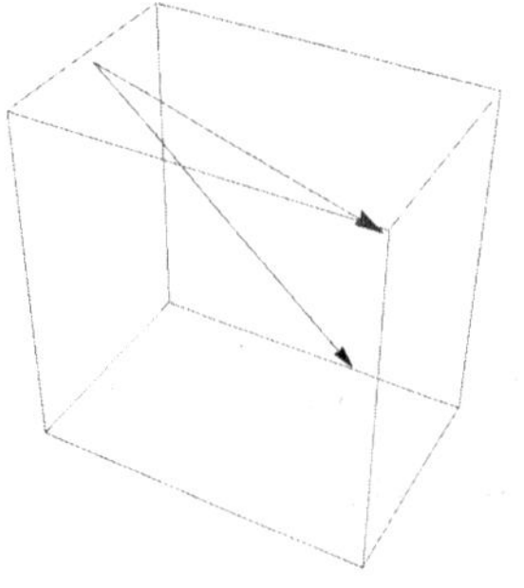

```
gpn = Graphics3D[{{Green, Arrow[{o, pab}]},
    {Pink, Arrow[{o, npab}]}}]
```

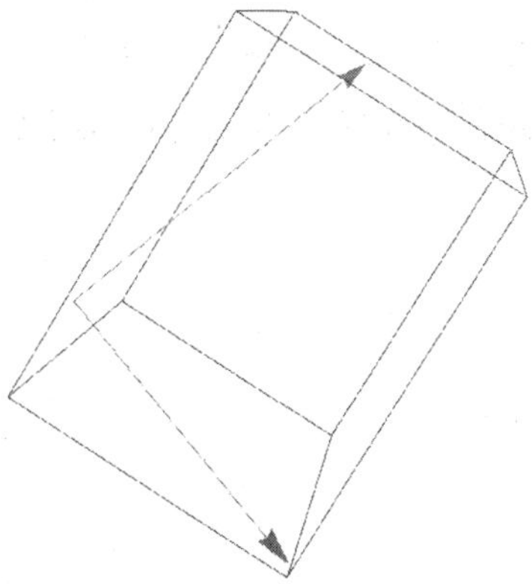

```
gl = Graphics3D[{Line[{b, pab}]}];
```

```
Show[gab, gpn, gl]
```

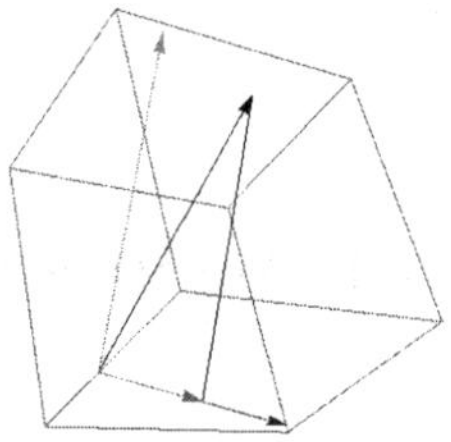

참고

주어진 벡터 b는 벡터 a에 평행한 벡터 $P_a b$와 수직인 벡터 $b - P_a b$의 합으로 나타남을 계산과 그림으로 확인하여라.

예제 6.4.8 세 벡터 $(1,1,1)$, $(1,2,2)$, $(1,1,0)$를 정규직교화하여라.

풀이

```
Clear[u1, u2, u3, v1, v2, v3, w1, w2, w3]
u1 = {1, 1, 1}; u2 = {1, 2, 2}; u3 = {1, 1, 0};
G = {u1, u2, u3}
```

{{1, 1, 1}, {1, 2, 2}, {1, 1, 0}}

```
Det[G]
```

-1

```
Graphics3D[{{Green, Arrow[{o, u1}]},
    {Pink, Arrow[{o, u2}]}, {Red, Arrow[{o, u3}]}}]
```

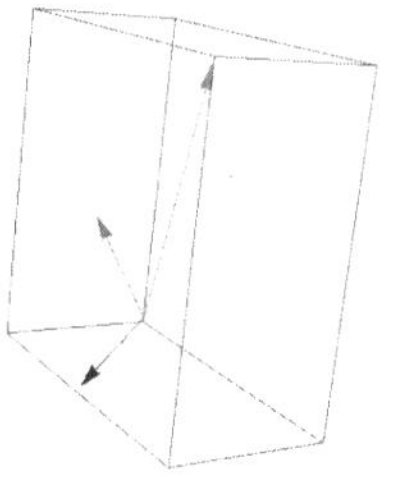

```
v1 = u1
```

$\{1, 1, 1\}$

```
v2 = u2 - Projection[u2, u1]
```

$\left\{-\frac{2}{3}, \frac{1}{3}, \frac{1}{3}\right\}$

```
v3 = u3 - Projection[u3, v1] - Projection[u3, v2]
```

$\left\{0, \frac{1}{2}, -\frac{1}{2}\right\}$

```
v1.v2
```

0

```
v1.v3
```

0

```
v2.v3
```

0

$$w1 = \frac{v1}{\sqrt{v1.v1}}$$

$\left\{\frac{1}{\sqrt{3}}, \frac{1}{\sqrt{3}}, \frac{1}{\sqrt{3}}\right\}$

```
√w1.w1
```

1

```
w2 = v2/√v2.v2
```

$$\left\{-\sqrt{\frac{2}{3}},\ \frac{1}{\sqrt{6}},\ \frac{1}{\sqrt{6}}\right\}$$

```
√w2.w2
```

1

```
w3 = v3/√v3.v3
```

$$\left\{0,\ \frac{1}{\sqrt{2}},\ -\frac{1}{\sqrt{2}}\right\}$$

```
√w3.w3
```

1

참고

일차독립인 세 벡터 u_1, u_2, u_3는 서로 수직인 세 벡터 v_1, v_2, v_3로 서로 수직이고 길이가 1인 세 벡터 w_1, w_2, w_3로 바꾸는 과정을 확인하여라.

예제 6.4.9 세 벡터 $\left(\frac{1}{2},\ \frac{1}{2},\ 1\right)$, $\left(-1,\ 1,\ -\frac{1}{2}\right)$, $\left(-1,\ \frac{1}{2},\ 1\right)$를 정규직화하여라.

풀이

```
Clear[u1, u2, u3, v1, v2, v3, w1, w2, w3, G]
u1 = {1/2, 1/2, 1}; u2 = {-1, 1, -1/2}; u3 = {-1, 1/2, 1};
G = {u1, u2, u3}
```

$$\left\{\left\{\frac{1}{2},\ \frac{1}{2},\ 1\right\},\ \left\{-1,\ 1,\ -\frac{1}{2}\right\},\ \left\{-1,\ \frac{1}{2},\ 1\right\}\right\}$$

```
Det[G]1
```

$\frac{15}{8}$

```
v1 = u1
```

$\left\{\frac{1}{2}, \frac{1}{2}, 1\right\}$

$$v3 = u3 - \left(\frac{u3.v1}{v1.v1}\right) v1 - \left(\frac{u3.v2}{v2.v2}\right) v2$$

$\left\{-\frac{3}{4}, -\frac{9}{20}, \frac{3}{5}\right\}\left\{-\frac{5}{6}, \frac{7}{6}, -\frac{1}{6}\right\}$

```
v1.v2
```

0

```
v1.v3
```

0

```
v2.v3
```

0

$$w1 = \frac{v1}{\sqrt{v1.v1}}$$

$\left\{\frac{1}{\sqrt{6}}, \frac{1}{\sqrt{6}}, \sqrt{\frac{2}{3}}\right\}$

$$\sqrt{w1.w1}$$

1

$$w2 = \frac{v2}{\sqrt{v2.v2}}$$

$\left\{-\frac{1}{\sqrt{3}}, \frac{7}{5\sqrt{3}}, -\frac{1}{5\sqrt{3}}\right\}$

$$\sqrt{w2.w2}$$

1

```
w3= v3/√(v3.v3)
```

$$\left\{-\frac{1}{\sqrt{2}}, -\frac{3}{5\sqrt{2}}, -\frac{2\sqrt{2}}{5}\right\}$$

```
√(w3.w3)
```

1

$$w1 = \left\{\frac{1}{\sqrt{3}}, \frac{1}{\sqrt{3}}, \frac{1}{\sqrt{3}}\right\};\ w2 = \left\{-\frac{2}{\sqrt{6}}, \frac{1}{\sqrt{6}}, \frac{1}{\sqrt{6}}\right\};$$

$$w3 = \left\{0, \frac{1}{\sqrt{2}}, -\frac{1}{\sqrt{2}}\right\};$$

```
w1.w2
```

0

```
w1.w3
```

0

```
w2.w3
```

0

```
Norm[w1]
```

1

```
Norm[w2]
```

1

```
Norm[w3]
```

1

참고

위의 예제들 6.4.6, 6.4.8, 6.4.9에서 살펴본 일차독립인 벡터들의 정규직교화 과정을 'Gram-Schmidt 직교화법'이라고도 한다.

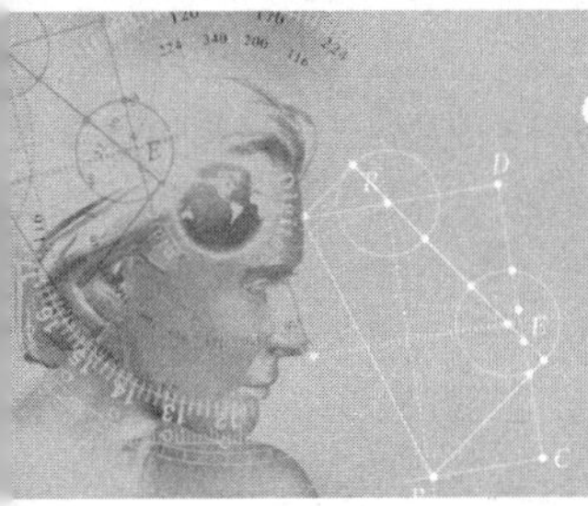

Chapter 7 WolframAlpha

여러분들은 원하는 정보를 얻기 위해 어떤 검색엔진을 사용하는가? Naver, Google, Yahoo, Daum, Nate 등을 사용하는가? 그 검색 결과보다 더 원하는 정보를 찾아야 할 때 바다를 떠도는 길 잃은 배처럼 망망대해에서 길을 찾아 이리저리 헤매면서 많은 시간을 낭비하는가? 도서관으로 가서 관련 문헌을 찾아볼 수도 있지만 시간이 부족하여 당장 더 나은 정보를 얻고 싶다면 어떻게 하는가? 일반 검색엔진으로 찾은 내용에 대해 어느 정도 만족하는가? 좀더 다양한 부분과 전문적인 부분에서 활용할 수 있는 검색엔진은 무엇일까? 여러분은 자주 사용하는 검색엔진으로 얻은 데이터를 얼마나 신뢰하는가?

이 장에서는 이러한 갈증을 풀어줄 한 대안으로 WolframAlpha를 소개하고 이 검색서비스를 이용하여 수학뿐만이 아니라 물리, 화학, 생물, 음악/미술, 언어/경제 등의 분야에서 누구나 관심을 갖거나 궁금해 할 수 있는 우리 생활 주변의 주제에 대해 다양하고 폭 넓은 결과를 얻은 결과를 소개한다.

WolframAlpha는 무료로 인터넷 홈페이지(http://www.wolframalpha.com)를 통해서 검색서비스를 제공하며 모바일 기기를 통해 언제든지 어디서든지 누구든지 사용 가능하다. 또한 키보드와 사진을 통한 자료입력의 한계를 벗어나 Siri(IPhone)와 연동하여 사용자가 말로써 자료입력을 할 수 있는 시점까지 온 것이 현실이다. 즉, 누구나 별도의 명령어가 필요 없이 일상용어로 좀더 정제된 자료[1]를 언제 어디서나 얻을 수 있게 되었다.

1) 출처가 불분명하고 신뢰도가 떨어지는 무의미한 자료를 제공하는 것이 아니라, 다양한 전문분야의 정확한 자료를 정리하여 제공함으로써 사용자가 원하는 내용을 분석하고 판단할 수 있도록 돕는 자료.

7.1 WolframAlpha 소개

우리는 스마트폰과 태블릿 PC 등을 통해 엄청나게 많은 자료를 검색하고, 그 얻은 정보를 많은 곳에 활용하고 있다. 그런데 필요한 자료를 검색하는 데에 얼마나 많은 필요 없는 시간을 소모하고 있는가? 어떤 검색엔진과 검색방법을 사용해야 자신이 원하는 정확한 자료를 효율적으로 검색할 수 있는가? 그 검색 결과를 어떻게 편리하게 바로 활용할 수 있는 방법은 무엇일까? 등에 대해 누구나 고민해 본 적이 있을 것이다.

여러분이 지금 과제나 발표를 준비해야 하는 자료 중에 '우리나라의 6월 강수량이 얼마인가?', '삼성전자의 주식변화는 어떠한가?', '$x^2-xy+y^2=1$의 그래프와 해는 무엇일까?' 등이 포함되어 있고 그 자료들을 준비할 시간이 충분하지 않다고 해보자.

원하는 정보와 자료들을 얻는 가장 신속하고 효율적인 방법은 무엇인가?

어떻게 해결하는 것이 가장 좋을까?

먼저 이에 대한 궁금증을 풀기 위해 위에서 이야기한 세 주제에 대해 다양한 검색엔진을 활용하여 얻은 결과들을 서로 비교해보자.

예제 7.1.1 한국의 6월 강수량을 조사하여라.

풀이 WolframAlpha, Naver, Google로 검색한 결과를 알아보자.

❶ WolframAlpha를 이용하여 검색한 결과

http://www.wolframalpha.com에 접속하여 검색어 '6월의 한국 강수량'으로 얻은 결과는 한국어를 이해할 수 없다는 것이다.

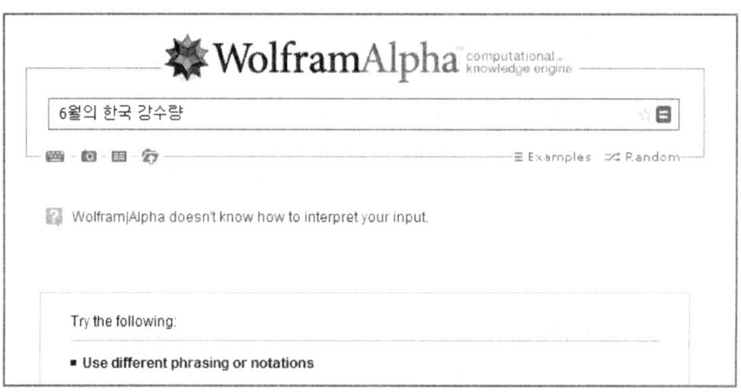

그래서 '한국의 6월 강수량'을 표현하는 영어 단어들을 생각나는 대로 나열해서 문법에 맞는지 어떤지를 고민하지 말고 'rainfall June in south korea'라고 입력해 보자.

2012년이라는 검색어가 들어가지 않았는데도 2012년 6월의 한국 강수량에 대한 여러 가지 유용한 정보를 그래프와 표를 통해서 제공한다. 만약 2012년이 아닌 다른 연도나 어느 기간 동안의 6월의 한국 강수량을 알고 싶다면 왼쪽 메뉴 중 'History'에서 연도나 기간을 변화시켜 강수량뿐만이 아니라 안개, 비, 천둥 등에 관한 정

보를 얻을 수 있다. 그리고 검색일 기준으로 가까운 날과 기간의 예상 강수량도 보여준다.

검색엔진의 기능을 넘어서 데이터와 알고리즘을 활용하여 실시간으로 세계 어디에서나 누구든지 언제든지 묻는 물음에 대해 계산을 해주고 원하는 자료들을 분석 비교도 해 주는 WolframAlpha는 아직 한글 검색이 지원되지 않고 있지만, 한글로 아주 간단한 단어 한 개 또는 두 개만 입력한 경우는 검색 결과를 제공해주기도 한다.

❷ Naver로 검색한 결과

검색결과를 보면 '지식 iN'과 '블로그'가 위쪽에 배치되어 있다. 그러나 한국의 6월 강수량에 대한 자료를 어디에서 찾아야할지 알기 쉽지 않다.

검색 결과의 중간 페이지에도 '카페'와 '웹문서'가 배치되어 있지만 강수량에 따른 변화 그래프는 찾을 수 없다.

영어로 검색하면 어떤 결과를 보여줄까?

'한국의 6월 강수량'을 영어로 검색한 결과에서 유용한 정보들만 골라내는 것이 쉽지 않다.

우리나라 사람들의 검색엔진 사용 성향은 "주로 한글을 사용하여 자신이 선호하는 검색엔진만으로 결과를 찾는다"는 것이다. 따라서 한글을 사용하여 선호하는 검색엔진만으로 결과를 찾은 후 원하는 정보를 얻지 못하면 검색해도 결과가 안 나온다고 속단하고 더 이상의 검색을 바로 중단해 버리는 경우가 종종 있는 것도 사실이다. 물론 위 검색엔진에서도 검색 시도를 더 해보면 원하는 정보를 찾을 수도 있을 것이다.

❸ Google

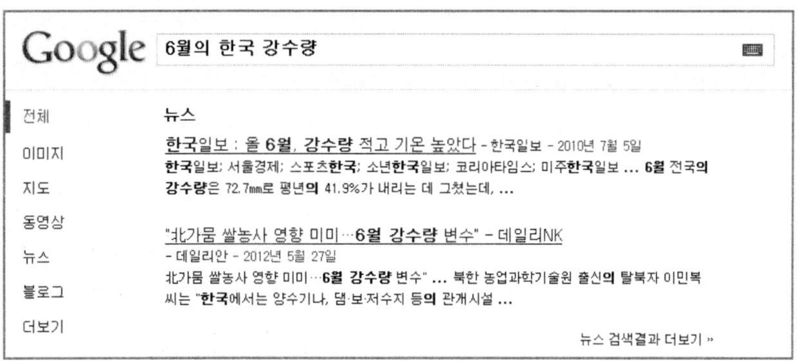

검색 엔진인 구글을 사용하여 얻은 검색 결과는 위와 같으며 검색 결과 첫 웹문서는 유사한 정보로 보여지는 한국일보의 기사를 제공하고 있다. 지금 제공된 검색 결과는 검색하는 시기에 따라 다르게 나타날 수도 있다.

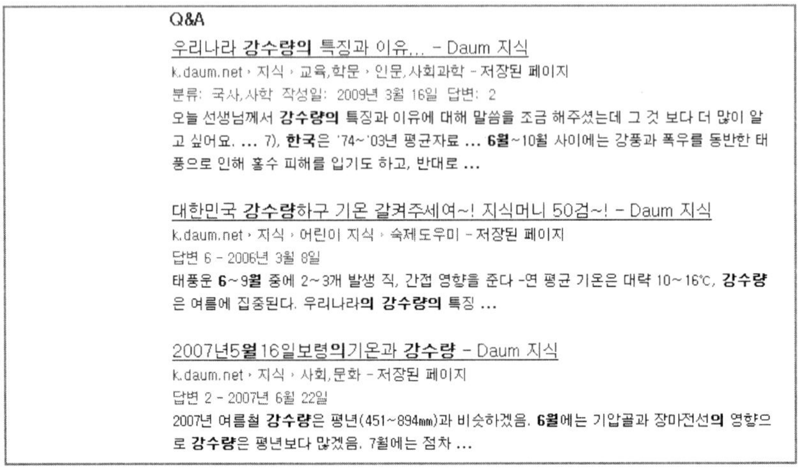
Q&A

우리나라 **강수량의** 특징과 이유... - Daum 지식
k.daum.net › 지식 › 교육,학문 › 인문,사회과학 - 저장된 페이지
분류: 국사,사학 작성일: 2009년 3월 16일 답변: 2
오늘 선생님께서 **강수량의** 특징과 이유에 대해 말씀을 조금 해주셨는데 그 것 보다 더 많이 알고 싶어요. ... 7), **한국**은 '74~'03년 평균자료 ... **6월**~10월 사이에는 강풍과 폭우를 동반한 태풍으로 인해 홍수 피해를 입기도 하고, 반대로 ...

대한민국 **강수량**하구 기온 갈켜주세여~! 지식머니 50검~! - Daum 지식
k.daum.net › 지식 › 어린이 지식 › 숙제도우미 - 저장된 페이지
답변 6 - 2006년 3월 8일
태풍운 **6**~9**월** 중에 2~3개 발생 직, 간접 영향을 준다 -연 평균 기온은 대략 10~16℃, **강수량**은 여름에 집중된다. 우리나라**의 강수량의** 특징 ...

2007년5**월**16일보령**의**기온과 **강수량** - Daum 지식
k.daum.net › 지식 › 사회,문화 - 저장된 페이지
답변 2 - 2007년 6월 22일
2007년 여름철 **강수량**은 평년(451~894㎜)과 비슷하겠음. **6월**에는 기압골과 장마전선**의** 영향으로 **강수량**은 평년보다 많겠음. 7월에는 점차 ...

자신에게 필요한 정보가 완벽하게 제공되는 경우의 빈도는 그렇게 많지 않은 듯하다. 유용한 자료를 얻기 위해서는 여러 가지 자료를 검색하고 종합하여 자신에게 맞는 자료로 재구성하여야만 한다.

원하는 자료와 풍부한 정보를 얻기 위해서는 영어로 입력하여 그 자료를 검색해 보는 것이 필요하다. 영어가 부담스러운 경우에는 필요한 것은 키워드이므로 간단한 영어단어의 나열로도 검색이 가능하다.

Google rainfall june in south korea

검색 검색결과 약 3,400,000개 (0.14초)

전체
이미지
지도
동영상
뉴스
블로그
더보기

도움말: 한국어 검색결과만 보기. 환경설정에서 검색 언어를 선택할 수 있습니다.

웹문서

South Korea Climate Information - Climate & Temperature
www.climatetemp.info/**south-korea**/ - 저장된 페이지 - 이 페이지 번역하기
South Korea receives on average 1258 mm (49.5 in) of **precipitation** annually ... 16, 27, 22, -, 169, 9, 7.1, 73, 3, 0, Average Temperature in **South Korea** in **June** ...

Rain (entertainer) - Wikipedia, the free encyclopedia
en.wikipedia.org/.../**Rain**_(entertai... - 저장된 페이지 - 이 페이지 번역하기
Jung Ji-Hoon (born **June** 25, 1982), better known by his stage name **Rain**, is a **South Korean** singer, recording artist, dancer, actor, model and designer. **Rain's** ...

검색된 결과의 첫 웹문서에 한국의 기온정보를 보여주는 페이지가 있다.

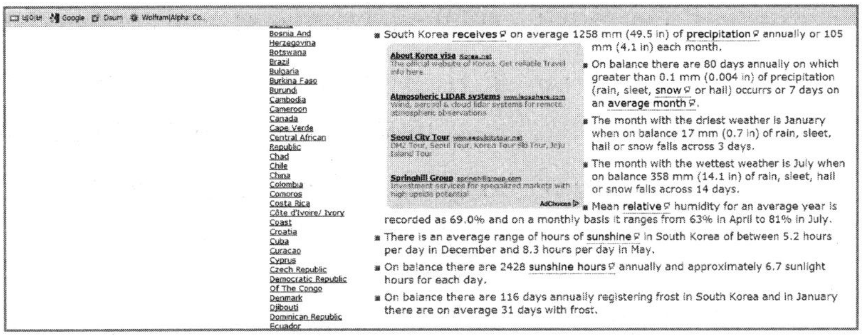

영어로 검색한 결과에 대한 정보는 영어로 제공된다. 영어가 부담스러운 분들은 Google Chrome(웹 브라우저)을 통해서 번역이 가능하다.

번역이 잘못된 곳이 많이 있지만(그림 안의 영어는 번역하지 않음을 알 수 있다.) 참고용으로는 도움이 되며 원문과 같이 대조하여 살펴볼 수 있을 것이다.

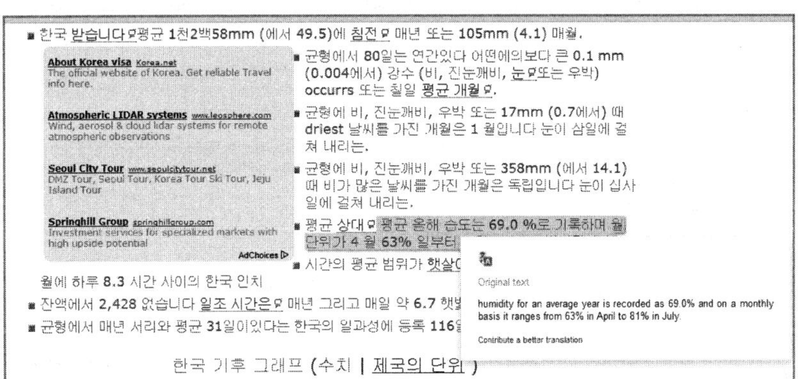

그러나 5년 또는 10년 동안의 그래프의 정보를 비교 분석해서 대조 작업을 하려면 이 자료를 어떻게 활용 할 수 있을까? 이 검색 엔진은 그러한 기능까지는 제공하지 못하므로 사용자가 다시 원하는 대조작업을 위해 검색을 시작하지 않으면 안될 것이다.

지금까지 '한국의 6월 강수량'을 알아보기 위해 WolframAlpha, Naver, Google을 사용한 색결과를 비교해 보았다.

나의 노트

예제 7.1.2 삼성전자의 주식에 대해 조사해 보아라.

풀이 WolframAlpha, Naver, Google, Yahoo, Daum, Nate로 검색한 결과를 알아보자.

❶ WolframAlpha로 검색한 결과

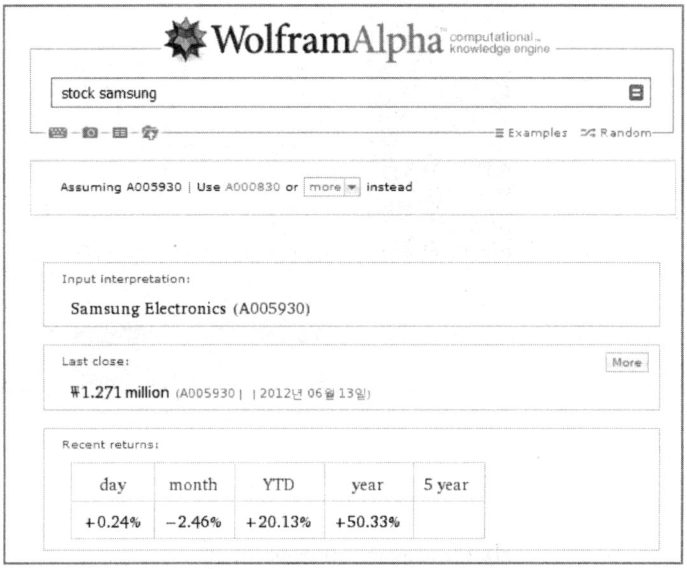

WolframAlpha에서 아직 한글이 지원되지 않고 있으나 현재 Siri에서도 한글 지원 가능하도록 개발 중인 상황이므로 검색어로 한국어 사용 가능 정도는 앞으로 많이 개선되리라 전망한다.

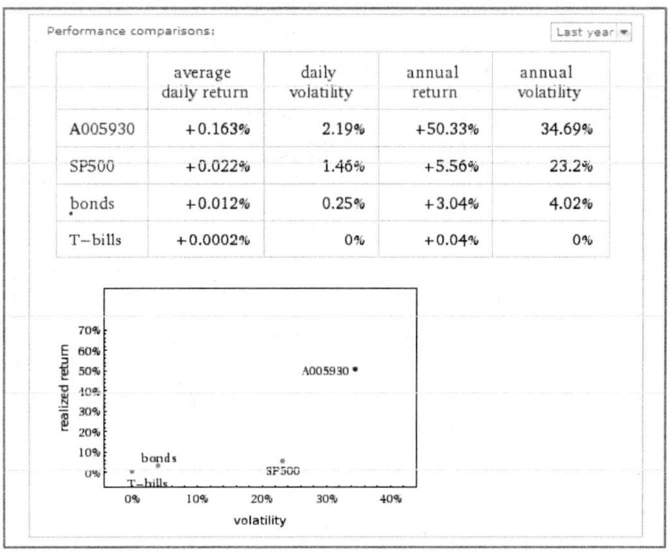

❷ Naver로 검색한 결과

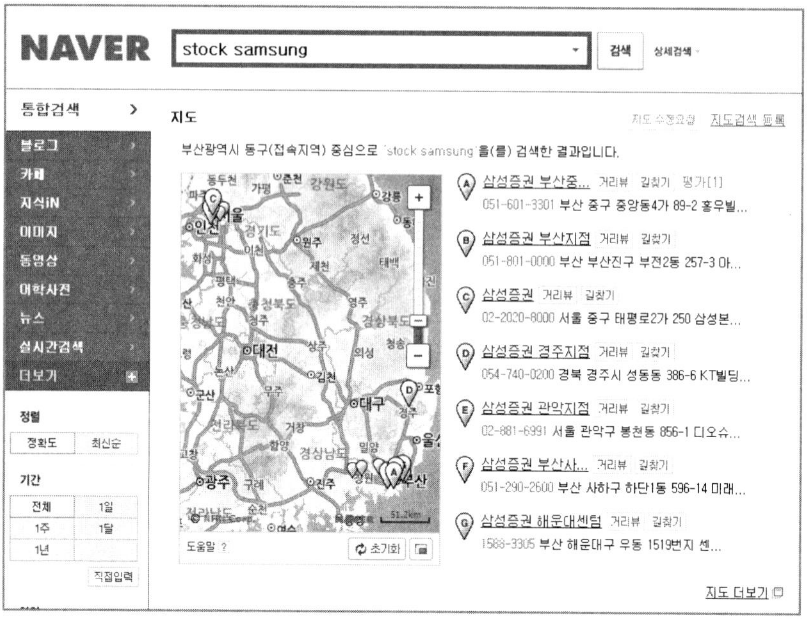

❸ Google로 검색한 결과

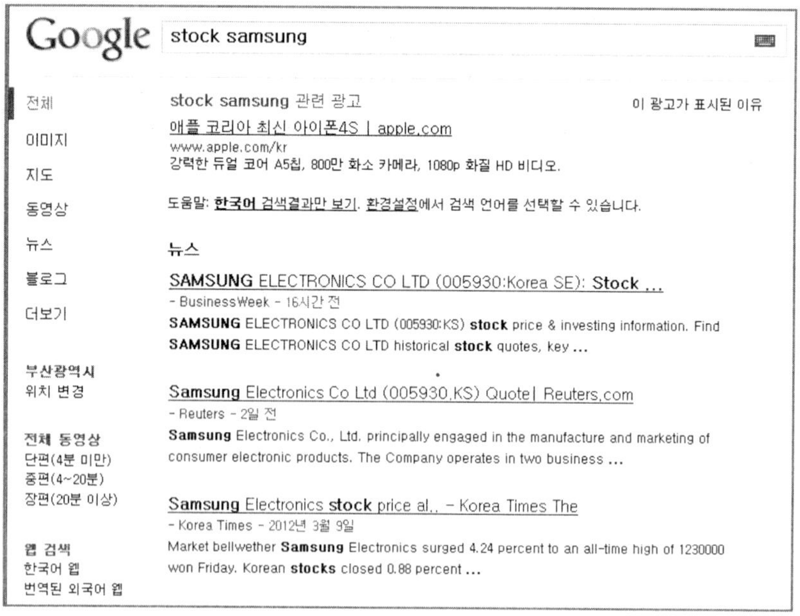

❹ Yahoo로 검색한 결과

❺ Daum으로 검색한 결과

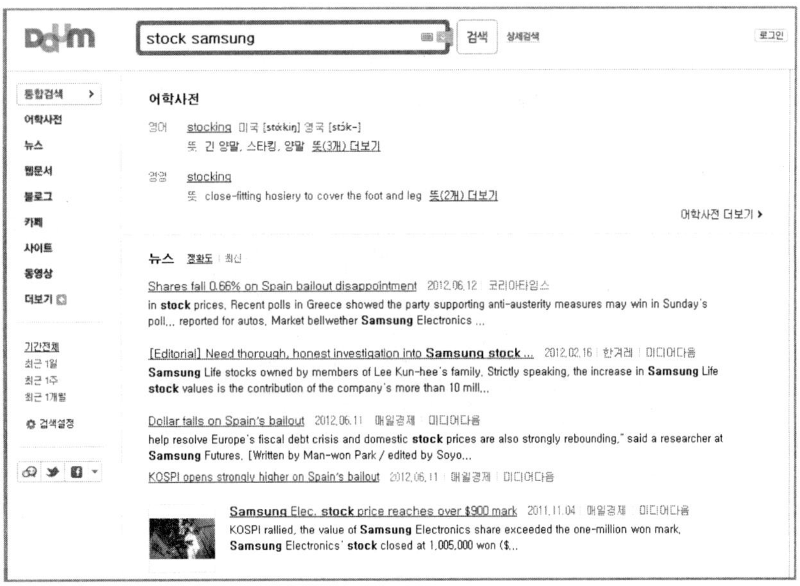

❻ Nate로 검색한 결과

나의 노트

예제 7.1.3 $x^2 - xy + y^2 = 1$의 그래프와 해를 구하여라.

풀이 WolframAlpha, Naver, Google, Yahoo, Daum, Nate로 검색한 결과를 살펴보자.

❶ WolframAlpha로 검색한 결과

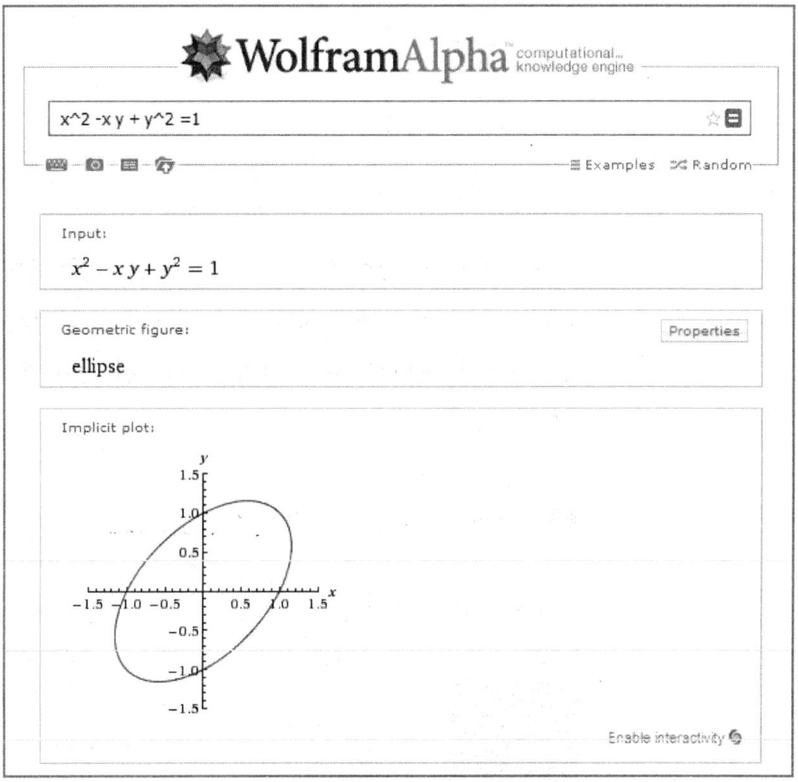

수식 $x^2 - xy + y^2 = 1$ 이외에는 그 어떤 단어도 입력하지 않았는데, 서버에서 알아서 번역하여 위와 같은 결과를 보여준다. 기하학적 모양과 그래프 및 변형한 식까지 제공해 준다. 또한 결과의 오른쪽 상단부나 하단부에 별도의 여러 버튼을 제공하여 사용자가 원하는 결과 이외에도 다른 조작을 통해 다양한 결과들도 살펴볼 수 있는 환경을 제공하고 있다.

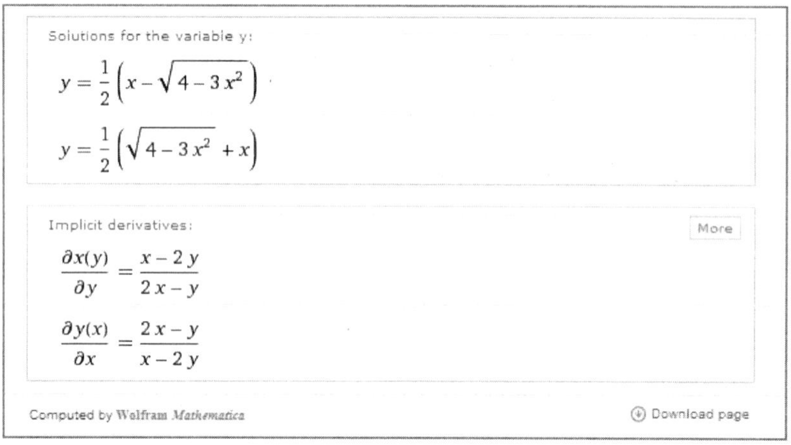

그래프만 보여주는 것이 아니라 방정식의 해와 정수해 및 $y=f(x)$의 표현까지 제공하여 검색자가 검색하기 전에 알고 싶었던 것뿐만 아니라 다른 유용한 관련된 정보까지 제공하고 있음을 알 수 있다.

❷ Naver로 검색한 결과

❸ Google로 검색한 결과

첫 번째 웹문서는 WolframAlpha로의 링크를 제공하고 있다.

❹ Yahoo로 검색한 결과

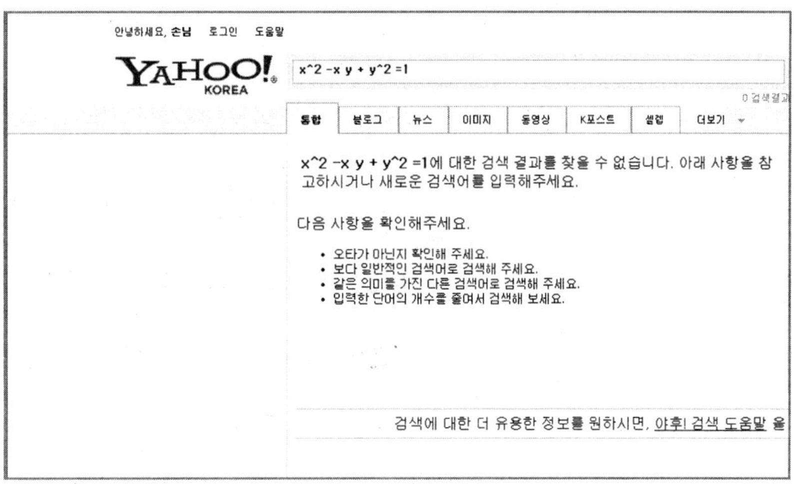

$x^2 - xy + y^2 = 1$에 대한 검색 결과가 없음을 보여준다.

❺ Daum으로 검색한 결과

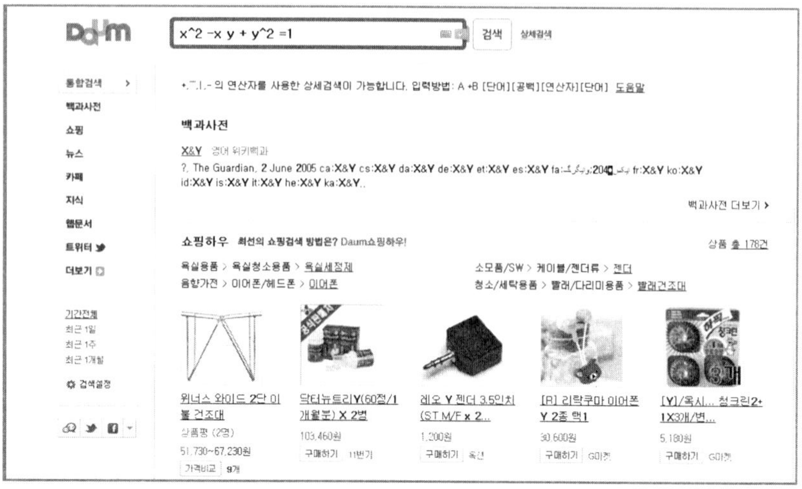

자료를 입력한 사용자는 이러한 자료를 기대하였을까?

❻ Nate로 검색한 결과

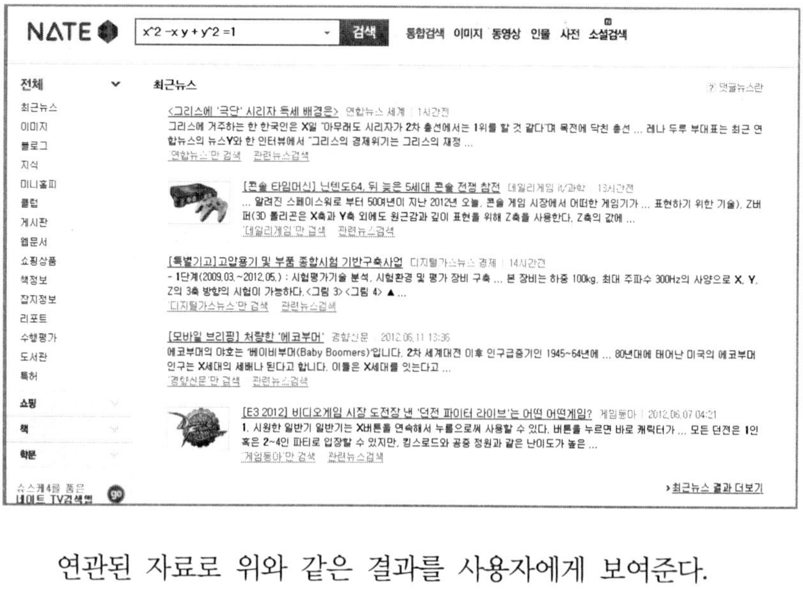

연관된 자료로 위와 같은 결과를 사용자에게 보여준다.

위의 세 가지 예제를 통해 다양한 검색엔진을 사용하여 얻은 검색결과들을 살펴보았다.

검색엔진에 따라서는 검색을 하지 못하는 경우도 있다. 스마트폰으로 검색한 경우, 원하는 정보를 검색하는 데 소요되는 시간과 데이터는 돈과 직결되는 부분이다. 순간순간이 바쁜 회사원, 학생, 교사, 교수, 기업인들이 정보 검색을 하면서 소모하지 않아도 되는 돈과 시간을 낭비하는 양은 연간으로 종합해 보면 엄청날 것이다.

모든 결정은 사용자가 해야 한다. 시간과 돈을 줄이면서 고품질의 내용을 얻기 위해 원하는 자료의 형태와 내용에 따라 그에 맞는 검색엔진을 잘 사용할 줄 아는 것이 매우 중요한 능력으로 인정받는 시대에 우리는 살고 있다.

나의 노트

7.2 WolframAlpha 활용 예제

7.2.1 수학1

1) ∇ Plot (그래프)

예제 7.2.1 $\sin x$의 그래프를 그려라.

풀이 Mathematica의 기본문법을 따르지 않고 간단하게 'plot sin x'라고 입력하면 Wolfaram 본사의 서버에서 입력된 검색어를 Mathematica가 해석 가능한 freeform 명령어로 자동 변환하여 'Input Interpretation'에 나타내고 그것을 Mathematica로 처리하여 사용자에게 그 결과를 보여준다.

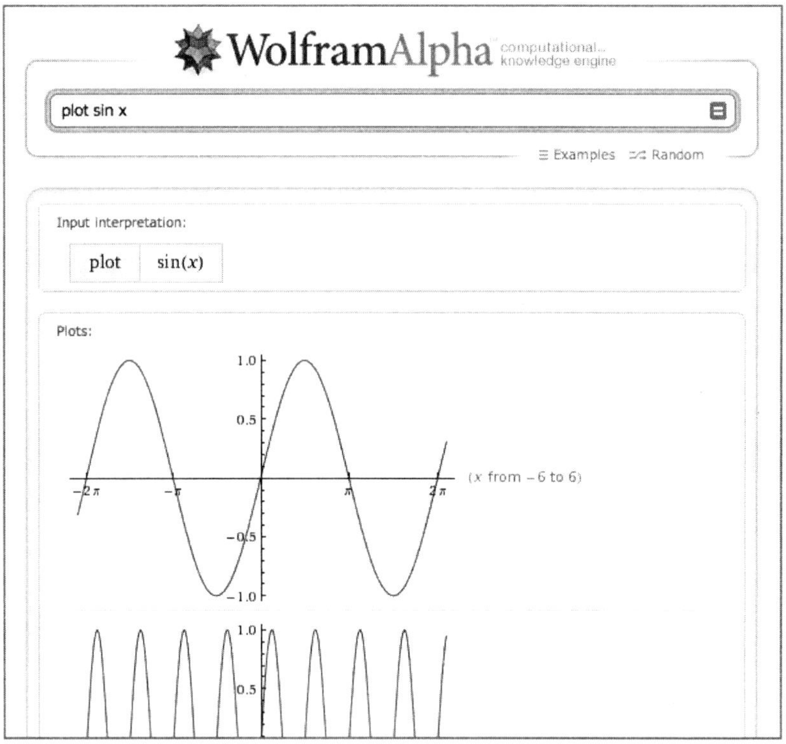

그래프의 곡선의 굵기가 가는 경우, 사용자가 그래프 옵션(두께)을 'thickness 0.01'로 지정하여 그래프를 그리면 그래프 두께의 변화를 볼 수 있다.

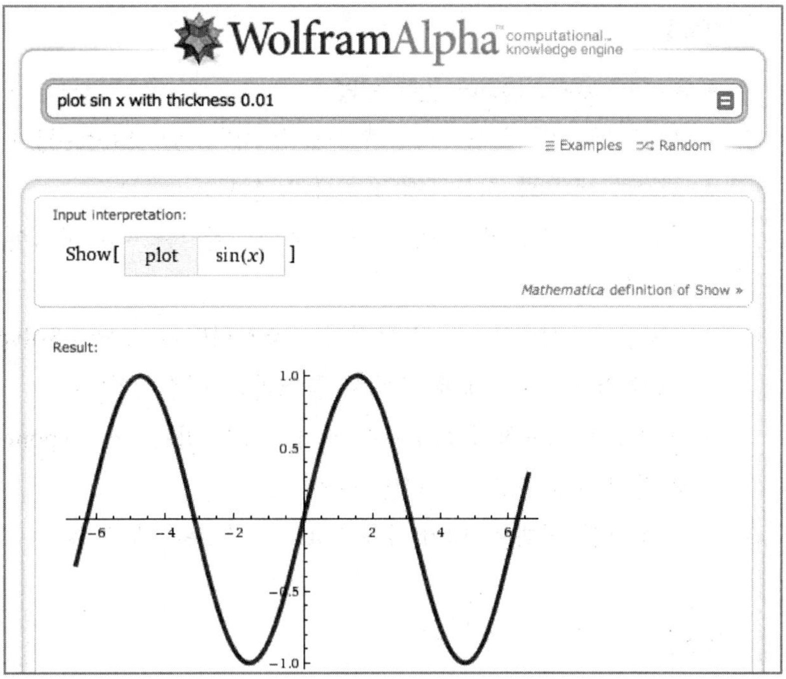

그래프에 관한 옵션은 두께, 색, 격자선 넣기, 그림 이름표 달기 등 매우 다양하게 줄 수 있다.

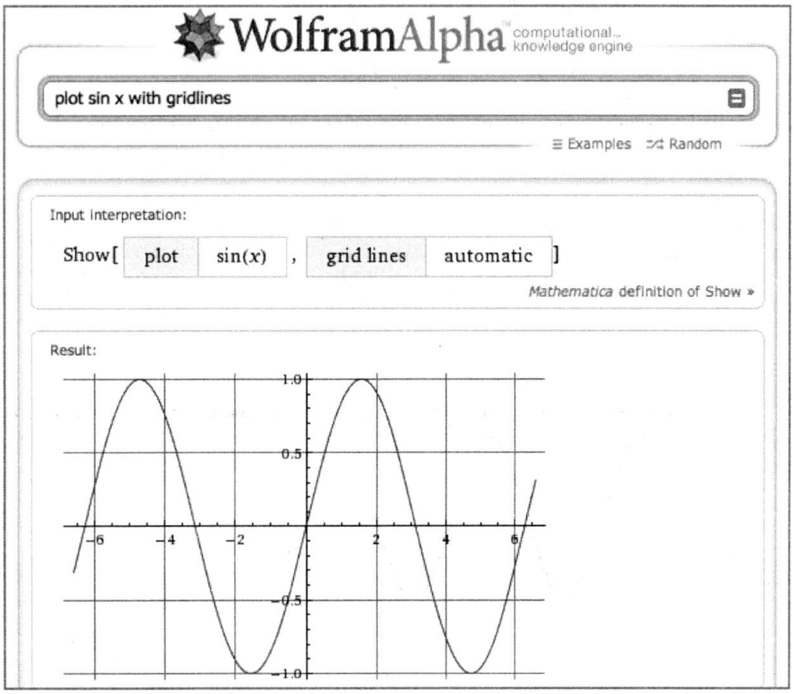

참고 1

■ Mathematica 명령어 입력 방법

1. 명령어의 첫 글자는 대문자 (예: Plot[Sin[x], {x,-6,6}])
2. 괄호는 짝으로 사용 (예: ( ), { }, [ ])
3. 합성어로 만들어진 명령어의 각 첫 글자는 대문자 (예: DSolve, ListPlot, PlotStyle)
4. 명령어 형태는 동사[목적어, 추가설명어 (예: Solve[x^2-3x+7==0,x]는 x^2-3x+7==0을 x에 관해서 풀어라는 명령어임)
5. 팔레트를 사용하여 특수문자나 예약상수 입력 (예: exponential e, 허수 i 등은 자판의 소문자로 입력하면 안됨)
6. 프로그램 실행은 'Shift키와 Enter키'를 동시에 누름

참고 2

```
Plot[Sin[x], {x, -2 π, 2 π}, PlotStyle → Thickness[0.01]]
```

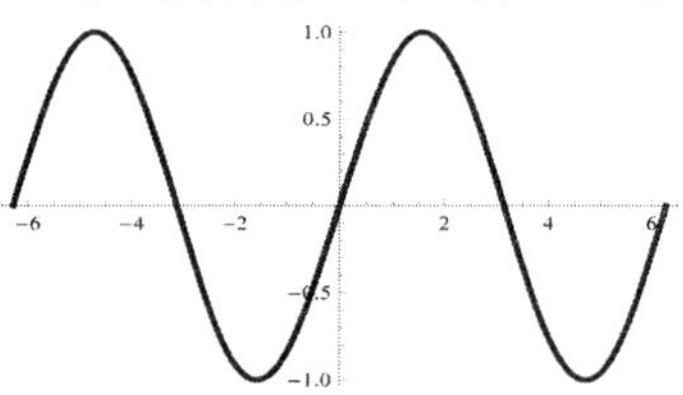

```
ContourPlot[y == Sin[x], {x, -2 Pi, 2 π}, {y, -1, 1}, Axes → True]
```

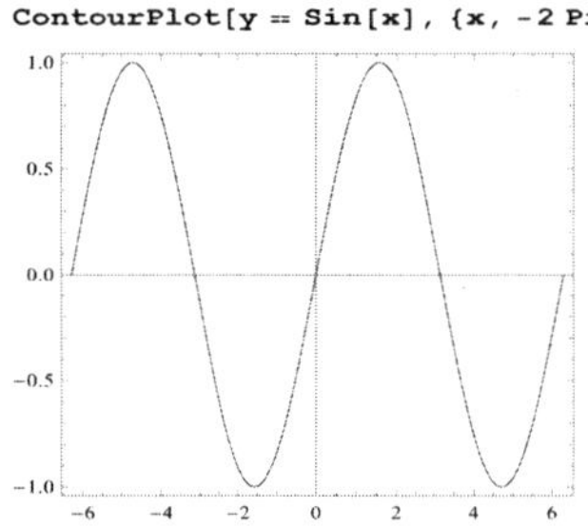

```
Plot[Sin[x], {x, -2 Pi, 2 π}, PlotStyle → Thickness[0.01], GridLines → Automatic]
```

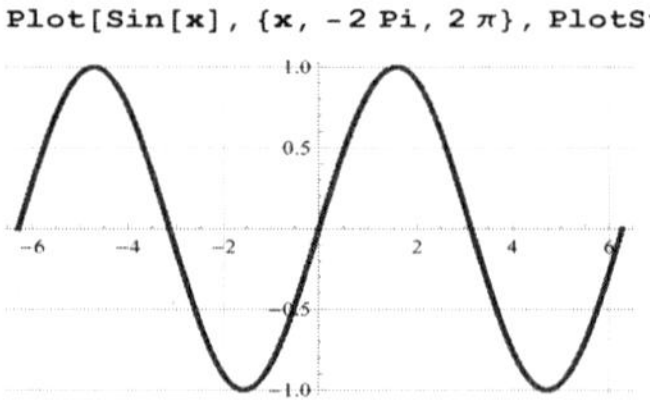

예제 7.2.2 두 연립부등식을 만족하는 영역을 좌표평면 위에 나타내어라.

풀이 주어진 연립부등식을 만족하는 영역을 아래와 같이 간단한 입력을 통해서 얻는다.

우측 하단에 사용자 얻은 결과를 PDF | CDF 파일로 다운로드 받을 수 있는 편의성도 제공하고 있다.

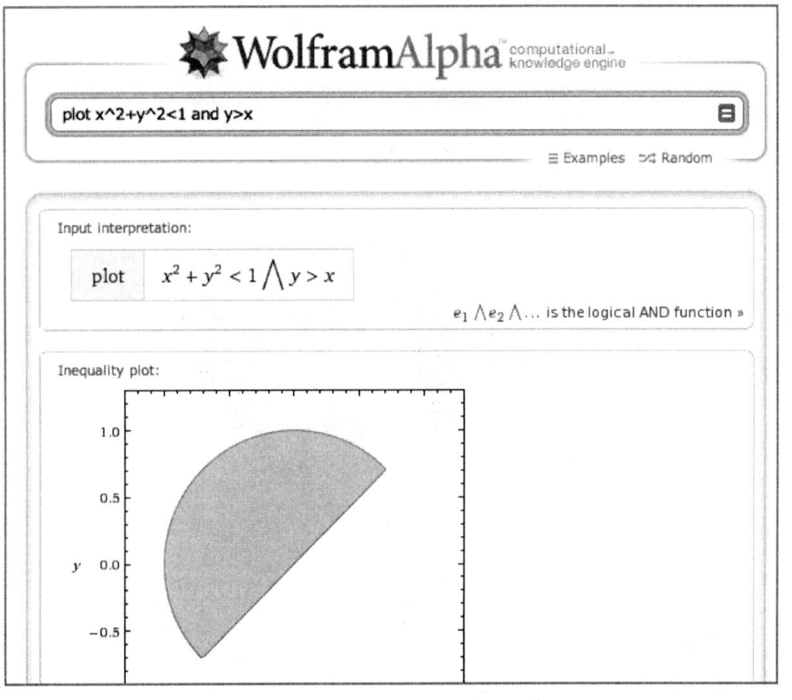

참고

```
RegionPlot[{x^2 + y^2 < 1, y > x}, {x, -2, 2}, {y, -2, 2}]
```

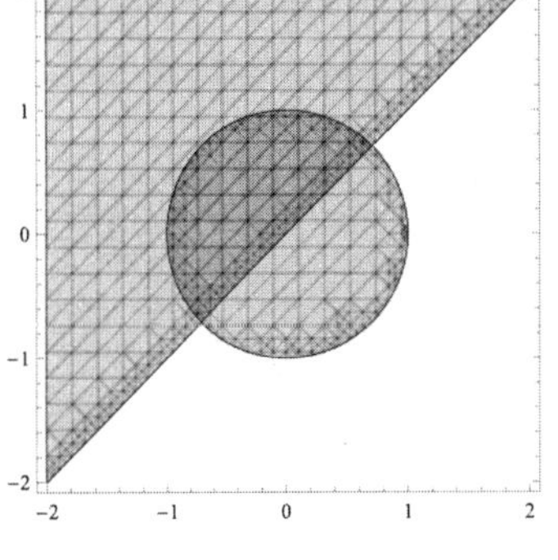

예제 7.2.3 $\sin xy$의 3차원 그래프를 그려라.

풀이 'plot 이변수의 함수'를 입력하면 3차원 그래프와 등고선 그래프의 결과를 볼 수 있다.

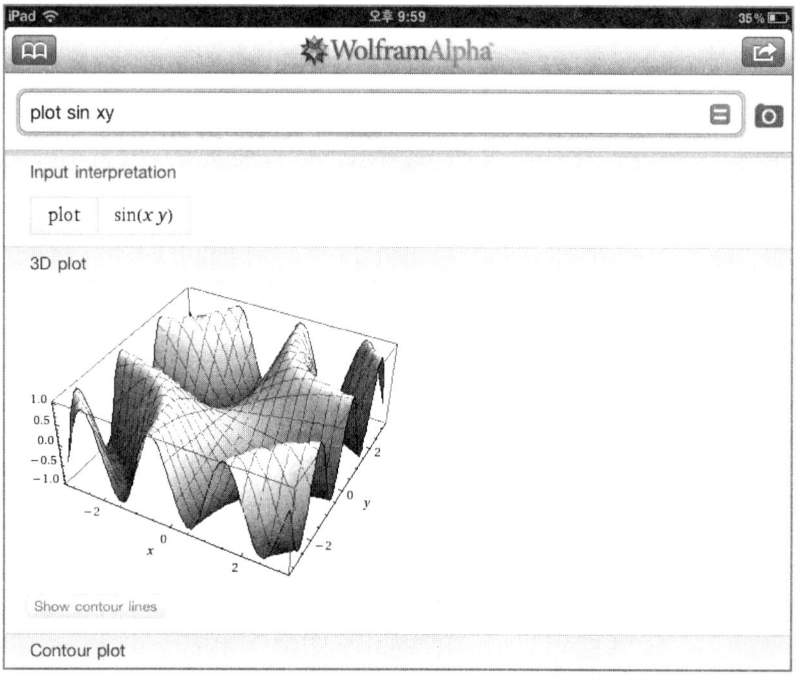

참고

```
Plot3D[Sin[x y], {x, -3, 3}, {y, -3, 3}]
```

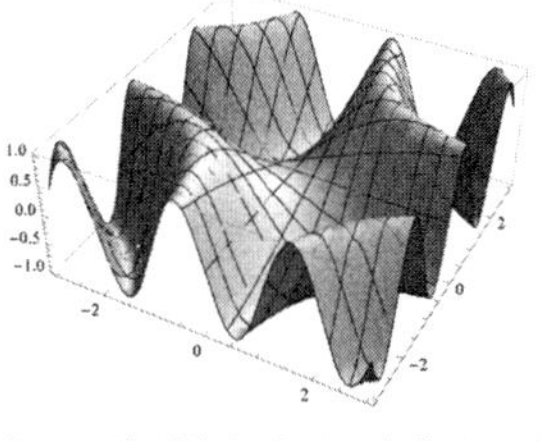

```
ContourPlot[Sin[x y], {x, -6, 6}, {y, -6, 6}]
```

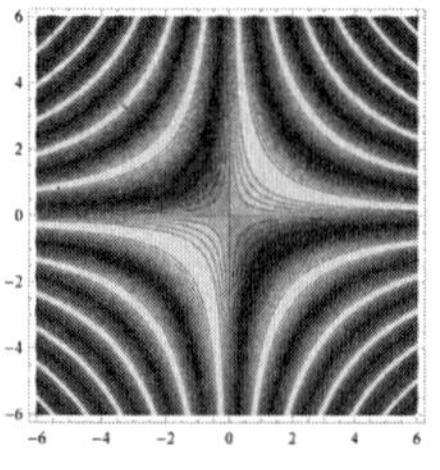

2) ∇ Solve (방정식 풀이)

예제 7.2.4 방정식을 풀어라.

풀이 solve라는 명령어는 주어진 방정식을 풀고 대수적 결과뿐만 아니라 기하학적 그래프 자료까지 제공하여 다양한 측면에서 사용자의 이해를 돕는다. 특히 'Show Steps'를 클릭하면 그 방정식의 풀이 과정을 상세히 볼 수 있다.

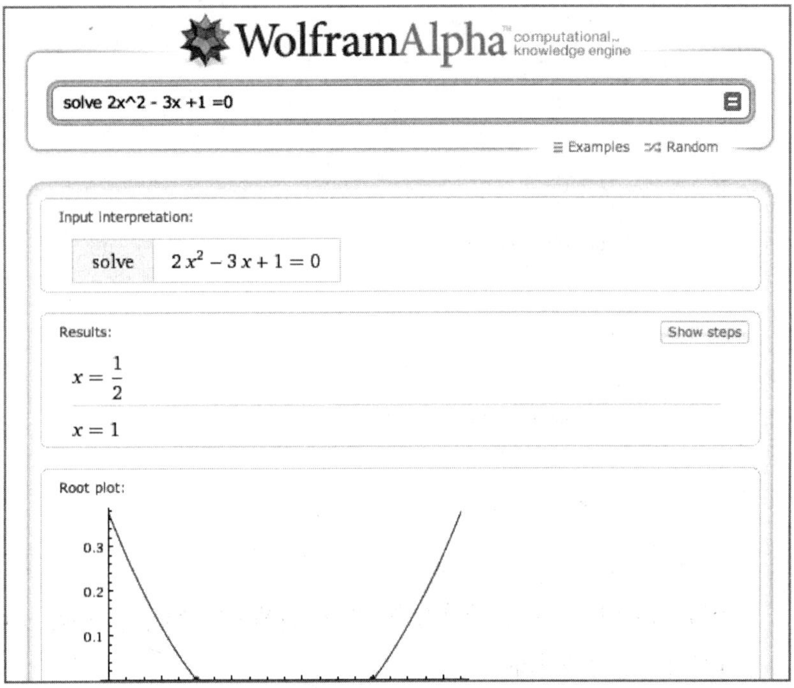

참고 1

계산한 결과의 중간 계산과정을 보는 문제에 대해 생각해보자.

```
Integrate[x Sin[x], x]
-x Cos[x] + Sin[x]
```

Mathematica 자체에서는 중간과정을 볼 수 있는 방법이 없다.
중간과정을 보기 위해서는 WolframAlpha 기능을 가져와야 하는데 그 방법은 다음과 같다.

```
WolframAlpha["x sin(x)", IncludePods → {"Indefinite Integral"},
 PodStates → {"Step-by-step solution", "Show all steps"}]
```

Assuming multiplication | Use a list instead

Indefinite integrals:

$$\int x \sin(x)\, dx = \sin(x) - x\cos(x) + \text{constant}$$

Possible intermediate steps:

Take the integral:

$$\int x \sin(x)\, dx$$

For the integrand $x\sin(x)$, integrate by parts, $\int f\, dg = f g - \int g\, df$, where

$f = x,\quad dg = \sin(x)\, dx,$

$df = dx,\quad g = -\cos(x)$:

$$= \int \cos(x)\, dx - x\cos(x)$$

Hide steps

The integral of $\cos(x)$ is $\sin(x)$:

Answer:

$$= \sin(x) - x\cos(x) + \text{constant}$$

WolframAlpha

WolframAlpha는 중간과정을 보기 위해서는 Step-by-step Solution이라고 적힌 버튼을 클릭하여라.

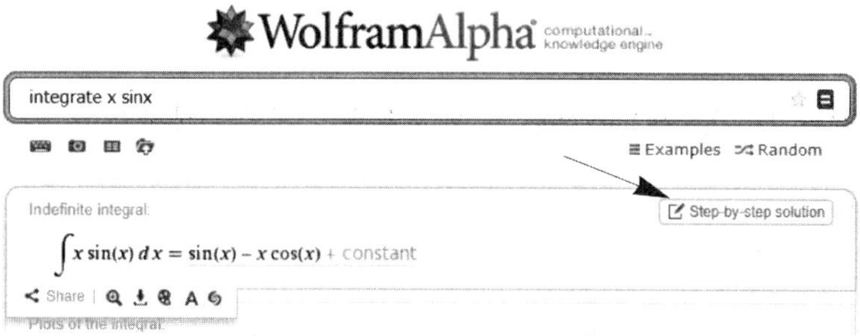

이때에 로그인을 해야 한다.

하나의 Woflram ID로는 3번까지 무료로 볼 수 있으며, 그 이상은 유료로만

가능하다.

단, 제일 위에 소개한 Mathematica에서의 방법은 Mathematica 라이센스의 경우에 하루에 1000번까지 가능하다.

이 기능은 불법 라이센스가 설치된 PC에서 실행할 경우, 미국 본사에 그 정보가 그대로 기록되니 참고하기 바란다.

참고 2

```
Solve[2 x^2 - 3 x + 1 == 0]
```

$\left\{\left\{x \to \frac{1}{2}\right\}, \{x \to 1\}\right\}$

```
Plot[2 x^2 - 3 x + 1, {x, -0.5, 2}]
```

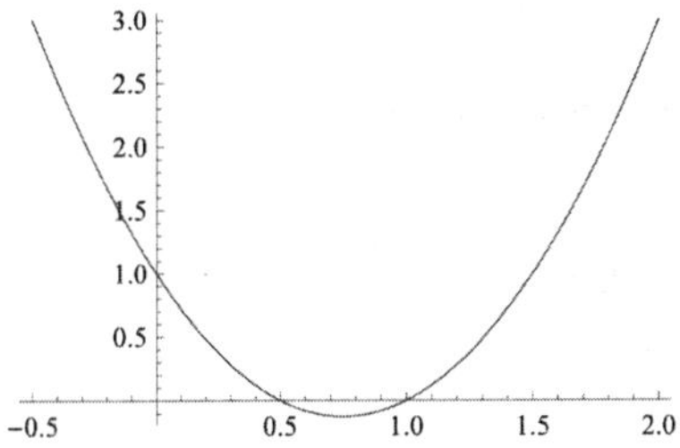

```
ListPlot[{{1/2, 0}, {1, 0}}, AxesOrigin → {0, 0},
  PlotStyle → {Red, PointSize → 0.03}, AspectRatio → 1/10]
```

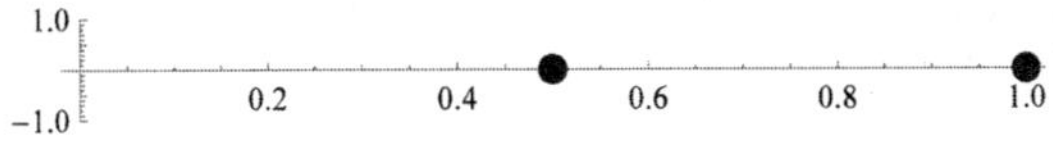

```
Graphics[{Red, PointSize[0.03], Point[{1/2, 0}], Point[{1, 0}]},
  Axes → True, AxesOrigin → {0, 0}, AspectRatio → 1/10]
```

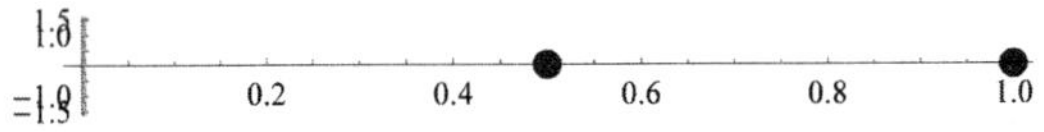

예제 7.2.5 미분방정식을 풀어라.

풀이 풀어야 할 미분방정식을 입력하면 그 해와 해의 그래프를 제공한다. 즉, 그 어떠한 다른 명령어의 입력을 필요로 하지 않는다. 이는 사용자가 미분방정식을 풀기 위해 계산 순서나 명령어를 기억하지 않아도 되며, 그 내용을 입력하는데 드는 짧은 시간에 비해 얻어진 결과는 아주 유용하며 특히, 'Show Steps'를 클릭하여 그 풀이과정을 확인할 수 있다.

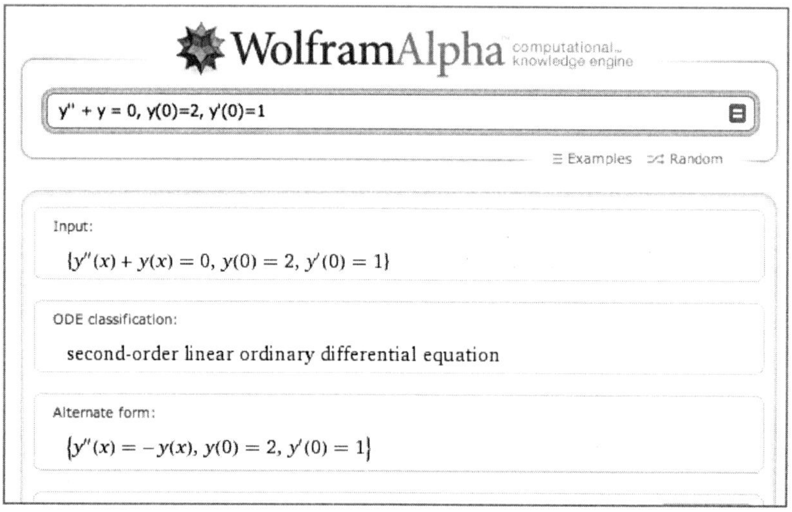

참고

```
DSolve[{y''[x] + y[x] == 0, y[0] == 2, y'[0] == 1}, y[x], x]
{{y[x] → 2 Cos[x] + Sin[x]}}

DSolve[y''[x] + y[x] == 0, y[x], x]
{{y[x] → C[1] Cos[x] + C[2] Sin[x]}}

Manipulate[Plot[C[1] Cos[x] + C[2] Sin[x], {x, -5, 5},
  PlotRange → {{-5, 5}, {-5, 5}}], {C[1], -3, 3}, {C[2], -3, 3}]
```

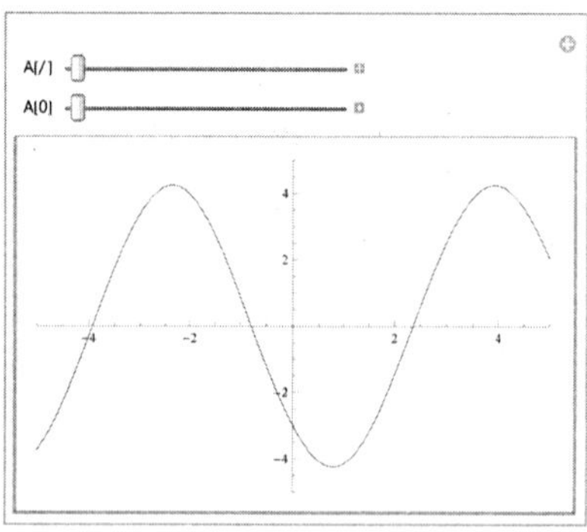

예제 7.2.6 연립부등식을 풀어라.

풀이 연립부등식의 해를 구하고 연립부등식을 만족하는 영역을 수직선 위에 나타낸다.

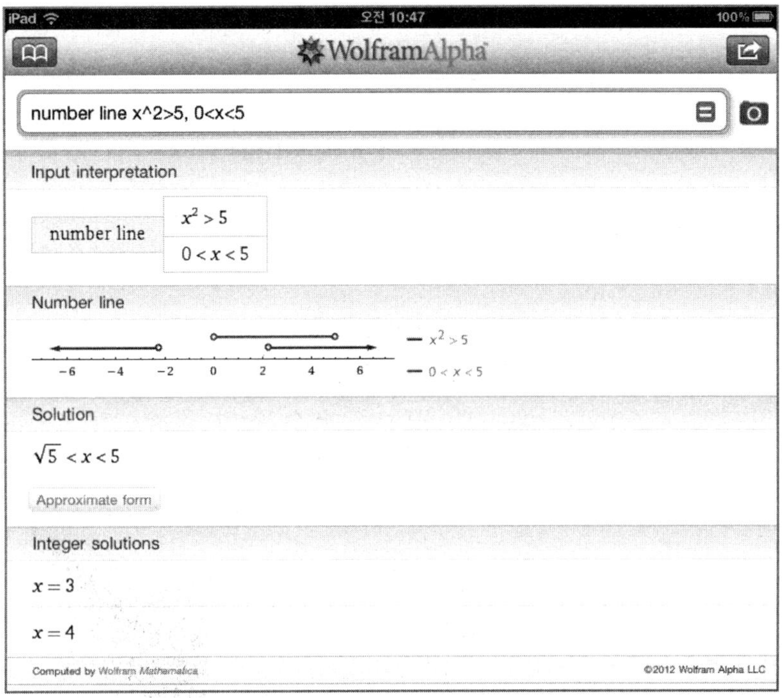

참고

```
Reduce[x^2 > 5, x]
```

$x < -\sqrt{5} \mid\mid x > \sqrt{5}$

```
Reduce[{x^2 > 5, 0 < x < 5}, x]
```

$\sqrt{5} < x < 5$

```
Graphics[{{Thick, Line[{{-7, 0.1}, {-√5, 0.1}}], Line[{{√5, 0.1}, {7, 0.1}}]},
  {Red, Thick, Line[{{0, 0.3}, {5, 0.3}}]}}, Axes → True,
 PlotRange -> {{-7, 7}, {0, 0.3}}, Ticks → {{-√5, 0, √5, 5}, None}]
```

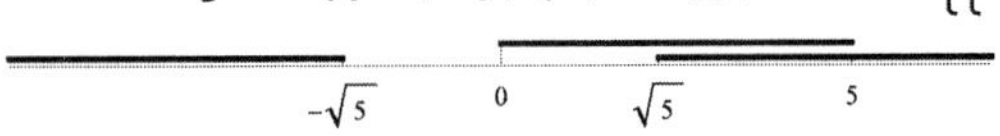

3) ▽ 점화식 (Recurrence)

예제 7.2.7 점화식을 찾아라.

풀이 주어진 점화식의 일반항을 구하고 수열의 증가와 감소를 나타내는 그래프를 보여준다.

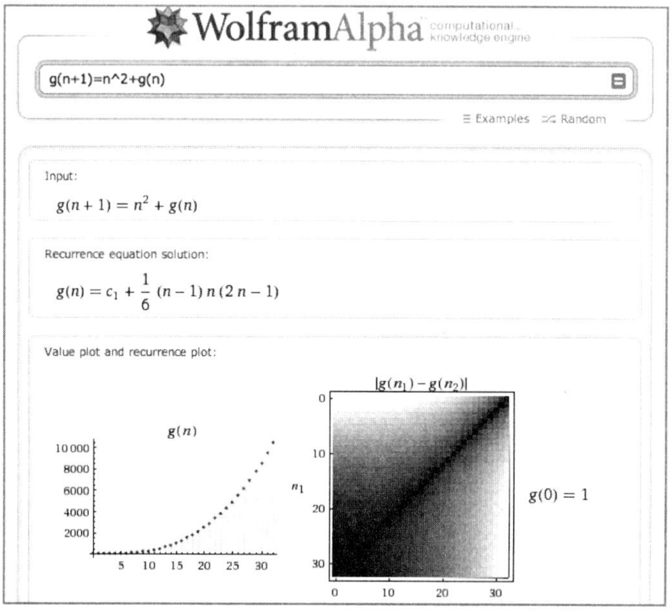

참고

```
Clear[g, n]

RSolve[g[n + 1] == n^2 + g[n], g[n], n]
```

$$\left\{\left\{g[n] \to \frac{1}{6} n \left(1 - 3 n + 2 n^2\right) + C[1]\right\}\right\}$$

```
RSolve[{g[n + 1] == n^2 + g[n], g[0] == 1}, g[n], n]
```

$$\left\{\left\{g[n] \to \frac{1}{6} \left(6 + n - 3 n^2 + 2 n^3\right)\right\}\right\}$$

$$t = \text{Table}\left[\frac{1}{6} \left(6 + n - 3 n^2 + 2 n^3\right), \{n, 0, 30\}\right]$$

```
{1, 1, 2, 6, 15, 31, 56, 92, 141, 205, 286, 386, 507, 651, 820, 1016, 1241, 1497,
 1786, 2110, 2471, 2871, 3312, 3796, 4325, 4901, 5526, 6202, 6931, 7715, 8556}
```

```
ListPlot[t]
```

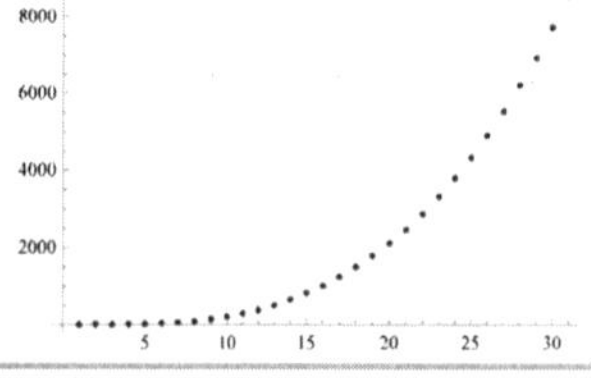

4) ∇ 근사 (fitting)

예제 7.2.8 1차 근사식과 2차 근사식을 구하여라.

풀이 주어진 자료의 1차 근사식을 구하여 주며, 얻어진 피팅(fitting) 모델을 이용하여 미래 변화를 예측을 할 수 있다.

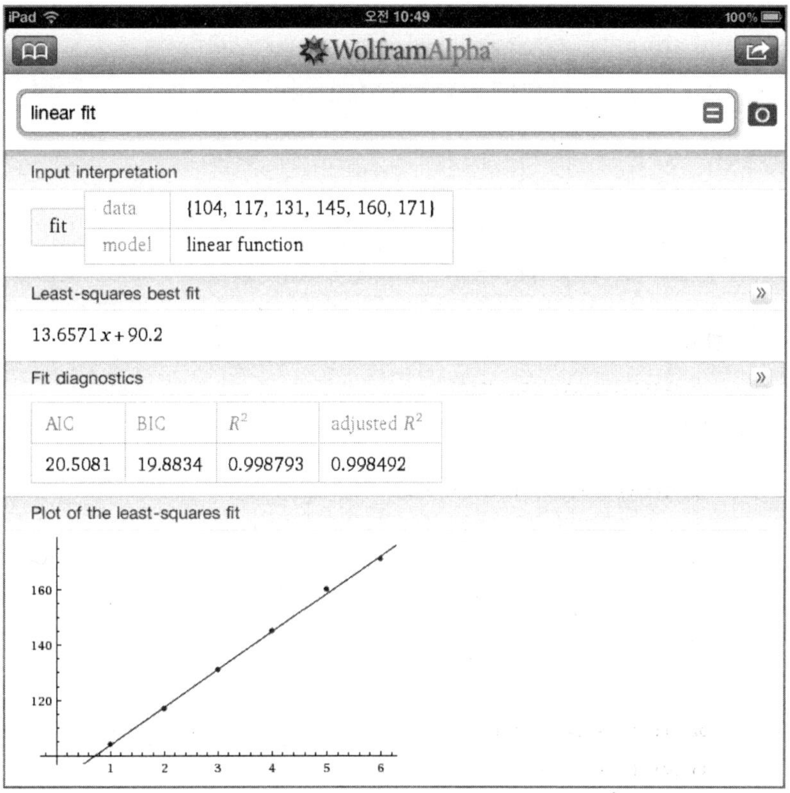

주어진 자료의 1차 근사식뿐만 아니라 2차 근사식도 Data를 통해 구하여 준다.

기존의 자료를 바탕으로 오차를 최소화하고 그에 가장 적합한 모델을 만들어, 앞으로의 변화를 예측하고 준비할 수 있는 중요한 결과로 활용할 수도 있다.

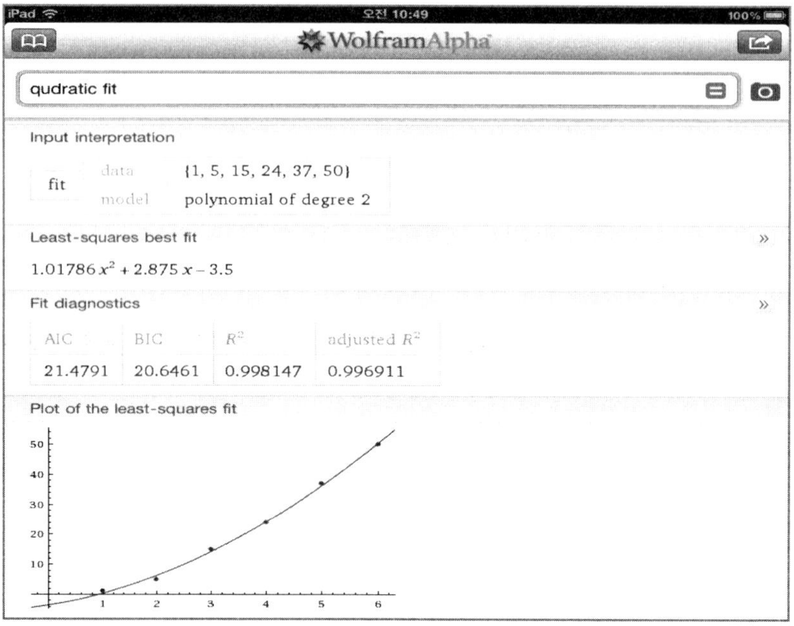

참고

```
d = {104, 117, 131, 145, 160, 171};
Fit[d, {1, x}, x]
90.2 + 13.6571 x
Show[Plot[%, {x, 0, 7}], ListPlot[d]]
```

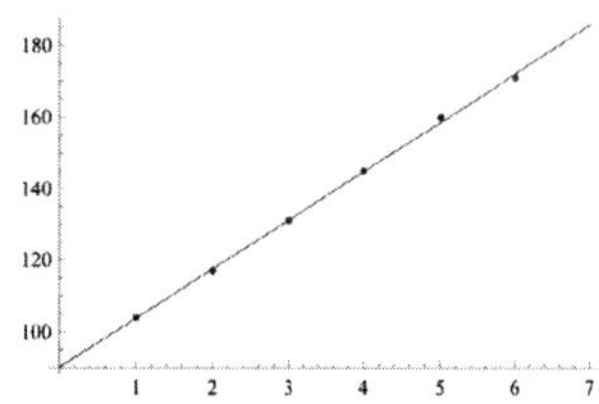

```
da = {1, 5, 15, 24, 37, 50};
Fit[da, {1, x, x^2}, x]
-3.5 + 2.875 x + 1.01786 x^2
Show[Plot[%, {x, 0, 7}], ListPlot[da]]
```

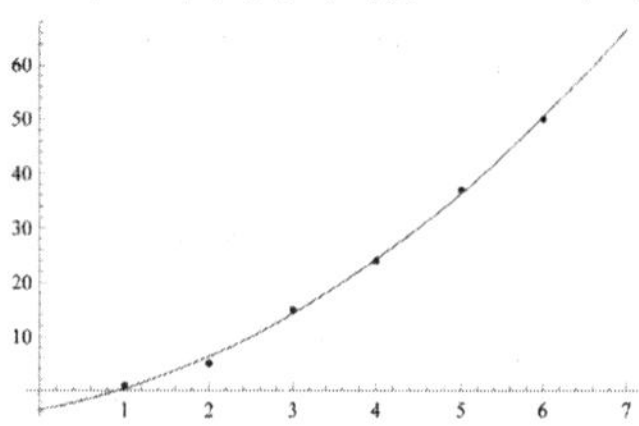

```
Show[Plot[%, {x, 0, 7}], ListPlot[d]]
```

7.2.2 수학2

1) ∇ 극한 (Limit)

예제 7.2.9 극한을 구하여라.

풀이 limit라는 명령어를 통해 수열 또는 함수의 극한을 구해준다. (무한대의 기호를 입력할 수 없을 때에는 Infinity라고 적어주면 된다.)

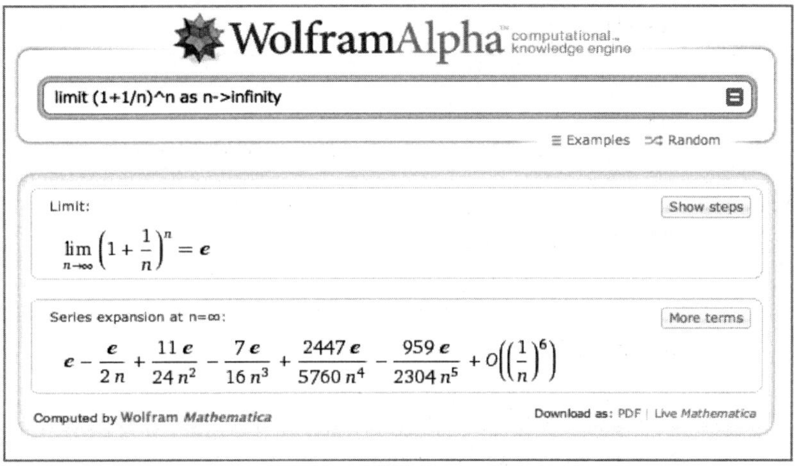

lim(limit의 약자)이라는 명령어를 통해 수열의 극한 뿐만 아니라 아래의 명령어는 함수 $\frac{|x|}{x}$의 우극한을 구하여 준다.

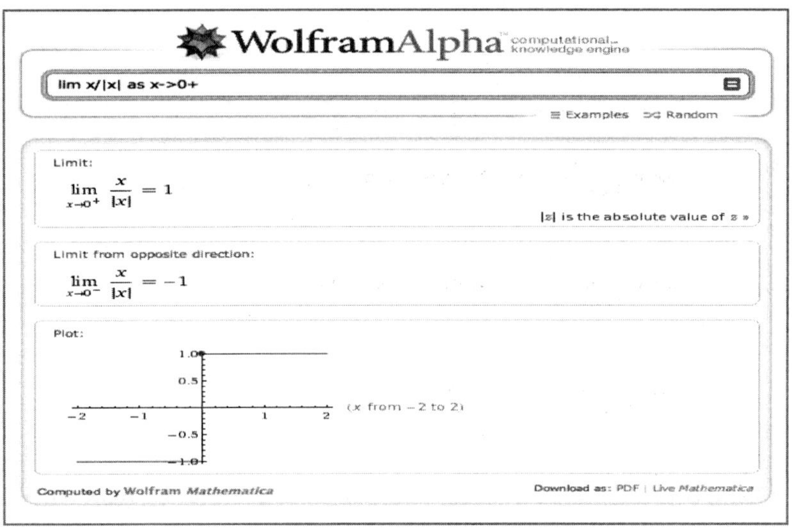

$x=x_0$에서의 함수 $f(x)$의 우극한은 물론이고 좌극한도 구할 수 있다.

'$x=x_0$에서 함수 $f(x)$의 우극한과 좌극한이 상수 L로써 같을 때 함수 $f(x)$는 $x=x_0$에서 극한값 L을 갖는다'라고 한다.

참고

$$\text{Limit}\left[\left(1+\frac{1}{n}\right)^n,\ n\to\infty\right]$$

e

```
N[e, 50]
2.7182818284590452353602874713526624977572470937000
```

$$\text{Series}\left[\left(1+\frac{1}{n}\right)^n,\ \{n,\infty,5\}\right]$$

$$e-\frac{e}{2n}+\frac{11e}{24n^2}-\frac{7e}{16n^3}+\frac{2447e}{5760n^4}-\frac{959e}{2304n^5}+O\left[\frac{1}{n}\right]^6$$

```
Normal[%]
```

$$e-\frac{959e}{2304n^5}+\frac{2447e}{5760n^4}-\frac{7e}{16n^3}+\frac{11e}{24n^2}-\frac{e}{2n}$$

```
Plot[{%, e}, {n, 10000, 100000}]
```

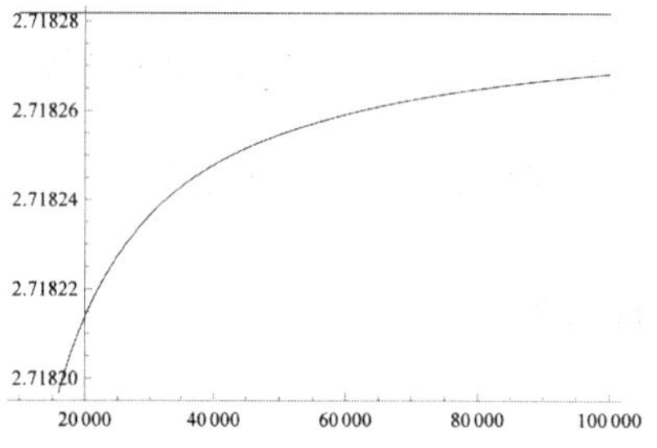

$$\text{Limit}\left[\frac{x}{\text{Abs}[x]},\ x\to 0,\ \text{Direction}\to -1\right]$$

1

$$\text{Limit}\left[\frac{x}{\text{Abs}[x]},\ x\to 0,\ \text{Direction}\to 1\right]$$

-1

$$\text{Plot}\left[\frac{x}{\text{Abs}[x]},\ \{x,-2,2\}\right]$$

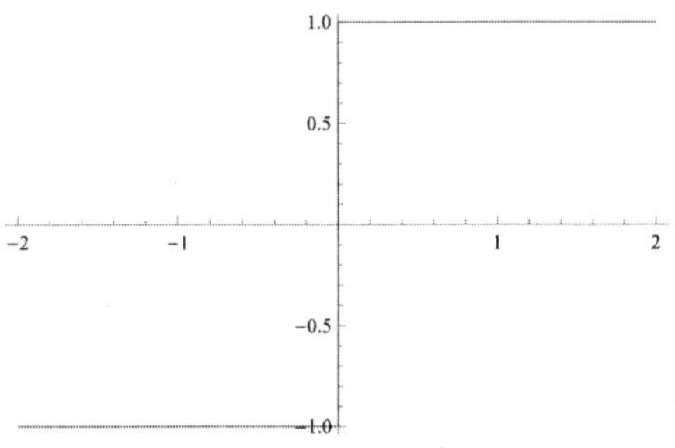

```
Limit[x/Abs[x], x → 0]
1
```

2) ∇ 미분 (Derivative)

예제 7.2.10 함수의 도함수를 구하여라.

풀이 초월함수의 미분도 제공하며, 'Show Steps'에서 미분의 과정을 보여주며 그래프, 다른 식으로의 변환 등의 결과를 보여준다.

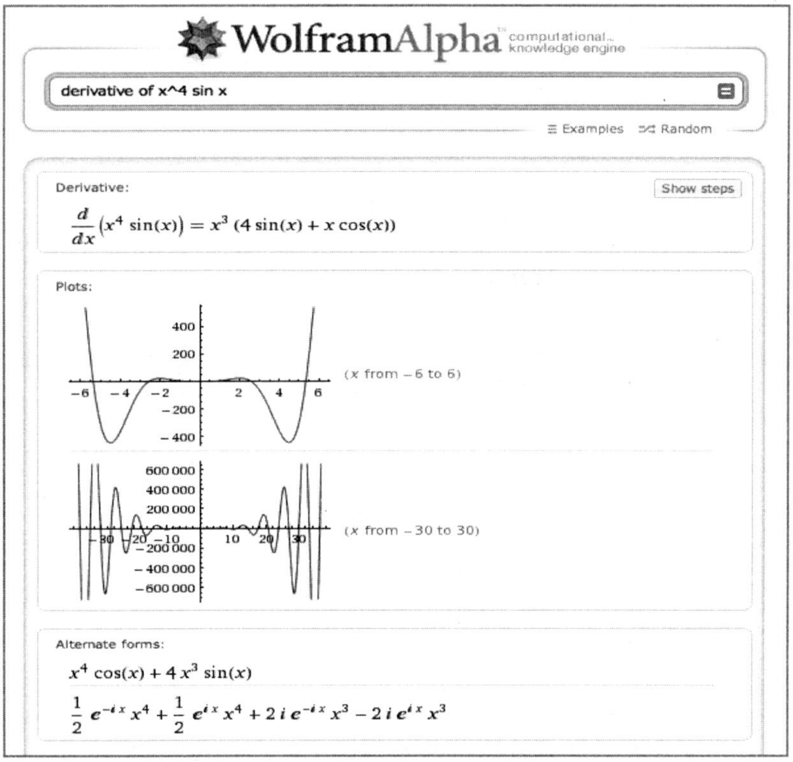

참고

```
dd = D[x^4 Sin[x], x]
```

x^4 Cos[x] + 4 x^3 Sin[x]

```
Simplify[%]
```

x^3 (x Cos[x] + 4 Sin[x])

```
Plot[{x^4 Sin[x], dd}, {x, -6, 6}, PlotRange → All]
```

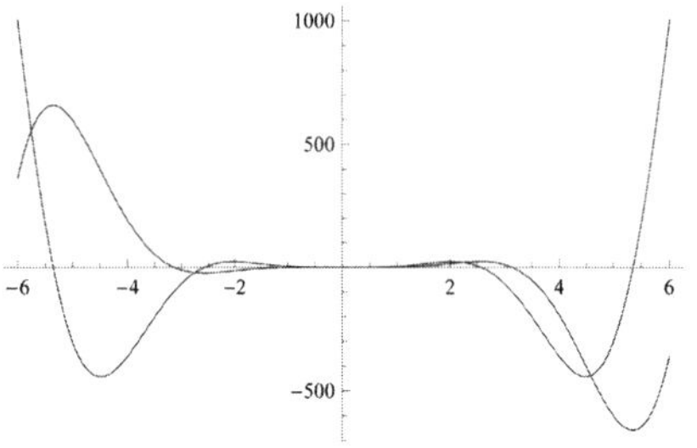

```
Plot[{x^4 Sin[x], dd}, {x, -30, 30}, PlotRange → All]
```

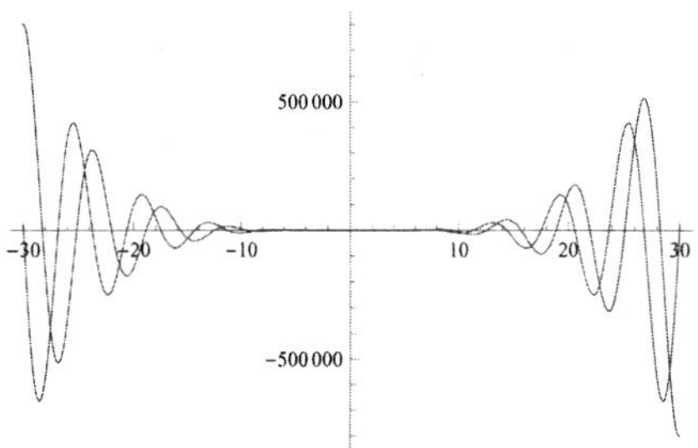

나의 노트

예제 7.2.11 두 함수로 둘러싸인 영역을 그려라.

풀이 주어진 두 함수로 둘러싸인 영역을 그리고 그 영역의 넓이를 구할 수 있다.

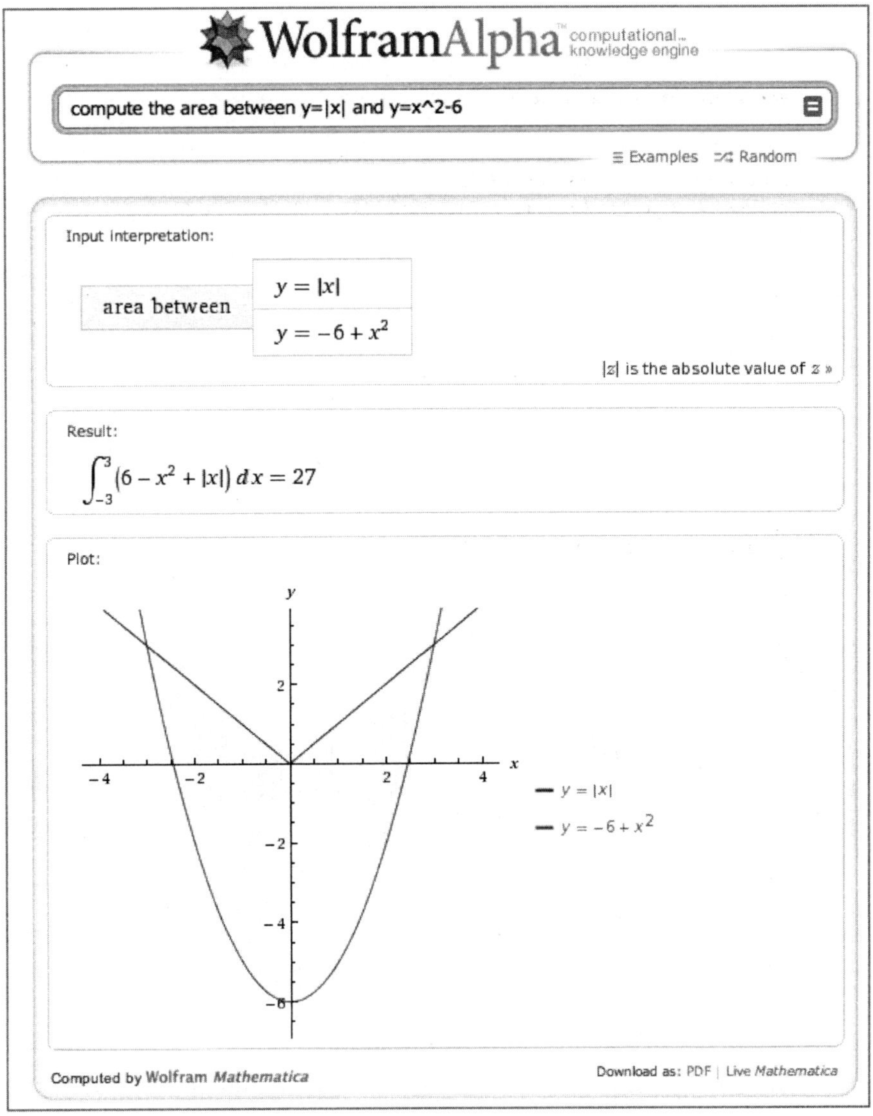

참고

```
Plot[{Abs[x], x^2 - 6}, {x, -4, 4}]
```

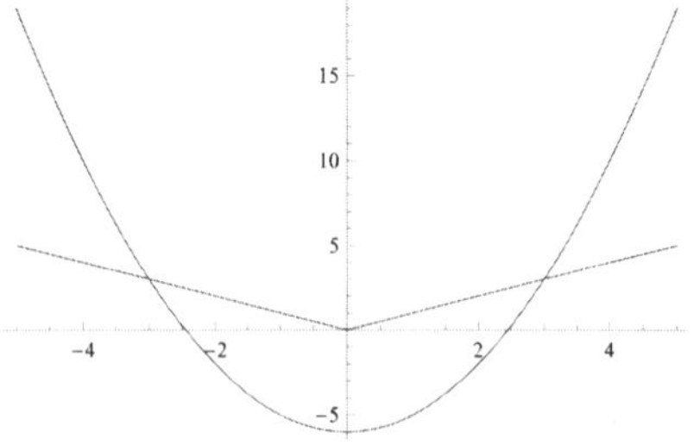

```
Solve[Abs[x] == x^2 - 6, x]
{{x → -3}, {x → 3}}
```

```
Plot[{Abs[x], x^2 - 6}, {x, -4, 4},
 Ticks -> {{-3, 3}, Automatic}, Filling → {1 → {2}}]
```

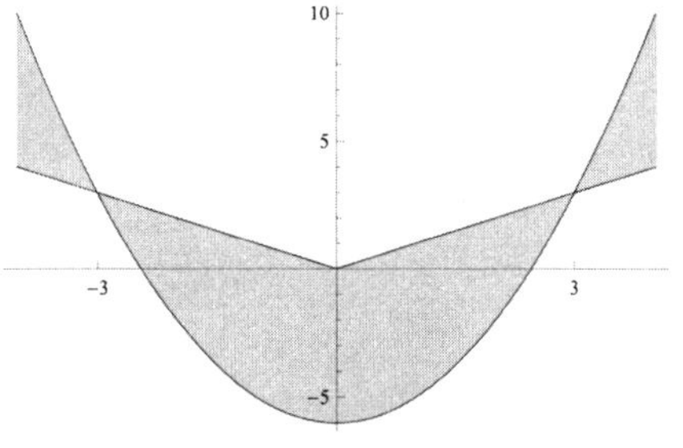

$$\int_{-3}^{3} (\text{Abs}[x] - (x^2 - 6))\, dx$$

27

나의 노트

3) ▽ 최댓값 (Maximum value)

예제 7.2.12 주어진 함수의 최댓값을 구하여라.

풀이 함수의 최댓값과 그 함수의 그래프를 같이 제시하여 사용자의 이해를 돕고 있다.

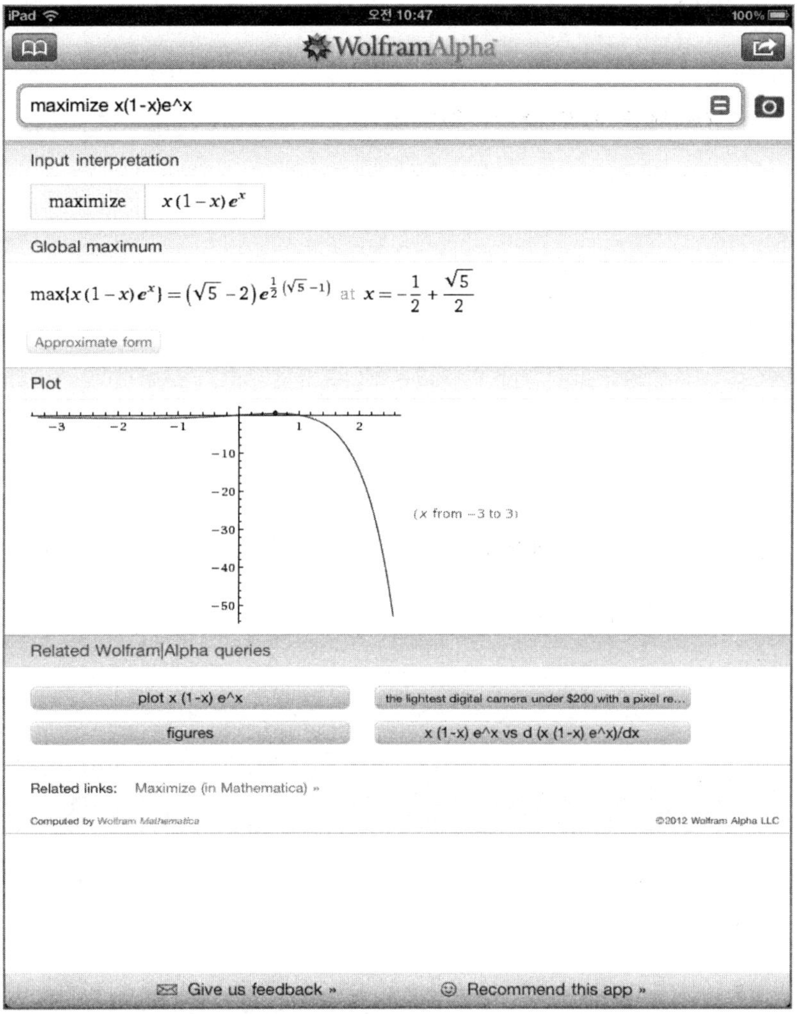

나의 노트

참고

```
Maximize[x (1 - x) ⅇ^x, x]
```

$$\left\{-\frac{1}{2}\left(-1+\sqrt{5}\right)\left(-1+\frac{1}{2}\left(-1+\sqrt{5}\right)\right)e^{\frac{1}{2}\left(-1+\sqrt{5}\right)},\ \left\{x\to\frac{1}{2}\left(-1+\sqrt{5}\right)\right\}\right\}$$

```
% // N
{0.437971, {x → 0.618034}}
```

```
Plot[x (1 - x) ⅇ^x, {x, -2, 2}]
```

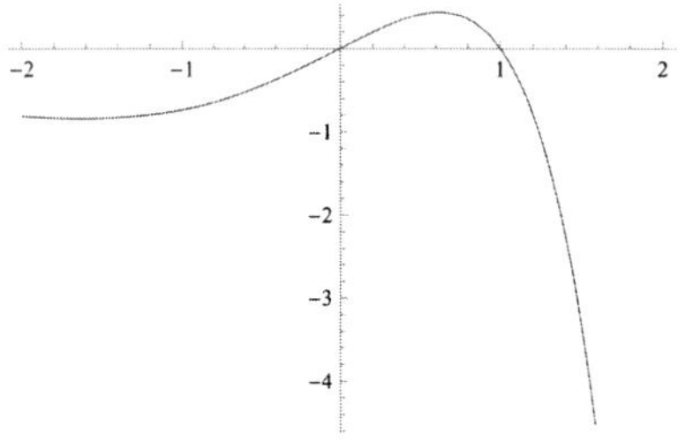

나의 노트

❹ ▽ 볼록다면체 (Convex Solids)

예제 7.2.13 볼록다면체를 그리고 그 특성들에 대해 알아보아라.

풀이 정십이면체의 다양한 결과들을 제공한다.

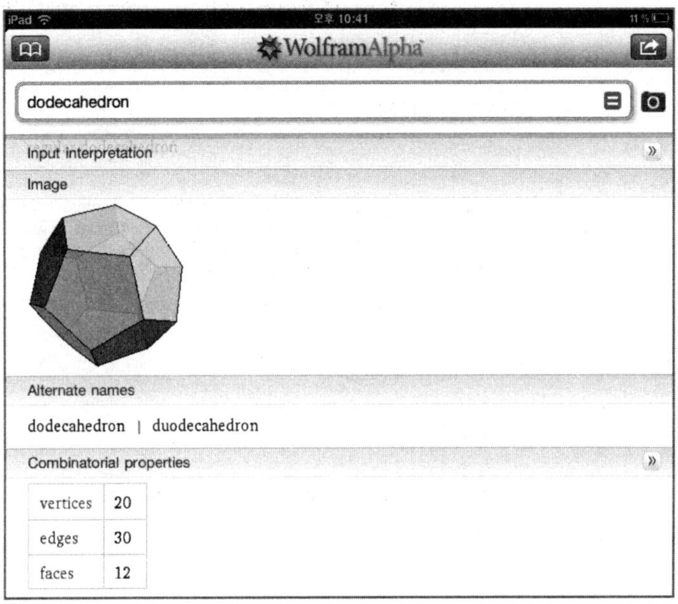

참고

```
PolyhedronData[4]
{Tetrahedron}
PolyhedronData["Tetrahedron"]
```

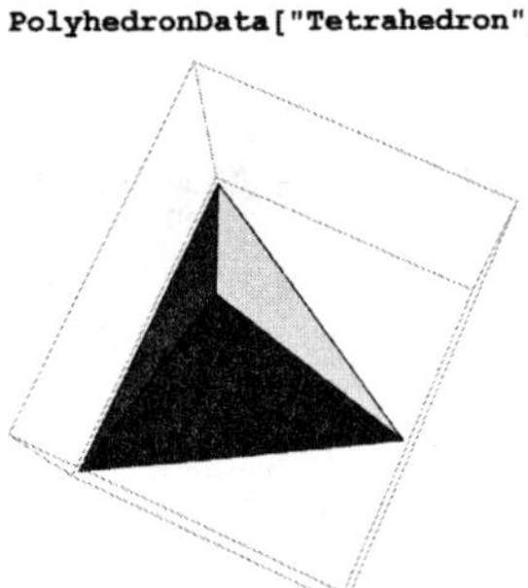

```
PolyhedronData["Tetrahedron", "VertexCoordinates"]
```

$$\left\{\left\{0,\ 0,\ \sqrt{\frac{2}{3}}-\frac{1}{2\sqrt{6}}\right\},\ \left\{-\frac{1}{2\sqrt{3}},\ -\frac{1}{2},\ -\frac{1}{2\sqrt{6}}\right\},\ \left\{-\frac{1}{2\sqrt{3}},\ \frac{1}{2},\ -\frac{1}{2\sqrt{6}}\right\},\ \left\{\frac{1}{\sqrt{3}},\ 0,\ -\frac{1}{2\sqrt{6}}\right\}\right\}$$

'Named solids' 내의 단어들 중 알고 싶은 내용을 선택하여 클릭해 보아라.

볼록다면체에 대한 여러 가지 결과를 제공함을 알 수 있을 것이다.

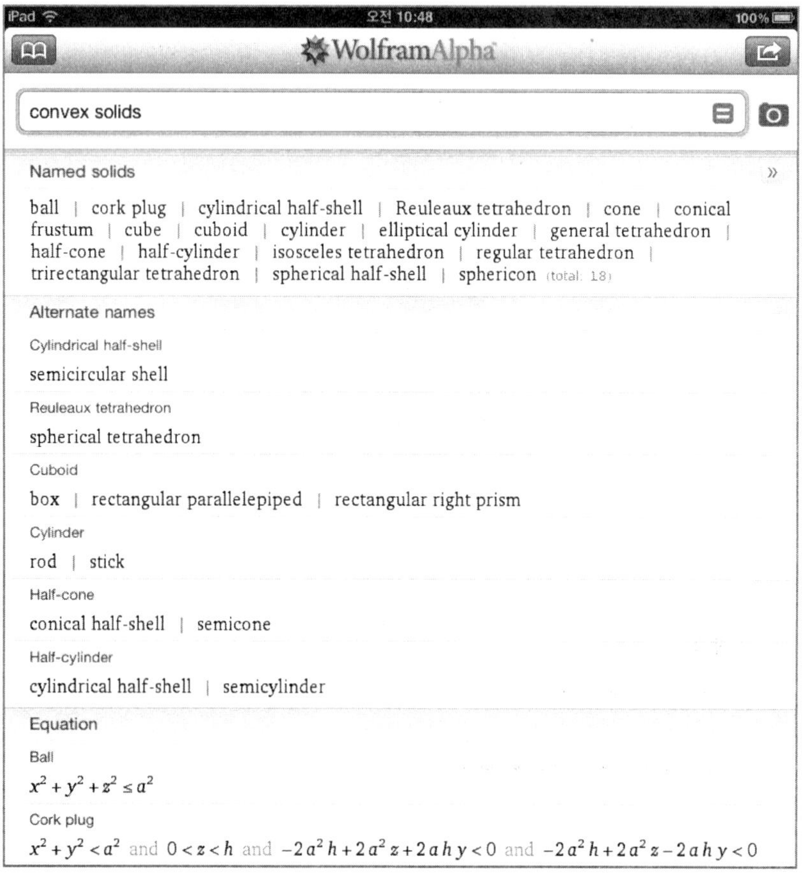

참고

```
PolyhedronData[All] // Short
{AcuteGoldenRhombohedron, {Antiprism, 4},
 <<191>>, TruncatedOctahedron, TruncatedTetrahedron}
```

5) ∇ 확률분포 (Distribution)

예제 7.2.14 주사위를 던지는 시행에 따른 확률분포를 구하여라.

풀이 주사위를 던지는 시행에 따른 확률분포를 알려준다.

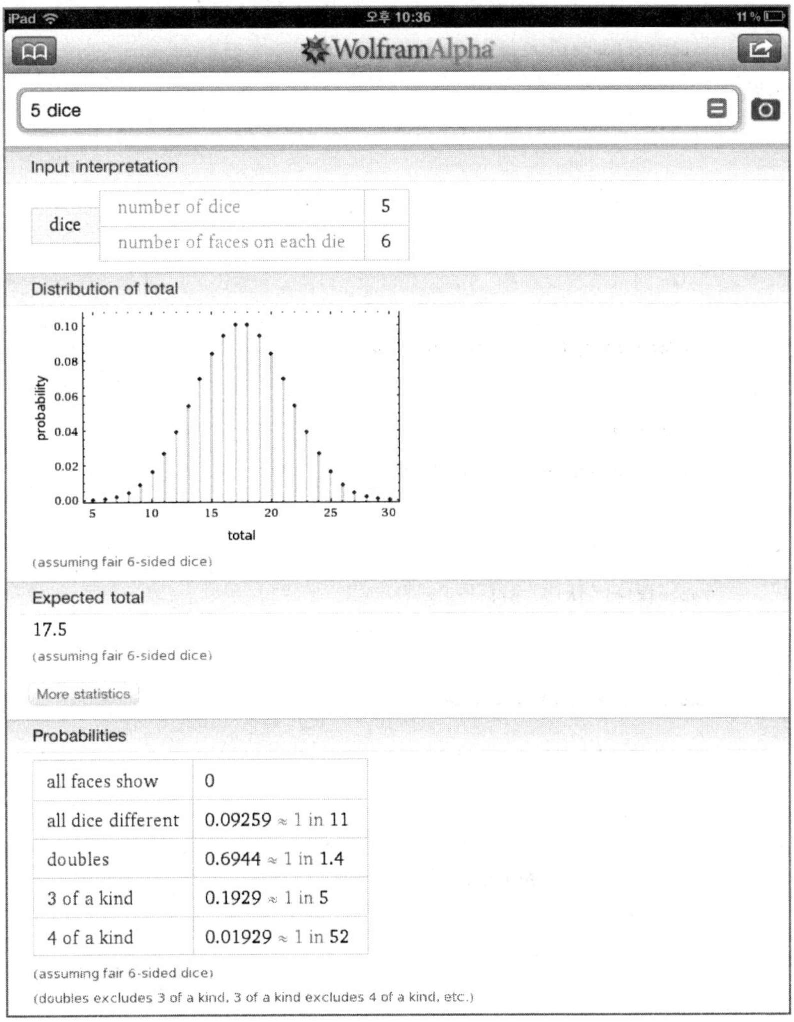

나의 노트

참고

```
dice = {1, 2, 3, 4, 5, 6};

Table[RandomChoice[dice], {n, 1, 30}]
{5, 5, 6, 3, 1, 6, 3, 5, 6, 5, 2, 6, 5, 1, 4, 3, 4, 2, 3, 4, 6, 6, 5, 6, 1, 5, 4, 1, 2, 3}

data = Sort[%]
{1, 1, 1, 1, 2, 2, 2, 3, 3, 3, 3, 3, 4, 4, 4, 4, 5, 5, 5, 5, 5, 5, 5, 6, 6, 6, 6, 6, 6, 6}

ListPlot[data]
```

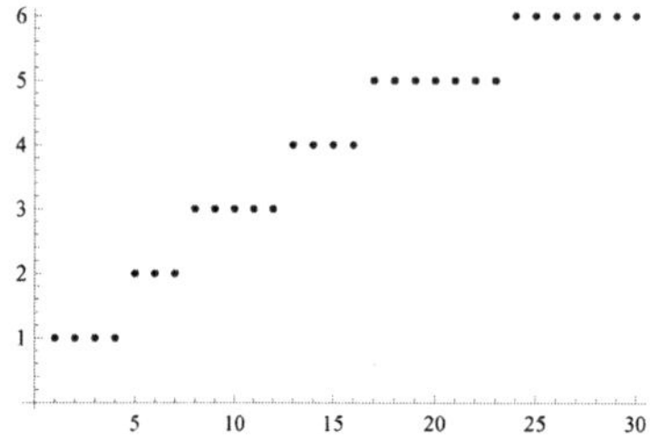

```
N[Probability[x ≤ 5, x ≈ data], 10]
0.7666666667

Clear[f, x]

f[k_] := N[Probability[x ≤ k, x ≈ data], 10]

f[1]
0.1333333333

Table[f[k], {k, 1, 6}]
{0.1333333333, 0.2333333333, 0.4000000000,
 0.5333333333, 0.7666666667, 1.000000000}

Expectation[g[x], x ≈ data]
```

$$\frac{1}{30}(4\,g[1]+3\,g[2]+5\,g[3]+4\,g[4]+7\,g[5]+7\,g[6])$$

나의 노트

예제 7.2.15 이항분포와 정규분포에 대해 알아보아라.

풀이 시행 n=40, 확률 p=0.32인 이항분포의 정보(평균, 표준편차, 분산 및 확률밀도함수)를 제공해 준다.

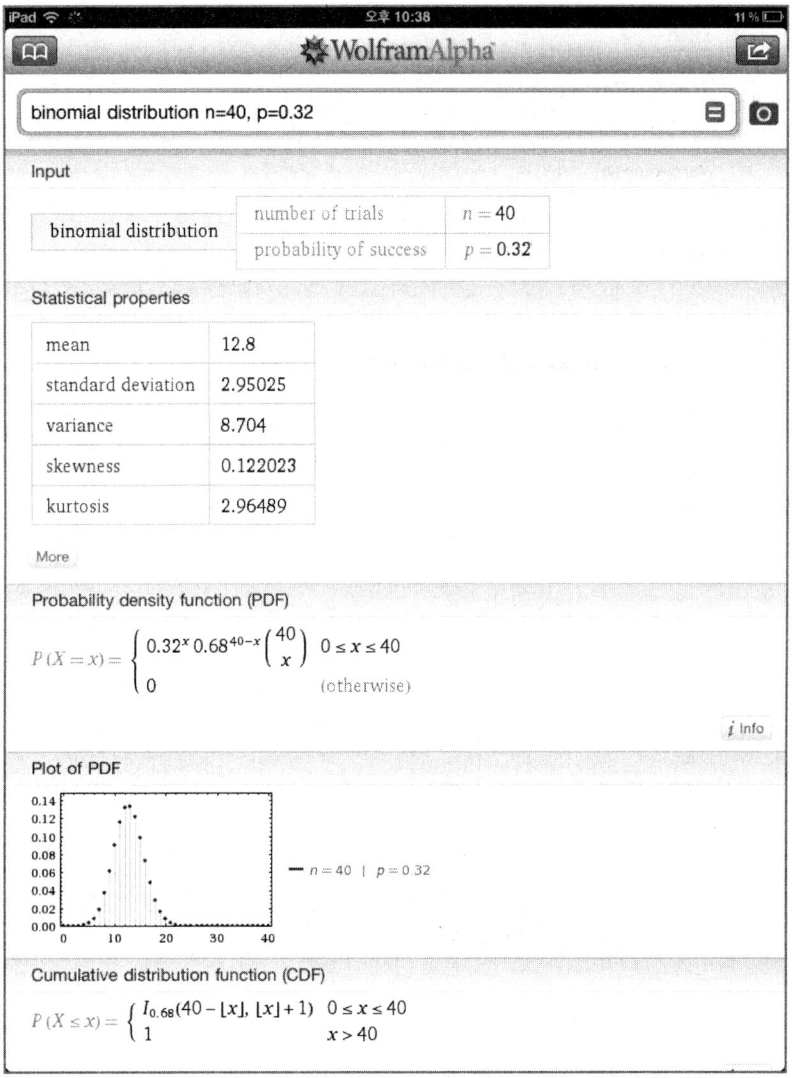

나의 노트

참고

```
b = BinomialDistribution[40, 0.32];
Mean[b]
```

12.8

```
StandardDeviation[b]
2.95025
Variance[b]
8.704
PDF[b]
Function[x, { 0.32^x 0.68^(40-x) Binomial[40, x]   0 ≤ x ≤ 40
              0                                     True        , Listable]
DiscretePlot[Evaluate[PDF[b, k]], {k, 1, 40}]
```

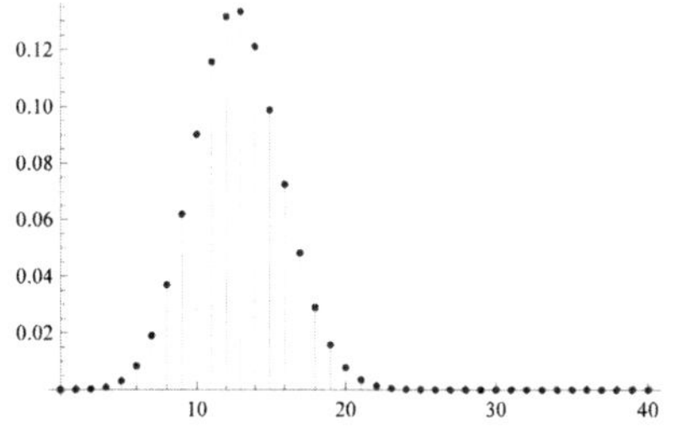

```
CDF[b]
Function[x,
 { BetaRegularized[0.68, 40 - Floor[x], 1 + Floor[x]]   0 ≤ x ≤ 40
   1                                                    x > 40      , Listable]
   0                                                    True
```

나의 노트

이산확률분포와 연속확률분포를 구할 수 있다.

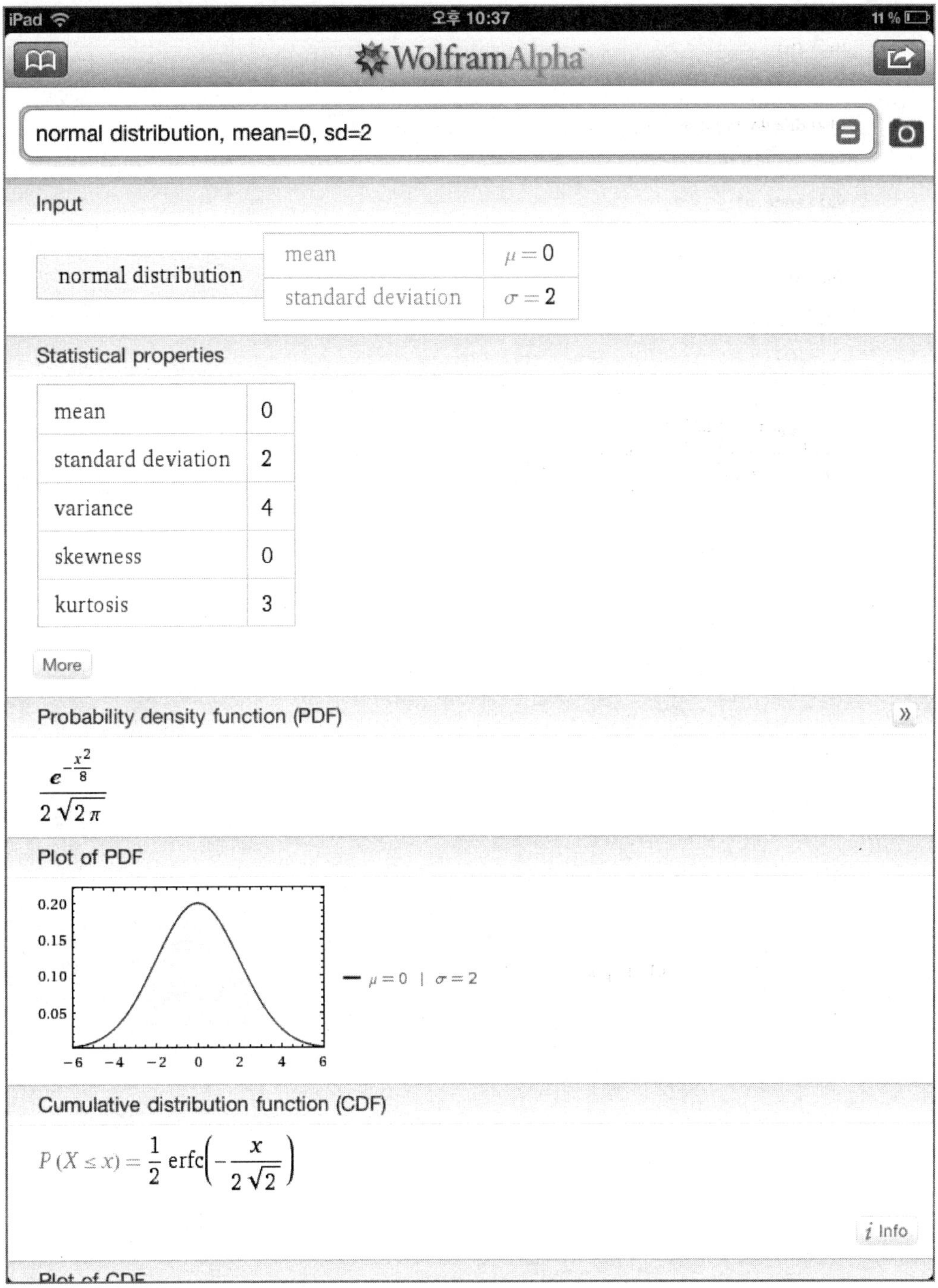

참고

```
n = NormalDistribution[0, 2];
Mean[n]
```
0

```
StandardDeviation[n]
```
2

```
Variance[n]
```
4

```
PDF[n]
```

$$\frac{\text{Exp}\left[-\frac{1}{2}\left(\frac{\#1-0}{2}\right)^2\right]}{2\sqrt{2\pi}}\ \&$$

$$\textbf{Plot}\left[\frac{\text{Exp}\left[-\frac{1}{2}\left(\frac{x-0}{2}\right)^2\right]}{2\sqrt{2\pi}},\ \{x, -6, 6\}\right]$$

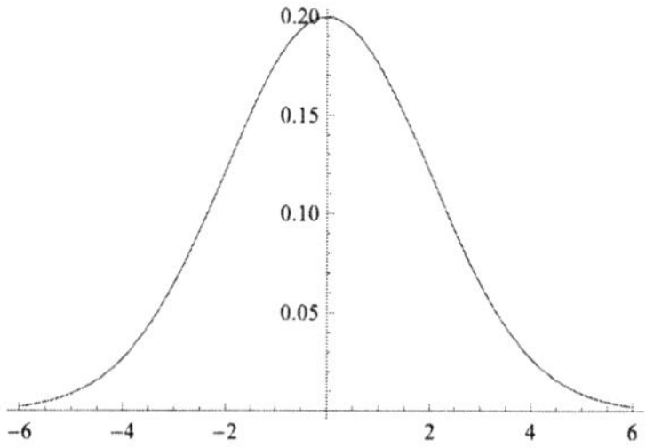


```
CDF[n]
```

$$\frac{1}{2}\,\text{Erfc}\left[\frac{0-\#1}{\sqrt{2}\ 2}\right]\ \&$$

나의 노트

❻ ▽ 이차곡선 (Quadratic Curve)

예제 7.2.16 음함수로 표현된 이차곡선의 그래프를 그려라.

풀이 함수 $y=f(x)$의 그래프뿐만 아니라 음함수 $f(x,y)=0$의 그래프도 그려주며, 주어진 음함수와 관련된 여러 가지 다양한 자료를 제공하여 사용자의 이해와 분석을 돕고 있다.

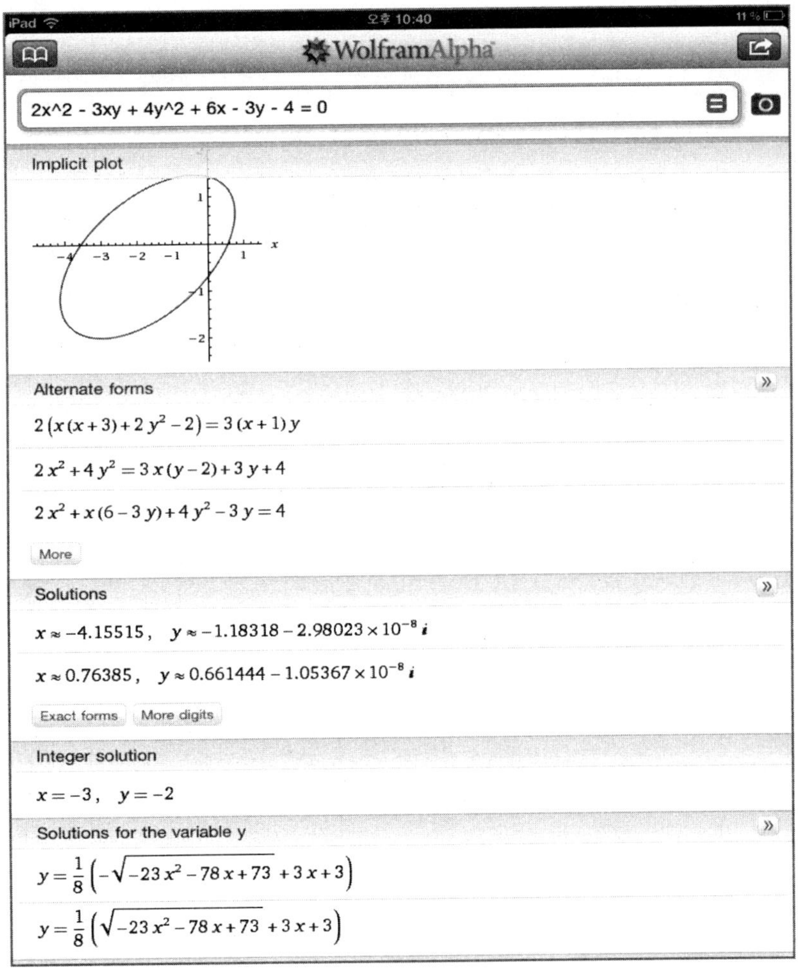

참고

```
ContourPlot[2 x^2 - 3 x * y + 4 y^2 + 6 x - 3 y - 4 == 0, {x, -5, 2}, {y, -2.5, 2}, Axes → True]
```

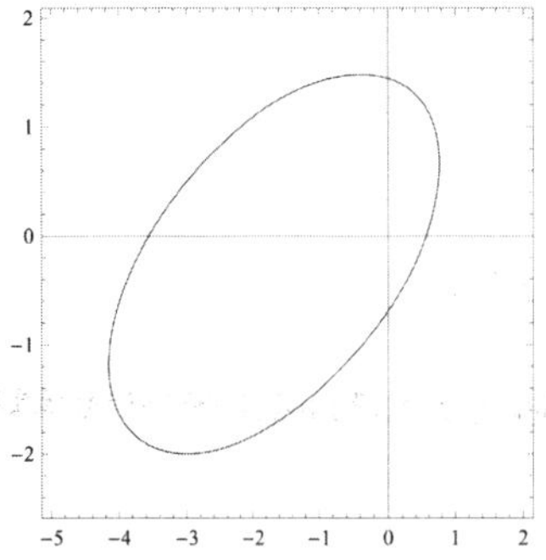

```
Solve[2 x^2 - 3 x * y + 4 y^2 + 6 x - 3 y - 4 == 0, {x, y}]
```

Solve::svars: Equations may not give solutions for all "solve" variables. ≫

$$\left\{\left\{y \to \frac{1}{8}\left(3+3x-\sqrt{73-78x-23x^2}\right)\right\}, \left\{y \to \frac{1}{8}\left(3+3x+\sqrt{73-78x-23x^2}\right)\right\}\right\}$$

나의 노트

참고문헌

[1] 김안현 · 김향숙 · 류재칠 · 신준용 · 이강래 · 표용수, **수학에서의 Mathematica 활용**[제2판], 경문사, 2008.

[2] 김향숙 · 정성곤 · 김영미 · 최종술, **교사를 위한 매스매티카 활용**<개정판>, 경문사, 2006.

[3] 김향숙, 평면변환기하에 있어서 Mathematica를 이용한 교수-학습 방법, **수학교육, 40권** 1호, pp.93-102, 2001.

[4] 김향숙, 매개변수로 표현되는 도형의 시각화 방안, **수학교육, 40권** 2호, 2001.

[5] 김향숙 외 2인, **V.8.0 Mathematica 스마트활용**[제2판], 경문사, 2014.

[6] 명연수, 김향숙, 정성곤 외 4인, **매스매티카 4.0**, 교우사, 2002.

[7] 박진석, 표용수, 김향숙 공저, **Mathematica를 활용한 미분기하학 개론**[제9판], 경문사, 2014.

[8] Jonassen, D., *Computers in the classroon*, Englewood Cliffs, NJ; Prentice-Hall, 1996.

[9] H.Eves, 이우영 · 신항균 역, **수학사**, 경문사, 1995.

[10] Piaget, J. & Szeminska, A.(1960), The child's conception of geometry. Basic Books.

[11] Hannafin,M. & Peck, k., *The Design, Development, And Evaluation of Instructional Software*, MacMillan Publishing Co.. 1988.

[12] Simons, M.(1993), *The effective teaching of mathematics*, New York : Longman Publishing Co.

[13] S. Wolfram, *Mathematica 9.0*(9th. ed.), Cambridge Univ. Press, 2014.

[14] Dienes. Z. P.(1960). *Building up mathematics*. Hutchinson Educational LTD.

찾아보기

7 생각하는 수학

Mathematica를 활용한

아름다운 수학 제3판

지은이 김향숙 · 박진석 · 정성곤
펴낸이 조경희
펴낸곳 경문사
펴낸날 2006년 3월 31일 1판 1쇄
2014년 11월 10일 3판 1쇄
등 록 1979년 11월 9일 제313-1979-23호
주 소 121-818, 서울특별시 마포구 와우산로 174
전 화 (02)332-2004 팩스 (02)336-5193
이메일 kyungmoon@kyungmoon.com

값 23,000원

ISBN 978-89-6105-826-1
ISBN 89-7282-735-5(세트)